SHIFA LINSUAN LÜSE ZHIZAO

湿法磷酸绿色制造

李 兵 刘作华 陶长元 著

重庆大学出版社

内容提要

湿法磷酸行业属于基础化工原料生产领域,是典型的高污染、高能耗资源依赖型重化工产业,极大地影响着整个工业的发展。湿法磷酸生产过程废弃物排放量大,存在着许多环境保护问题,如湿法磷酸生产过程大量含氟废气、含磷、含氟废水、选矿尾矿、磷石膏的排放,对生态环境造成污染和巨大威胁。近年来国家不断安排重大科技专项对磷石膏处理等湿法磷酸行业清洁生产问题进行科技攻关。湿法磷酸行业清洁生产技术集成及绿色发展路径重构成为行业发展首要的关键共性问题。

本书旨在提炼作者多年的湿法磷酸研发及生产管理经验,结合湿法磷酸行业技术发展趋势,总结了近年来湿法磷酸行业清洁生产技术,为行业发展提供技术参考。

图书在版编目(CIP)数据

湿法磷酸绿色制造/李兵,刘作华,陶长元著. --
重庆 : 重庆大学出版社,2019.8
ISBN 978-7-5689-1756-8

Ⅰ.①湿… Ⅱ.①李… ②刘… ③陶… Ⅲ.①磷酸生
产—湿法生产 Ⅳ.①TQ126.3

中国版本图书馆 CIP 数据核字(2019)第 179702 号

湿法磷酸绿色制造

李 兵 刘作华 陶长元 著

策划编辑:范 琪

责任编辑:陈 力 涂 昀 版式设计:范 琪
责任校对:王 倩 责任印制:张 策

*

重庆大学出版社出版发行
出版人:饶帮华
社址:重庆市沙坪坝区大学城西路 21 号
邮编:401331
电话:(023)88617190 88617185(中小学)
传真:(023)88617186 88617166
网址:http://www.cqup.com.cn
邮箱:fxk@ cqup.com.cn(营销中心)
全国新华书店经销
重庆升光电力印务有限公司印刷

*

开本:787mm×1092mm 1/16 印张:13.75 字数:354千
2019 年 8 月第 1 版 2019 年 8 月第 1 次印刷
印数:1—1 000
ISBN 978-7-5689-1756-8 定价:88.00 元

前言

湿法磷酸工艺与人们的生产和生活密切相关,并为我国经济的发展和社会的进步作出了很大贡献。然而,随着国民经济日益增长的需求以及人民群众越来越强烈的生态环境意识,如何实现湿法磷酸行业的可持续发展、减少废弃物的最终排放量、实现磷资源的循环利用已经成为迫切需要解决的问题。

近年来,国家对资源利用和环境保护越来越重视,湿法磷酸工艺必然离不开化工清洁生产。湿法磷酸清洁生产技术是实现磷酸行业长期稳定运行的重要保障。湿法磷酸生产工艺复杂,包括:生产过程中的设备和技术、生产后磷石膏废渣的处理方法等。因此,生产中应按照"减量化、再利用、再循环"原则,采取各种有效措施,以尽可能少的资源消耗和尽可能小的环境代价,来取得最大的经济产出和最少的废物排放,实现经济、环境和社会效益相统一,建设资源节约型和环境友好型工艺。

本书是一本系统性较强,内容丰富的专著,对湿法磷酸的生产具有一定的指导意义。本书内容共分7章:主要介绍了清洁生产与资源循环利用概述,湿法磷酸产业清洁生产现状,以循环经济的3R原则重构湿法磷酸产业,湿法磷酸绿色制造技术,磷氟硅碘多产业耦合发展,湿法磷酸绿色产业链构建,湿法磷酸产业转型——高端含磷材料制备。

参与整理本书资料的人员有杨义、张柱、魏红军、杨林荣、孙伟、王秀秀等硕士研究生,在此表示衷心的感谢!

本书由国家自然科学基金重点项目"利用流场结构界面失稳强化与调控流体混沌混合的机制(21636004)"、国家重点研发计划项目"控速结晶器关键技术研发(2017YFB0603105)"、重庆市科技创新领军人才支持计划项目(CSTCCXLJRC201703)、重庆市社会事业与民生保障科技创新专项项目"湿法磷酸工业固体废弃物胶结固化与资源利用关键技术（cstc2017shmsA90016）"资助，在此一并表示感谢。

本书可作为高等院校、科学研究和磷化工企业生产的参考书，也可供从事磷化工作的技术人员和管理人员参考。

由于编写时间仓促，且限于作者学识水平，书中不足之处在所难免，恳请广大读者批评指正。

编　者

2018 年 12 月

目录

第**1**章
清洁生产与资源循环利用概述

1.1 清洁生产

自古以来环境问题一直伴随着人类文明发展进程,但近百年来加速趋于恶化。尤其是20世纪以来,随着科学技术与生产力水平的提升,人类对自然环境的干预能力大大增强,导致环境污染日益严重。世界上许多国家因经济高速发展而造成了严重的环境污染和生态破坏,引发了一系列举世震惊的环境公害事件。到了20世纪80年代后期,环境问题已由局部性、区域性发展成为全球性的生态危机,如酸雨、臭氧层破坏、温室效应、生物多样性锐减、森林破坏等,已成为危及人类生存的最大隐患。

20世纪60年代,工业化国家开始通过各种方法和技术对生产过程中产生的废物和污染物进行处理,以减少其排放量,减轻对环境的危害,这就是所谓的"末端治理"。同时,末端治理的思想和做法也逐渐渗透到环境管理和政府的政策法规中。随着末端治理措施的广泛应用,人们发现末端治理并不是一个真正的解决方案。很多情况下,末端治理需要投入昂贵的设备费用、惊人的维护开支和最终处理费用,其工作本身还要消耗资源、能源,并且这种处理方式还会导致污染因空间和时间发生转移而产生的二次污染,因此人类为治理污染付出了高昂而沉重的代价,收效却并不理想。

因此,从20世纪70年代开始,发达国家的一些企业相继尝试运用如"污染预防""废物最小化""减废技术""源削减""零排放技术""零废物生产"和"环境友好技术"等方法和措施,来提高生产过程中的资源利用效率、削减污染物以减轻对环境和公众的危害,这些实践取得了良好的环境和经济效益。在总结工业污染防治理论和实践的基础上,清洁生产理念得以提出和发展,联合国环境规划署(UNEP)也于1989年提出了清洁生产的战略和推广计划。

1.1.1 清洁生产定义

清洁生产是关于产品的生产过程的一种创造性的思维方式。清洁生产是对生产过程、产品和服务持续运用整体预防的环境战略以期增加生态效率并降低对人类和环境的风险。

①对于生产过程,要求节约原材料和能源,淘汰有毒原材料,降低所有废弃物的数量和毒性。

②对于产品,要求减少从原材料提炼到产品最终处置的整个生命周期的不利影响。

③对于服务,要求将环境因素纳入设计和所提供的服务中。

UNEP 的定义将清洁生产上升为一种战略,该战略具有持续性、预防性和整体性的特点。

1994 年,我国制定的《中国 21 世纪议程》对清洁生产做出的定义是:"清洁生产是指既可满足人们的需要,又可合理使用自然资源和能源,并保护环境的生产方法和措施,其实质是一种物料和能源消费最小的人类活动的规划和管理,将废物减量化、资源化和无害化,或消灭于生产过程之中。"由此可见,清洁生产的概念不仅含有技术上的可行性,还包括经济上的可营利性,体现了经济效益、环境效益和社会效益的统一。

2003 年,我国制定的《中华人民共和国清洁生产促进法》关于清洁生产的定义是:"清洁生产是指不断采取改进设计、使用清洁的能源和原料、采用先进的工艺技术与设备、改善管理、综合利用等措施,从源头削减污染,提高资源利用效率,减少或者避免生产、服务和产品使用过程中污染物的产生和排放,以减轻或者消除对人类健康和环境的危害。"以上 3 种定义虽然表述方式不同,但内涵是一致的。

综上所述,清洁生产概念中包含了以下 4 层含义:

①清洁生产的目标是节省能源、降低原材料消耗、减少污染物的产生量和排放量。包括清洁的、高效的能源和原材料利用;清洁利用矿物燃料,加速以节能为重点的技术进步和技术改造,提高能源和原材料的利用效率。

②清洁生产的基本手段是改进工艺技术、强化企业管理,最大限度地提高资源、能源的利用水平和改变产品体系,更新设计观念,争取废物最少排放及将环境因素纳入服务。包括采用少废、无废的生产工艺技术和高效生产设备,尽量少用、不用有毒有害的原料;减少生产过程中的各种危险因素和有毒有害的中间产品;组织物料的再循环;优化生产组织和实施科学的生产管理;进行必要的污染治理,实现清洁、高效的利用和生产。另外还要保证产品应具有合理的使用功能和使用寿命;产品本身及在使用过程中,对人体健康和生态环境不产生或少产生不良影响和危害;产品失去使用功能后,应易于回收、再生和复用等。

③清洁生产的方法是排污审核,即通过审核发现排污部位、排污原因,并筛选消除或减少污染物的措施及产品生命周期分析。

④清洁生产的目标是保护人类与环境,提高企业自身的经济效益。清洁生产的最大特点是持续不断地改进。清洁生产是一个相对的、动态的概念。值得注意的是,清洁生产只是一个相对的概念,所谓清洁的工艺、清洁的产品以及清洁的能源都是和现有的工艺、产品、能源比较而言的,因此,清洁生产是一个持续进步、创新的过程,而不是一个用某一特定标准衡量的目标。推行清洁生产,本身是一个不断完善的过程,随着社会经济发展和科学技术的进步,需要适时地提出新的目标,争取达到更高的水平。清洁生产不包括末端治理技术,如空气污染控制、废水处理、焚烧或者填埋。清洁生产的理念适用于第一、第二、第三产业的各类组织和企业。

1.1.2 清洁生产内容

清洁生产的内容既体现于宏观层次上的总体污染预防战略中,又体现于微观层次上的企业预防污染措施中。在宏观上,清洁生产的提出和实施使污染预防的思想直接体现在行业的发展规划、工业布局、产业结构调整、工艺技术以及管理模式的完善等方面。如我国许多行业、部门提出严格限制和禁止能源消耗高、资源浪费大、污染严重的产业和产品发展,对污染重、质量低、消耗高的企业实行关、停、并、转、改等,都体现了清洁生产战略对宏观调控的重要影响。在微观上,清洁生产通过具体的手段措施达到生产全过程污染预防。如应用生命周期评价、清洁生产审核、环境管理体系、产品环境标志、产品生态设计、环境设计等各种工具,这些工具都要求在实施时必须深入企业的生产、营销、财务和环保等各个环节。

清洁生产的内容主要包括:

(1)清洁的能源

清洁的能源是指新能源的开发以及各种节能技术的开发利用、可再生能源的利用、常规能源的清洁利用,如使用型煤、煤制气和水煤浆等洁净煤技术。

(2)清洁的生产过程

尽量少用和不用有毒、有害的原料;采用无毒、无害的中间产品;选用少废、无废工艺和高效设备;尽量减少或消除生产过程中的各种危险性因素,如高温、高压、低温、低压、易燃、易爆、强噪声、强震动等;采用可靠和简单的生产操作和控制方法;对物料进行内部循环利用;完善生产管理,不断提高科学管理水平。

(3)清洁的产品

产品设计应考虑节约原材料和能源,少用昂贵和稀缺的原料;利用二次资源做原料。产品在使用过程中以及使用后不含危害人体健康和破坏生态环境的因素;产品的包装合理;产品使用后易于回收、重复使用和再生;使用寿命和使用功能合理。

(4)清洁生产的两个全过程控制

①产品的生命周期全过程控制:即从原材料加工、提炼到产品产出、产品使用到报废处置的各个环节,采取必要的措施,实现产品整个生命周期资源和能源消耗的最小化。

②生产的全过程控制:即从产品开发、规划、设计、建设、生产到运营管理的全过程,采取措施,提高效率,防止生态破坏和污染的发生。

1.1.3 清洁生产的审核及评价体系

清洁生产的审核与评价是一种全新的污染防治战略。根据清洁生产原理,企业为达到清洁生产的目的,可提出多个清洁生产技术方案,在决策前,须对各个方案进行科学、客观的评价,筛选出既有明显经济效益,又有显著环境效益的可行性方案,这个过程称为清洁生产评价。清洁生产评价是通过对企业的生产从原材料的选取、生产过程到产品服务的全过程进行综合评价,判断出企业清洁生产总体水平以及主要环节的清洁生产水平,并针对清洁生产水平较低的环节提出相应的清洁生产对策和措施。清洁生产审核是对企业现在的和计划进行的工业生产实行预防污染的分析和评估。其目的有两个:

①判定企业中不符合清洁生产的地方和做法。

②提出方案解决这些问题,从而实现清洁生产。

通过清洁生产审核,对企业生产全过程的重点(或优先)环节产生的污染进行定量检测,找出高物耗、高能耗、高污染的原因,然后有的放矢地提出对策、制订方案,减少和防止污染物的产生。

1）清洁生产审核体系

清洁生产审核以前也称为清洁生产审计。清洁生产审核的对象是企业。清洁生产审核是对企业现在的和计划进行的工业生产实行预防污染的分析和评估，是企业实行清洁生产的重要前提。在实行预防污染分析和评估的过程中，应制订并实施减少能源、水和原材料使用，消除或减少产品和生产工艺过程中有毒物质的使用，减少各种废物排放及其毒性的处理方案。

我国经济长期以来是一种粗放型的发展模式，大多数企业生产工艺和技术设备落后，管理不完善，工业污染严重。要改变这一局面，很有必要大力开展物耗最小化、废物减量化和效益最大化的清洁生产。而清洁生产审核是企业推行清洁生产、进行全过程污染控制的核心。清洁生产审核，要对企业生产全过程的每个环节、每道工序可能产生的污染进行定量的监测，找出高物耗、高能耗、高污染的原因，然后有的放矢地提出对策，制订方案，防止和减少污染的产生。

（1）策划和组织

策划和组织是企业进行清洁生产审核的第一阶段。目的是通过宣传教育使企业的领导和职工对清洁生产有一个初步、比较正确的认识，消除思想上和观念上的障碍；了解企业清洁生产审核的工作内容、要求及其工作程序。在一个企业推行清洁生产之初，考虑的重点并非是企业内废物的排放，而是思想问题，关键是要解放思想。企业最注重的往往是生产情况、产品质量及销售等状况。许多企业唯恐搞了清洁生产后会影响企业正常的生产，"一动不如一静"，满足于只要生产正常、污染物达标排放、环保部门不找上门就可以了，企业搞清洁生产的积极性不高。所以，在审核的第一阶段，一定要加强宣传教育以提高领导、职工对清洁生产的认识。在解决思想问题的基础上，再深入进行审核工作各方面的宣传、培训。

这一阶段的工作主要分为4个方面的内容：

①领导参与及支持：这样可以协调、组织企业各部门积极配合和动员全体职工积极参与，并在人、财、物等方面得到充分支持，以保证清洁生产审核工作的顺利开展，并且能够有效地进行管理人员、技术人员和操作工人有必要的时间投入；监测设备和监测费用的必要投入；编制审核报告的费用，以及可能的聘用外部专家的费用。

②组建审核小组：组建一个有权威的企业清洁生产审核小组是至关重要的。为了保证清洁生产工程能够顺利进行，一般清洁生产审核领导小组组长由公司总经理担任，副组长由分管副总经理担任，成员由技术、工艺、环保、管理、财务、生产等部门及生产车间负责人组成，主要职责是确定企业当前清洁生产审核重点；组建并检查审核工作小组的工作情况；对清洁生产实际工作做出必要的决策；对所需费用做出裁决。具体工作如下：

a. 制订清洁生产审核工作计划。

b. 开展宣传教育，普及清洁生产知识。

c. 确定清洁生产审核重点和目标。

d. 组织、实施清洁生产审核，并及时向领导和职工汇报实施情况。

e. 收集和筛选清洁生产方案，并组织实施。

f. 编写清洁生产审核报告。

g. 总结经验，制订企业（车间、工段、生产线）持续清洁生产计划。

表1.1为某企业清洁生产审核小组成员具体信息示例表。

表 1.1　清洁生产审核小组成员表

姓　名	审核小组职务	职称与职务	专业	工作单位/部门	具体职责	投入时间/h
×××	组长	经理	管理	×××	组织与协调	10
×××	副组长	副经理	管理	×××	协调与参与	20
×××	成员	工程师	×××	×××	提出方案	30
×××	×××	×××	×××	×××	×××	×××

③制订工作计划:审核小组成立后,要及时编制审核工作计划表,包括各阶段的工作内容、完成时间、责任部门及负责人、考核部门及人员、产出等。对如何开展审核工作,必须制订出一个比较详细的工作计划,这样才能组织好人力、物力,使审核工作按一定的程序和步骤有条不紊地进行下去。工作计划可以列表的形式出现,要注意对审核各阶段的工作内容、进度、人员分工等做详细安排。每一项工作任务都要指定专人负责,明确起始时间和完成时限。必要时还可以设定考核部门和考核人员对工作计划的进展情况做定期考核。

④开展宣传教育:清洁生产是一种新型的环境保护和生产管理模式,必须广泛开展清洁生产的宣传、教育和培训,才能转变传统的生产观念和思维方式,争取企业内各部门和广大职工的支持。这样,在企业进行清洁生产审核时,就能得到企业内部上上下下的积极配合,征集到大量切实有效的无费/低费方案,并且保证审核工作能够顺利地进行。最终使职工了解清洁生产审核的目的和意义,通过宣传教育使职工转变观念,改变思维方式,积极投入到清洁生产审核工作中去。开展宣传教育可采用黑板报、内部广播、闭路电视、专题讲座及培训班等多种形式。宣传教育的重点是:

a. 清洁生产与末端治理的比较。

b. 进行清洁生产审核的必要性。

c. 清洁生产审核的内容与方法。

d. 每个职工在开展清洁生产审核中的作用。

e. 开展清洁生产审核需要克服的障碍。

f. 国内外企业清洁生产审核的成功实例。

g. 本企业各部门通过清洁生产审核可能或已取得的效果及具体做法等。

宣传教育分 3 个层面:即厂级、部门级、班组级宣传培训。在开展清洁生产初始以厂级培训为主,一般通过上大课开办培训班等形式进行。部门级培训一般在启动清洁生产审核后,部门根据企业总体推进计划,制订宣传计划并根据工作开展情况实施。班组级宣传培训主要集中在生产班组进行。

(2)预审核

预审核是在对企业生产基本情况进行全面调查了解的基础上,通过定性和定量分析寻找生产过程中污染物产生量最大的部位,从而确定清洁生产审核重点和企业清洁生产目标,并提出无费/低费方案的过程。具体方案如图 1.1 所示。

①企业现状调查和分析:包括收集企业有关基础数据和资料、实际考察现场、绘制出全厂生产工艺流程图等,以便确定污染物产生部位和了解污染物产生的原因。具体内容如下:

a.资料收集。

● 生产工艺资料。

● 原辅材料、公用材料及产品资料。

● 环境保护状况。

● 其他资料:有关的财务资料,人员培训状况以及企业长期发展规划,产品发展战略等。

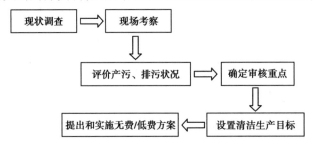

图1.1　预审核工作步骤

b.现状调查:现状调查是为了在正常生产条件下核对和补充企业现状的有关数据和资料,及时发现企业生产、经营和管理中存在的问题,为确定清洁生产审核重点和制订清洁生产方案提供依据。现状调查的主要内容为:

● 绘制生产工艺流程图。

● 确定企业生产过程中各种物料消耗及污染物产生量。

● 类比企业资料收集。

②确定清洁生产审核重点:备选清洁生产审核重点确定的基本原则如下所示。

● 污染物产生量大、能源消耗大的部位(单元设备、工段、车间)。

● 污染物毒性大或难以处理处置的部位(单元设备、工段、车间)。

● 生产效率低、构成企业生产"瓶颈"的部位(单元设备、工段、车间)。

● 生产工艺落后、设备陈旧的部位(单元设备、工段、车间)。

● 对工人身体健康危害较大、公众反映强烈的部位(单元设备、工段、车间)。

● 事故多发和设备维修较多的部位(单元设备、工段、车间)。

确定清洁生产审核重点的方法:简单对比法和权重综合计分排序法。

③设置清洁生产目标:企业设置清洁生产目标包括以下内容。

● 降低物料(原辅材料)和能量(水、电、汽)的消耗。

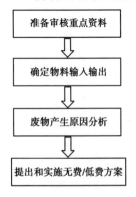

图1.2　审核工作步骤

● 提高产品收率。

● 减少废物产生量。

④提出和实施无费/低费方案:无费/低费方案多是由于企业生产管理上出现的问题而引起的,如水、气阀门关闭不严,水损耗量大,物料堆放与储存不合理,计量设备不准确或损耗等。

(3)审核

审核阶段的工作重点是实测输入输出物料,建立物料平衡,分析废物产生的原因,提出解决问题的思路。具体工作可以分为以下4个步骤,如图1.2所示。

①准备审核重点资料:根据调研和现场考察所得的资料,可以

绘制出审核重点的污染节点工艺框图和工艺单元功能表,以清晰地表明整个工艺流程中,各原料、辅料、水和水蒸气的加入点,各废弃物的排污点。

②确定物料输入输出:

a. 物料输入:对产品生产相对稳定的企业,可以采取从月报表经核实取其平均值的方法;对产品生产变化较大的企业,应选择生产量较大的具有代表性的产品数据。

b. 物料输出:输出的物料中有产品、副产品,此外,还会产生废水、废气、废渣等废弃物。

c. 预平衡测算:根据实测或核算的输入、输出的数据进行生产单元的预平衡测算。

d. 建立物料平衡图:不同的工序对应不同物料的输入和输出的物料平衡图。

e. 主要组分平衡图:包括原料、产品、副产品、废气、废水、废渣。

f. 水平衡图:对各用水单元输入水量、输出水量进行采集与分析。

g. 主要污染因子平衡图:核实主要的污染因子,若污染物排入大气或在单元生产过程中又发生了化学反应,应在图上注明。

h. 能量平衡图:当某些行业某些生产过程的能耗与节能降耗成为主要问题时,应根据审核需要建立能量平衡图,以找出能量利用的不合理之处。

③废物产生原因分析:分析应从影响生产过程的 8 个方面进行:原、辅材料的能源的输入;生产工艺;设备;过程控制;产品;废弃物;管理;员工。

④提出和实施无费/低费方案:在进行物料平衡及对废物产生原因进行分析的同时可以发现在加强生产管理等方面存在的问题,这些问题不需进行大量资金投入,也不需进行论证和比较,属于无费/低费方案,应马上实施。

(4)实施方案的产生和筛选

通过方案的产生、筛选、编制,为下一阶段的可行性分析提供足够的清洁生产方案,这一阶段的工作步骤如图1.3所示。

①清洁生产备选方案的产生。发动职工,提出各种削减污染物量的方案;审核小组成员会同有关专家,参照国内外同类企业先进技术和有关指标提出各种削减污染物的方案;制定相关的奖励政策,鼓励各方面人员积极参与,提出各种污染物削减的方案。

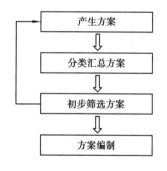

图1.3　实施方案的产生和筛选工作步骤

②清洁生产备选方案的汇集和分类。一般来说,清洁生产备选方案应包括:原材料替换;生产工艺改进;设备更新与改造;生产过程优化控制;资源节约与综合利用和加强管理。

将这些方案汇总后分类,因投资不同,效益不同,审核小组成员还要对这些方案按投资大小和实施难易程度初步进行分类,可分为:无费/低费方案;中费方案及高费方案。

③清洁生产方案的筛选。方案筛选有简易筛选法和权重总分计分排序法两种方法。与预审核阶段确定审核重点方法基本相同,只是筛选因素不同。

a. 简易筛选法:通过定性分析筛选,通常是由审核小组会同企业有关领导、技术人员和专家就技术可行性、环境效益明显、投资费用合理和经济效益良好等几方面进行比较。

b. 权重总和计分排序法:权重因子为环境效益、经济效益、技术可行性、可实施性。

(5)实施方案的可行性分析

对所筛选出来的中/高费清洁生产方案进行分析和评估,选择出最佳方案。分析和评估的原则是先后进行技术评估、环境评估、经济评估,最后推荐出可实施方案。有 5 个步骤,如图 1.4 所示。

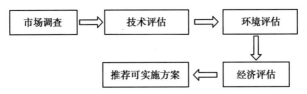

图 1.4　实施方案的可行性分析步骤

①市场调查:主要调查同类产品的市场需求、价格等,并预测今后的发展趋势等。

②技术评估:对审核重点筛选出来的中/高费方案技术的先进性、适用性、可操作性和可实施性等进行分析。

③环境评估:对技术评估可行的方案,方可进行环境评估。清洁生产方案应具有显著的环境效益,同时要强调在新方案实施后不会对环境产生新的破坏。

④经济评估:对技术评估和环境评估均可行的方案,再进行经济评估。经济评估是从企业角度,按照国内现行市场价格,对清洁生产方案进行综合性的全面经济分析。

⑤推荐可实施方案:将拟选方案的实施成本与可能取得的各种经济收益进行比较,计算出方案实施后在财务上的获利能力和清偿能力,并从中选出投资最少、经济效益最佳的方案,为投资决策提供科学依据。

(6)清洁生产方案的实施

在总结前几个阶段已实施的清洁生产方案成果的基础上,统筹规划推荐方案的实施。这一阶段的工作具体可以分为 4 个步骤,如图 1.5 所示。

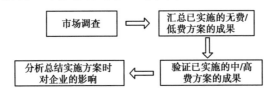

图 1.5　清洁生产方案的实施步骤

①制订实施计划。方案实施过程可以从几个方面着手:资金筹集(企业自筹、银行贷款、其他专项资金渠道);征地;厂房设备选型;配套公共设施和设备安装;人员培训;试车和验收。

②方案实施。资金到位后,开始按计划实施清洁生产方案,直至项目完成。项目完成之后还要进行跟踪分析,总结取得的环境效益以及实施清洁生产的经验,并与实施前相对比,列表说明清洁生产审核的效果。

(7)持续清洁能源

清洁生产是一个相对的概念,即相对于现阶段的生产情况是清洁的,但随着社会的发展和科技的进步,现在的"清洁"可能变成"不清洁"。因此,持续清洁生产应在企业内长期、持续地推行。其主要包括以下 3 个方面的工作:

①建立和完善清洁生产组织:生产部门需要明确工作任务;组织收集不断提出的清洁生产方案;宣传清洁生产,并对企业职工进行清洁生产教育和培训;选择下一轮清洁生产审核重点,准备启动新的清洁生产审核;负责清洁生产活动日常管理。企业可根据实际情况具体掌握,可考虑以下几种形式:

a.单独设立清洁生产办公室,直接归属厂长领导。

b.清洁生产机构设在环保部门中。

c.清洁生产机构设在管理部门或技术部门中。

②建立和完善清洁生产管理制度:清洁生产管理制度的建立和完善主要有两个方面。

a.把审核成果纳入企业的日常管理。

b.保证稳定的清洁生产资金来源。

③制订持续清洁生产计划:一轮清洁生产不可能解决企业内存在的所有问题,企业应不断地开展清洁生产审核,不断地寻求新的清洁生产机会。通常2~3年开展一轮审核,把上一轮没有解决的问题,想办法解决。清洁生产是没有止境的,为了企业的生存和发展,必须制订持续清洁生产计划。

(8)编写清洁生产审核报告

本轮清洁生产审核结束后,应对所做的工作进行回顾和总结,总结归纳清洁生产已取得的成果和经验,特别是中/高费方案实施后,所取得的经济、环境效益,发现并找出影响正常生产效率、影响经济效益、带来环境问题的不利环节、组织机构、操作规范、管理制度等因素,及时修正这些不利因素,使其适应清洁生产的需求,将清洁生产持续进行下去。

清洁生产审核报告主要内容如下:

第一章　前言。项目来源、背景、企业概况、建厂时间、历史发展变迁、主要产品、市场、产值利税企业人员数目、人才结构、技术水平分布、文化水平分布。

第二章　审核准备。组织清洁生产审核领导小组、审核工作小组名单、审核工作计划、宣传教育内容和材料。

第三章　预审核。绘制组织总物流图、设备状况,主要生产设备技术水平和自动化控制水平(与国内外同行业比较);组织管理模式和实际管理水平,组织机构图;环保概况,各车间。“三废”产生、处理处置、排放情况、污染控制设施运行情况、环保管理情况等主要产品产量、原辅材料消耗、水电气消耗等确定本次审核重点、清洁生产目标(节能、节水、降耗或削减废弃物)。

第四章　审核。带污染节点工艺流程框图、工艺单元表和单元功能说明,物料平衡做法按工艺单元给出的物料平衡图、水平衡图、能量平衡图等,进行的各平衡结果分析。

第五章　实施方案的产生和筛选。清洁生产方案的产生方法、筛选方法,以及清洁生产方案分类表。

第六章　实施方案的确定。清洁生产中/高费用方案简介,技术、经济和环境可行性评估,确定采用的中/高费用方案实施计划。

第七章　方案实施效益分析。各类清洁生产方案实施后的实际与预期经济效益、环境效益对比和分析,清洁生产目标完成情况和原因分析,清洁生产对组织综合素质的影响分析等。

第八章　持续清洁生产计划。清洁生产技术研究与开发计划、员工清洁生产再培训计划、下轮清洁生产审核初步计划等。

第九章　总结与建议。

2)清洁生产评价体系

随着《中华人民共和国清洁生产促进法》的实施和清洁生产工作的开展,建立科学的清洁生产评价体系显得十分必要。清洁生产评价是通过对企业原材料的选取、生产过程、产品、服务的全过程进行综合评价,评定企业现有生产过程、产品、服务各环节的清洁生产指标体系的选择水平在国际和国内所处的位置,并制定相应的清洁生产措施和管理制度,以增强企业的市场竞争力,达到节约资源、保护环境和持续发展的指标评分目的。

建立清洁生产指标体系,有助于评价企业开展清洁生产的状况!综合评价便于企业选择合适的清洁生产技术,促使企业积极推行清洁生产工作,清洁生产评价正逐步向量化评价方向发展,量化评价也主要通过评价的步骤选择指标体系,通过指标体系分值计算获得评价结果。

(1)生产指标的选择原则

生产指标的选择应从产品生命周期全过程考虑;生产指标的选择要体现污染预防思想;生产指标应尽量选择容易量化的指标项;满足政策法规要求和符合行业发展趋势。

(2)清洁生产评价指标

依据生命周期分析的原则,清洁生产评价指标应能覆盖原材料、生产过程和产品的各个主要环节。因而环评中的清洁生产评价指标分为6大类:生产工艺与设备要求、资源能源利用指标、产品指标、污染物产生指标、废物回收利用指标和环境管理要求。

①生产工艺与设备要求:对工艺技术来源和技术特点进行分析,并说明其在同类技术中所占地位以及选用设备的先进性。从装置规模、工艺技术、设备等方面分析其在节能、减污、降耗等方面达到的清洁生产水平。

②资源能源利用指标:在正常操作情况下,生产单位产品对资源的消耗程度可以部分地反映一个企业的技术工艺和管理水平,同时资源指标的高低也反映企业的生产过程在宏观上对生态系统的影响程度,可用下列方式表达:

a.单位产品新鲜水耗量:在正常操作下,生产单位产品整个工艺使用的新鲜水量。

b.单位产品的能耗:在正常操作下,生产单位产品消耗的电力、油耗和煤耗等。

c.单位产品的物耗:在正常的操作下,生产单位产品消耗的构成产品的主要原料和对产品起决定性作用的辅料的量。

d.原辅材料的选取:反映了在材料选取过程中和构成其产品的材料报废后对环境和人类的影响。可从下列5个方面建立指标:

● 毒性:原材料所含毒性成分对环境造成的影响程度。

● 生态影响:原料取得过程中的生态影响程度。

● 可再生性:原材料可再生或可能再生的程度。

● 能源强度:原材料在采掘和生产过程中消耗能源的程度。

● 可回收利用性:原材料的可回收利用程度。

③产品指标:

a.产品应是我国产业政策鼓励发展的产品。

b.产品的过分包装和包装材料的选择。

c.运输过程和销售环节。

d.产品使用过程中的安全性。

e.报废产品报废后对环境的影响程度。

④污染物产生指标:

a.废水产生指标。

b. 废气产生指标。

c. 固体废物产生指标。

⑤废物回收利用指标:企业应尽可能地回收和利用废物。

⑥环境管理要求:

a. 环境法律法规标准。

b. 环境审核。

c. 废物处理处置。

d. 生产过程环境管理。

e. 相关环境管理。

(3)清洁生产评价方法

①评价等级:清洁生产评价可分成定性评价和定量评价两大类。对于原材料指标和产品指标在目前的数据条件下难以量化,进行定性评价,分为 3 个等级;对于资源指标和污染物产生指标易于量化,做定量评价,分为 5 个等级。

a. 定性评价等级。

- 高:表示所使用的原材料和产品对环境的有害影响比较小。

- 中:表示所使用的原材料和产品对环境的有害影响中等。

- 低:表示所使用的原材料和产品对环境的有害影响比较大。

b. 定量评价等级。

- 清洁:有关指标达到本行业国际先进水平。

- 较清洁:有关指标达到本行业国内先进水平。

- 一般:有关指标达到本行业国内平均水平。

- 较差:有关指标为本行业国内中下水平。

- 很差:有关指标为本行业国内较差水平。

②评价方法:清洁生产指标的评价方法采用百分制。首先对原材料指标、产品指标、资源消耗指标和污染物产生指标按等级评分标准分别进行打分;其次若有分指标则按分指标打分;然后分别乘以各自的权重值;最后累加起来得到总分。通过总分值的比较可以基本判定建设项目整体所达到的清洁生产程度。另外,各项分指标的数值也能反映出该建设项目所改进的地方。

清洁生产评价的等级分值为 0 ~ 100,为数据评价直观起见,对清洁生产的评价方法采用百分制,故所有指标的总权重值应为 100。为了保证评价方法的准确性和适用性,在各项指标(包括分指标)的权重确定过程中,国家环境保护总局在《中国环境影响评价培训教材》中采用了专家调查打分法。专家范围包括:清洁生产方法学专家;清洁生产行业专家;环评专家;清洁生产和环境影响评价政府管理官员等。

1.2　资源循环利用

资源是人类赖以生存和发展的基础,不同时期的资源有着不同的内涵。能源作为资源的一部分,是国民经济发展的基础,对于社会、经济发展和提高人民的生活极为重要。在当今世界快速发展和我国经济高速增长的环境下,我国资源、能源面临了经济增长与环境保护的双重压力。

在地球上,资源、能源的储存量和生产量是有限的,一个能够持续发展的社会,对资源、能源的使用应该是既能满足现今社会发展的需要,又不危及后代需求。因此,合理又节约地使用资源、能源,提高资源、能源利用效率,尽可能多地用洁净能源替代高含碳量的矿物燃料,开发新能源是人类发展应该遵循的原则,也是人类社会文明和科技发展的必然趋势。

1.2.1 资源、能源的定义

1) 资源的定义

"资源",对人类而言意味着任何形式的能量或物质,这种能量或物质对于满足人类生存、社会经济发展和文化娱乐的需要都是必不可少的。然而,客观世界与主观世界之间紧密联系,并不断发生着变化。人类对客观事物的定义都是在一定条件下的相对定义,不可能包括动态发展中事物的全部及其未来。这一定义只是概括揭示出"资源物质性"的内涵,并没有指出它的外延,及与其他事物的联系,更不可能预示出它的未来。例如,人类的思维、文化、信息、艺术等非物质性的成就,这些也是宝贵的财富和资源。在本书中,主要叙述的是物质性的资源以及由其产生的能量。

资源是人类赖以生存的物质基础。在人类社会漫长的历史长河中推动人类进步的动力无疑是科学技术和人类文明的进步,科技是人类社会的重要推动力。资源与科技是密不可分的,它们分别自成体系却彼此相互制约、密切相关,在社会发展的某种水平上随时维系着平衡。科学技术的发展变化,都会影响着资源系统内的变化,最显著的变化就是首先改变资源的定义域。资源这一定义随着科学技术的发展其定义域在不断拓宽、拓深。

2) 能源的定义

能源是资源的一部分,它为人类的生产和生活提供各种能量和动力的物质资源,是国民经济的重要物质基础。能源的开发和有效利用程度以及人均消费是生产技术和生活水平的重要标志。

现代生活方式使人类对能源的依赖程度愈来愈大。衣、食、住、行都以大量使用能源为基础。几次石油危机使能源成为人们议论的热点和国家发展的重要基础。究竟什么是"能源"呢? 关于能源的定义,目前约有 20 种。例如,《科学技术百科全书》:"能源是可从其获得热、光和动力之类能量的资源";《大英百科全书》:"能源是一个包括所有燃料、流水、阳光和风的术语,人类用适当的转换手段便可让它为自己提供所需的能量";《日本大百科全书》:"在各种生产活动中,我们利用热能、机械能、光能、电能等来做功,可利用作为这些能量源泉的自然界中的各种载体,称为能源";我国的《能源百科全书》:"能源是可以直接或经转换提供人类所需的光、热、动力等任一形式能量的载能体资源"。因此,能源是一种呈现多种形式的,而且可以相互转换的能量的源泉。简而言之,能源是自然界中能为人类提供某种形式能量的物质资源。

能源是自然界中能为人类提供能量的天然物质。它包括柴、草、煤、石油、天然气、水能等,也包括太阳能、风能、生物质能、地热能、海洋能、核能等新能源。能源资源是一种综合的自然资源。从社会发展历史看,人类经历了柴草能源时期、煤炭能源时期和石油、天然气能源时期,目前正向新能源(核能、太阳能、生物质能、地热能、风能等)时期过渡。由于煤和石油引发了能源危机,因此,人们正在不懈地为寻找、开发更新、更安全的能源以替代储量有限的煤和石油而努力。多元化的能源时代是今后发展趋势。人类对含能物质和能量过程的认知和利用是随着科学技术的进步逐渐扩大、逐渐深化的,因此能源是一个发展的概念,并带有某种历史阶段的印记。

1.2.2　资源、能源的分类

1）资源的分类

资源的种类很多,可从不同的角度进行分类,一般的分类方法有以下4种。

（1）按形态分类

按形态进行分类,资源可分为硬资源和软资源。

①硬资源:指客观存在的,在一定的技术、经济和社会条件下能被人类用来维持生态平衡,从事生产和社会活动并能形成产品和服务的有形物质,还包括可以直接用的客观物质（如空气）,自然资源是构成硬资源的主体。

②软资源:指包括科技资源、信息资源、社会资源、时间资源等以智能为基础的或无形的,但对人类的精神和心理需求至关重要的资源。

软资源对硬资源的开发和利用具有重要的决定性作用,这个作用的结果又反馈于整个资源系统。硬资源是被动的,软资源是主动的,人往往通过软资源来开发和利用硬资源。

（2）按资源利用的重复性分类

按资源利用的重复性进行分类,资源可分为再生资源和不可再生资源。

①可再生资源:也称可更新资源,指能够通过自然力量,使资源增长率保持,或增加蕴藏量的自然资源。只要使用得当,可再生资源会不断得到补充、再生,可反复利用,最后不会耗竭。部分自然资源,如太阳能、大气、农作物、鱼类、野生动植物、森林等是可再生资源。推广而言,可再生资源也可包括社会资源、信息资源等。这类资源中的部分资源用量不受人类活动的影响,如太阳能,当代人的消费不论多少,都不会影响后代人的消费数量。但是多数可再生资源的持续利用受人类利用方式、利用力度等影响,只有在合理开发利用的情况下,资源才可以恢复、更新甚至增加;不合理开发、过度开发,会使更新过程受到破坏,使蕴藏量减少,甚至耗竭。例如,鱼类、水产资源只要合理捕捞,资源总量可以维持平衡;过度捕捞,破坏鱼类繁殖周期,降低自然增长率,会使之逐步枯竭。

根据资源的财产权是否明确,可再生资源又可分为:可再生公共物品资源和可再生商品性资源两类。

a.可再生公共物品资源:指不为任何特定个人所拥有,但却为任何人所享用的资源。例如,空气、公海中的鱼类、外层空间资源等。这类资源具有以下两个特性中的一个或两个。

● 消费不可分性或无竞争性:当某人或某些人消费这一资源时,不会减少或干扰其他人对这一资源的消费。例如,对空气的呼吸。

● 消费无排他性:指任何人在利用某一资源时,不能阻止其他人免费利用同一资源。例如,对公海中鱼类及其他资源的利用,对外层空间、南极和北极的开发。

需要指出,这种非专有性不具有财产私有权,它的利用效率将比较低,因为在使用者之间,价格不能对分配和资源利用起调节作用,也不能为生产或保护资源以提高收入提供刺激。这样容易形成各国、各集团之间无序开发,而造成破坏。当然,可以通过国际公约来调节各方面利益,以提高其利用效率。

b.可再生商品性资源:指能被私人占有和享用、其财产权可以确定、并在市场上进行交易的可再生资源。例如,私人土地(农场、牧场、林场、水域)上的农产品、畜产品、木材、水产品等。这类可再生资源有以下特点。

- 由于财产权明确,其各项权利及权利限制,得到法律保护。
- 这种专有性,使得所有者可以通过交易获得由资源所带来的效益。
- 因为是私有的,可以交易进行转让,使资源重新配置。

②不可再生资源:也称可耗竭资源,指在对人类有意义的时间范围内,资源的质量保持不变,储藏量不再增加的资源。这类资源利用一点就消耗一点,因此最终会导致耗竭。但按其能否重复利用,又可分为:不可回收和可回收两类。

a.不可回收的资源:指使用过程不可逆,使用后不能恢复原状的资源,例如,石油、煤、天然气等,经燃烧后产生热能,其组分分解为二氧化碳和水,无法恢复到原有组分。

b.可回收的资源:指资源经人类加工成产品,当丧失使用价值后,回收再加工后,作为其他功能使用。例如,金属材料,当一艘船报废后,其钢板、铜等金属以及木材等大部分材料都能利用。不过资源可回收利用的程度是受技术水平和经济条件制约,只有当资源回收利用的成本低于新资源开发成本时,回收才可能实现,这与市场需求有关。但是可回收的不可再生资源,由于回收率不可能达到100%,最终还是会耗竭的,因为根据热力学第二定律,在下个封闭系境内,由于熵值增大,无限的内循环是不可能的,即使从系统外部输入能量,例如太阳能,无限的内循环也是不可能的。举一简单例子,钢铁产品在使用过程中,磨损的部分分散在环境中,这部分金属是无法回收的,最终还是耗竭。不过耗竭的速率是可变的,它取决于市场的需求,一般情况下,资源产品使用寿命越长、价格越高(市场需求减少)、资源回收程度越高,则资源耗竭速度越慢。

资源的可储存性是另一个特性,部分可再生资源,例如,肉类、鱼类、粮食可以储存,它可以调剂不同季节、地区的余缺,保证不同时期的供求平衡,平抑市场价格;部分不可再生资源也可以储存,如煤炭、石油等,目的是延长其经济寿命。

(3)按来源分类

按来源进行分类,资源可分为自然资源、经济资源、文化资源、人力资源、信息资源等。

(4)按资源与环境的关系分类

按资源与环境的关系进行分类,资源分为清洁资源和非清洁资源。

2)能源的分类

能源的分类比资源的分类要复杂,而且分类方法也很多,主要有以下7种。

(1)按能源的来源分类

按能源的来源进行分类可分为:第一类能源,来自地球以外,主要来自太阳辐射;第二类能源,来自地球内部,如地热能、核能;第三类能源,来自地球和其他天体的作用,如潮汐。

(2)按能源的本身性质分类

按能源的本身性质进行分类可分为含能体能源(燃料能源),过程性能源(非燃料能源)。

(3)按能源利用的重复性分类

按能源利用的重复性进行分类可分为可再生能源和不可再生能源。

①可再生能源:又称连续性能源,只要利用适当,其使用速度等于或小于补充速度,就能

不断得到补充、再生、可反复利用的能源,称为可再生能源,如风能、水能、海洋能、潮汐能、太阳能和生物质能等。

②不可再生能源:又称储存性能源,在利用过程中不断消耗,不会得到补充,最后导致耗竭的能源为不可再生能源,如煤、石油和天然气等。

(4)按能源的形成分类

按能源的形成方式进行分类可分为一次能源和二次能源。

①一次能源:指从自然界取得的未经任何改变或转换的能源,如原油、原煤、天然气、风物质能、水能、核燃料以及太阳能、地热能、潮汐能等。

②二次能源:指一次能源经过加工或转换得到的能源,如煤气、焦炭、汽油、煤油、电力、热水、氢能等。

(5)按能源的利用历史状况分类

按能源的利用历史状况分可分为常规能源和新能源。

①常规能源:指在现有经济和技术条件下,已经大规模生产和广泛使用的能源,如煤炭、石油、天然气、水能和核裂变能等。

②新能源:是相对于常规能源而言的,指在新技术上系统开发利用的能源,如太阳能、海洋能、地热能、生物质能等。新能源大部分是天然和可再生的,是未来世界持久能源系统的基础。

(6)按能源的市场性质分类

按能源的市场性质分可分为商品能源和非商品能源。

①商品能源:指作为商品流通环节大量消耗的能源。目前主要有煤炭、石油、天然气、水电和核电5种。

②非商品能源:指就地利用的薪柴、农业废物等能源,通常是可再生的。

(7)按能源与环境的关系分类

按能源与环境的关系分可分为清洁能源和非清洁能源。清洁能源,如太阳能、氢能等;非清洁能源,如煤、汽油等。

对于能源和一次能源的分类,见表1.2和表1.3。

表 1.2　能源的分类

能　　源	分　　类	一次能源	二次能源
常规能源	燃料能源	煤炭	煤气
		油页岩	焦炭
		石油	煤油、柴油、汽油
		天然气	液化石油气
		生物质能	甲醇、酒精、甲烷
	非燃料能源	水能	电力、蒸汽、热水

续表

能　源	分　类	一次能源	二次能源
新能源	燃料能源	核燃料	电力氢能
	非燃料能源	太阳能	
		风能	
		地热能	
		海洋能	
		潮汐能	

表1.3　一次能源分类

分　类	可再生资源	不可再生资源
第一类能源	太阳能	煤炭
	水能	石油
	风能	天然气
	海洋能	油页岩
	生物质能	砂油
第二类能源	地热能	核燃料
第三类能源	潮汐能	—

1.2.3　废弃资源循环利用

废弃资源是指在生产、流通、消费等一系列活动中产生的,一般不再具有原使用价值而被丢弃的固态物质。根据其来源分类,可分为生活废弃物、工业固体废弃物和农业固体废弃物。固体废物可经过一定的技术环节,转变为有关行业中的生产原料,甚至可以直接使用。因此,固体废物的概念和属性可随时间、空间的变迁而具有相对性。由于生活废弃物和农业固体废弃物主体物相成分基本不含天然矿物相,所以本书讨论的固体废物仅局限在工业固体废弃物的范围。工业固体废弃物是工业生产过程中排入自然环境的各种废渣、粉尘及其他废物。可分为一般工业废物(如采矿废石、矿山尾矿、高炉渣、钢渣、赤泥、有色金属渣、粉煤灰、煤渣、硫酸渣、废石膏、盐泥等)和工业有害固体废物。

1) 废弃资源循环利用研究内容与学科基础

固体废物作为一种"混合复杂资源",按其资源化应用进行分类,可分为能源型固体废物,矿产资源型固体废物,功能产品型固体废物。能源型固体废物,是指其资源化途径主要转化为能源,包括有机固体废物(农作物秸秆、枯枝落叶)和低等矿产能源(煤矸石)等;矿产资源型固体废物,是指其资源化途径主要提取有用组分(金属或非金属),包括低品位矿、尾矿、电子废弃物、工业废渣等;功能产品型固体废物,是指其资源化途径主要为直接开发功能产品,如环境友好材料,是前两种固废最后循环利用的最终途径。固体废物资源循环利用模式见图

1.6。固体废物资源循环利用要从微观层次的矿物学、胶体与界面化学和多元多相体系的矿物资源加工、冶金等方面进行系统的研究。主要研究内容和方向包括：

①固体废物的化学成分、物相组成、有用组分、分布特征、有用成分与物相的富集特征与方式及它们之间的关系，主要包括固体废物矿物学、工艺矿物学、岩石学等。

②设计并优化加工提纯的流程；查明共伴生组分的特征，提出综合利用的技术方案；查明有用、有害元素的组成特点，指导废弃物利用和无害化处理。这些内容是提高资源利用效率的关键指标。

③固体废物资源中金属和非金属物质的结合特性与解离特性研究，探讨无机混合体或有机无机复合体（如废弃电子垃圾）的机械破碎性能及粉碎机制，粉碎与分选方式选择与优化（如用自动图像分析法研究物相的结构和解离特征）等，包括固体废物资源中特定颗粒在各种物理场中选择性分离行为，在各种化学场或过程中选择性化学反应或溶出行为，以及微生物浸出、改性行为，并对其质量、环境安全性和经济性进行评价。

④固体废物循环利用途径、资源物性评价及全过程生态设计，包括固体废物目标产物定位及再生过程工艺设计，再加工—再生产—再使用—再循环的多层次闭路循环利用方式，"资源—产品—再生资源"的高级流动过程全生命周期过程评价，矿物资源的精开采、低消耗、低排放、高效率实现的技术途径。

⑤固体废物深加工与增值方法与技术研究，包括减量化、再利用、再循环、替代和修复方法与技术研究；二次资源和"非传统"矿物资源范围、循环利用深加工、增值方式与技术；固体废物直接转化为功能材料的制备过程理论和可控制备技术研究；天然矿物成分配方和结构特征设计新型非金属材料应用研究。

⑥固体废物有害组分含量、赋存特征、固定方式，各种介质中的溶出与迁移行为研究；固体废物有害组分资源转化与加工作用过程中的富集、赋存变化、矿物固定方法、转移行为与预防措施研究；各种固体废物有害组分综合生态环境安全性评价；特种废物资源利用与安全性研究如放射性废物的固化和处置理论及技术研究。

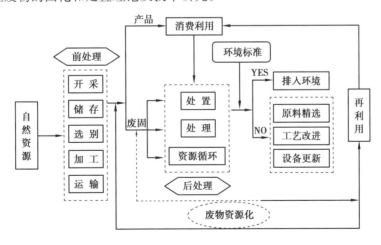

图 1.6　固体废弃物资源循环利用图

废物资源化研究理论与方法已大大超越了传统地质与矿业科学、环境科学与工程的范畴是基于地质学、矿物加工、化学、生物学、物理学、材料科学、环境科学等学科相互交叉与渗透，废物资源化中的诸多理论与方法与矿物学、岩石学、地球化学有紧密的联系,势必进一步拓宽传统资源、矿业、材料、环境的研究视野和空间,推动新的研究领域和交叉学科发展。作为一门新兴的不断交叉融合的综合性学科,固体废物资源循环还涉及农学、系统工程学和资源经济学等。这些关联学科为固体废物资源循环利用的技术创新和工业化应用提供有力的理论基础。

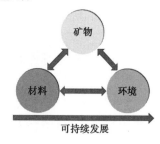

图1.7　固体废物资源循环利用学科关系和转化关系

但从应用研究的角度看,固体废物资源循环利用的出路和归宿是在满足环境绿色安全的前提条件下,尽可能把固体废物转化开发为矿物资源和直接使用的各类材料,它们的学科关系和转化关系如图1.7所示。因此,在固体废物资源循环利用的过程中必然会运用和产生与环境—矿物—材料等相关领域的边缘和交叉学科,如生态环境矿物材料。固体废物的原料、组织结构、性质、产生/制备、使用效能和理论及工艺设计,即固体废物研究内容"六要素",若要实现"矿物原料"为中心的转化目标,即"矿物原料"的目标要求对其他5个内容要素就有重要影响;上述"六要素"调控也可实现固体废物转化为"矿物材料"的中心目标,这时其中的"制备、理论及工艺设计"要素更能体现这个过程特点。要克服固体废物难利用、高成本的不足,就要瞄准开发功能矿物材料(包括环境矿物材料、光功能矿物材料、电功能矿物材料、声功能矿物材料、生物医用矿物材料)、结构矿物材料(包括矿物聚合材料、矿物摩擦材料、矿物复合材料)和纳米矿物材料,特别是纳米科技的引入与应用在固体废物综合利用上已展现出非常诱人的前景。另外,大量非金属类的固体废物开发需要成为新型领域和特种环境应用延伸,如高效吸附极低浓度 SO_2、CO_x、NO_x($x=1,2$)材料,精纯材料(如多晶硅),太空舱转型分子筛,航天航空深海特种矿物材料等。

2)资源利用现状

2016年全国一般工业固体废物产生量30.9亿t,综合利用量19.9亿t,储存量5.8亿t,处置量7.3亿t,倾倒丢弃量56万t,综合利用率为64.4%。目前全国工业固体废弃物堆存占地面积达100多万亩,其中农田约10万亩。这些固体废物如不被利用,不仅占用土地资源,还造成严重的大气污染、土壤污染和水资源污染,还将严重危害自然环境和人类健康。固体废物种类繁多,矿物成分和化学成分复杂多变,物理性质也千差万别,难以通过常规方法处理。固体废弃物中化学成分的富集可引起环境地球化学异常,影响生态环境,因此需要研究固体废弃物资源循环利用理论和技术,使之成为可被利用的原材料,即实现清洁资源化利用。

我国典型基础产业消耗大量的是矿产资源,每年生产钢铁约7亿t;电解铝约2 000万t(约占世界1/2);水泥约18亿t;耐火材料约2 800万t,还有陶瓷、玻璃等产品,均为全球之最。2012年我国铁矿石进口量7.4亿t,对外依存度达71%;铜、铅、锌消费量分别占到世界的39%、44%和44%,而铜资源的自给率仅40%,铅、锌不足70%;锑、钨、锡资源储量分别占世界的38%、64%和30%,而消费量达到世界的91%、81%和45%。近几年来矿物资源对外依存度快速上升。我国矿产资源共伴生金属资源储量丰富,但现有技术对多金属矿床中的共伴生金属综合利用率还很低,60%~70%的共伴生资源并未得到合理高效利用。而危机矿山不断增多,如我国25种主要金属的415个大中型矿山目前已关闭38个,占大中型矿山总数的9%;严重危机矿山54个,约占13%;又如稀土矿石"三率"水平(开采回收率、采矿贫化率、选矿回收率)仅为世界平均水平的 70% ,离子型稀土矿开采回收率不到 50% 等,导致大量资源沉淀在矿山废物中。

难利用矿产资源是未来我国矿产资源保障的重要支撑。目前我国至少有 60 亿 t 铁矿、20 亿 t 锰矿、200 万 t 钼矿、500 万 t 铜矿处于呆滞状态。矿产资源的综合利用率低,综合利用有效组分在 70% 以上的矿山仅为 2% ,达到 50% 的矿山不到 15% ,而低于 25% 的矿山则高达 75% 。这导致我国金属矿山累计存储的废石、尾矿超过 50 亿 t,且以每年超过 3 亿 t 的速度在增长,尾矿的平均利用率只有 8.2% 。因此,加强这些废物资源化和循环利用,对有效解决我国经济快速发展中日益突出的环境资源问题,提高资源利用率,建设资源节约型、环境友好型社会,实现我国新型工业化道路和社会经济可持续发展具有重大意义。

(1)资源减量化利用现状

矿产资源减量化利用主要是指在经济活动中尽量减少矿产资源的消耗和废弃物的产生,不断提高资源的利用效率,它要求在经济活动的源头就开始注意节约资源,减少污染,在生产阶段要尽量避免各种废物的排放。对生产过程而言,企业要通过技术改造、采用先进生产工艺或实施清洁生产,以减少单位产品生产所使用的原料、能量和污染物的排放,倡导产品小型化、轻型化。对消费过程而言,减量化原则要求人们改变消费至上的生活方式,变过度消费为适度消费和绿色消费,倡导人们追求崇尚环境友好的高质量的生活方式,选购包装简单、耐用和可循环使用的物品等。

我国自 20 世纪 70 年代以来,陆续制定了一系列鼓励开展资源综合利用的政策措施,对国家的矿产资源循环利用有较大的推进。现阶段,国家矿产资源的减量化利用主要表现在以下几个方面:

①规划建设项目的环境影响评价:1973 年第一次全国环境保护会议后,环境影响评价的概念开始引入中国。1979 年 9 月,全国人大常委会通过了《中华人民共和国环境保护法(试行)》,把环境影响评价和建设项目"三同时"作为法律制度确立下来。2003 年 9 月 1 日《中华人民共和国环境影响评价法》正式实施,其他配套管理措施和法规也渐趋完善,标志着中国的环境影响评价制度进入了一个新的发展阶段。环境影响评价是指对规划和建设项目实施后可能造成的环境影响进行分析、预测和评估,提出预防或者减轻不良环境影响的对策和措施,进行跟踪监测的方法与制度。环境影响评价是一项技术,是正确认识经济发展、社会发展和环境发展之间相互关系的科学方法,对确定经济发展方向和保护环境等一系列重大决策上都有重要作用。环境影响评价在治理老污染源与控制新污染源、协调经济发展与环境保护、实现资源可持续利用与社会可持续发展等方面有着不可替代的作用,所以越来越引起社会各方面的广泛关注,在环境管理中的作用越来越突出。近年来,随着我国环境影响评价体系的逐步确立,环境影响评价实践的发展变化有几个明显特点:一是形成了一支稳定的环境影响评价专门力量;二是编制了各种评价技术导则;三是形成了基本固定的专家审查队伍和报告书审查方法;四是形成了基本固定格式和固定内容的报告书。

②推行清洁生产:我国在 20 世纪 70 年代提出"预防为主、防治结合"的工作原则,提出工业污染要防患于未然。20 世纪 80 年代在工业界对重点污染源进行治理取得了工业污染防治的决定性进展。20 世纪 90 年代以来强化环保执法,在工业界大力进行技术改造,调整不合理工业布局、产业结构和产品结构,对污染严重的企业推行"关、停、禁、改、转"的工作方针。1992 年联合国环境与发展会议通过的《21 世纪议程》,将清洁生产视为实现可持续发展的重

要措施。1993 年 10 月在上海召开的第二次全国工业污染防治会议上,国务院、国家经贸委及国家环境保护总局的领导提出清洁生产的重要意义,明确了清洁生产在我国工业污染防治中的地位。

清洁生产是指对产品和生产过程持续运用整体预防的环境保护策略,是在末端治理之后污染防治方面的一次理论创新。传统的发展模式不仅造成了生态环境的极大破坏,而且浪费了大量的能源,加速了自然资源的耗竭,使发展难以持久;而且以末端治理为主的工业污染控制政策忽视了全过程污染控制,不能从根本上消除污染。清洁生产谋求在工业生产过程中和产品设计过程中,自然资源和能源利用最合理化、经济效益最大化、把生产活动和预期的产品消费活动对环境的负面影响降至最小化。

③进行节能减排:国家推行节能减排战略,坚持节约发展、清洁发展、安全发展,是实现经济又好又快发展的正确道路;另外,加强节能减排工作,也是应对全球气候变化的迫切需要。温室气体排放引起的全球气候变化,备受国际社会广泛关注。我国是以煤炭为主的能源生产大国和消费大国,减少污染排放,降低温室效应也是我国应承担的责任。《"十三五"节能减排综合工作方案》中提出了节能减排的约束性指标,即到 2020 年全国万元 GDP 能耗要比 2015 年下降 15% 左右,主要污染物 SO_2、COD(化学需氧量)排放总量要比 2015 年减少 15% 和 10%。党的十七大报告也指出:"坚持节约资源和保护环境的基本国策,关系人民群众切身利益和中华民族生存发展。必须把建设资源节约型、环境友好型社会放在工业化、现代化发展战略的突出位置,落实到每个单位、每个家庭。"

④应对全球气候变化进行碳减排:全球气候变暖已经严重威胁到人类的可持续发展,国际社会和我国均采取措施应对全球气候变化、减少碳排放、降低温室效应。国际原子能机构(IAEA)相关研究表明,在整个能源链的温室气体排放中煤、石油和天然气一次能源消耗产生的温室气体最多。

《中国应对气候变化的政策与行动白皮书》中,指出我国应对气候变化的指导思想是:全面贯彻落实科学发展观,坚持节约资源和保护环境的基本国策,以控制温室气体排放、增强可持续发展能力为目标,以保障经济发展为核心,加快经济发展方式转变,以节约能源、优化能源结构、加强生态保护和建设为重点,以科学技术进步为支撑,增进国际合作,不断提高应对气候变化的能力。

(2)资源的资源化利用现状

自然资源是人类赖以生存的基础。而解决复杂资源和挑战新的资源领域,实现二次资源的资源化,是摆在我们面前刻不容缓的历史重任,也是缓解资源衰竭速度,提升资源承载能力的重要途径。

①矿业废固资源利用:我国对矿产二次资源的回收利用和无害化处理起步较晚,据不完全统计,截至"十五"规划末,全国矿山产生的各类废石达 162.3 亿 t。其中,煤矸石 35.6 亿 t,铁矿废石 94 亿 t,有色金属矿废石 25 亿 t,金矿废石 4.6 亿 t,化工矿废石 3 亿 t。全国矿山累计堆存尾矿 50 亿 t,并以每年排放 3 亿多吨的速度递增。其中,铁矿尾矿 26 亿 t,有色金属矿尾矿 21 亿 t,金矿尾矿 2.7 亿 t,化工矿尾矿 0.3 亿 t。大量有用资源进入尾矿、废石中,使其成为可进一步综合开发分砂石使用,多数用作水泥掺合料或建筑材料使用。钢渣虽然作为农用肥料和土壤改良剂进行了研究和开发,但主要还是简单地利用其中的一些有效成分,如 CaO、MgO、SiO_2 和 P_2O_5,其肥效低,应用范围较小。另外,冶金渣虽已经被用于水泥生产,但冶金渣

的活性远不及硅酸盐水泥的活性,其许多内在关系和机理尚未查清。当前,我国高炉渣的回收利用率为 80% 左右,同比德国回收利用率为 99% ,日本为 97% 。我国利用率相对较低。20世纪 70 年代后,工业发达国家,如英、美等国家几乎将高炉渣 100% 全部利用,而我国至目前仍不能充分利用,尤其是不能高效利用。

②有色金属的循环利用:我国铜、铅、锌资源保有年限约为 10 年,铝土矿铝硅比在 7 以上的储量保有年限也仅为 10 年左右。只有大力开发有色冶炼固体二次资源才能保证我国有色工业的可持续发展,我国目前有色金属加工业每年产生的各种废渣达 3 175 万 t,这类炉渣主要是铜渣、铅锌渣和镍渣,主要成分为 SiO_2,大多数做水淬处理。目前 75% 的铜渣和 50% 的铅锌渣用作水泥原料,60% 镍渣作填埋,现亟待提升其综合利用率。有色金属冶炼废渣品种多,成分复杂,有价元素含量高,其蕴藏的经济效益巨大。

锌是目前世界上循环利用较好的金属之一。在我国随着镀锌钢材及其他锌铅防腐钢材消费量的增加以及钢铁厂废钢消耗量的不断提高,钢铁企业含锌粉尘的产量和其中的锌含量也不断增加,高锌尘泥主要来源于高炉瓦斯泥(或灰)、转炉二次除尘灰、电炉粉尘等,其回收利用价值很高。目前对锌含量小于 l% 的冶金尘泥,主要用于烧结配料,实现内部循环。而高锌的含铁尘泥[$W(Zn) \geqslant 1\%$]一般以露天堆放为主。

在铅锌冶炼中,有毒固体废弃物数量占 2% 左右,如铅冶炼含砷烟尘及砷钙渣、湿法炼锌浸出渣、中和净化渣等。另外 8% 左右的低毒性固体废弃物。无毒固体废料占总固体废料的90% 左右,如铅水淬渣、锌蒸馏罐渣和湿法炼锌挥发窑渣等,这部分废料常用于水泥配料和路基用料等。围绕上述各类含锌废渣和尘泥的资源化方法,目前有磁选法、回转窑法、转炉底法及其他综合利用处理技术。在再生铝技术装备方面与发达国家相比差距较大,发达国家的回收企业采用先进的预处理技术对废铝进行有效分选和分类,对含油、水、铁等杂质的废铝进行切屑、干燥、净化除杂和分检处理,在资源的最佳配置上获取最大化利益,我国目前尚无此类处理厂家。

③化工固体资源循环利用:化工固体废弃物种类多,有毒物质含量高,产生量大。一般每生产 1 t 产品就会产生 1 ~ 3 t 固体废弃物,有的甚至高达 12 t 之多。化工固废中有相当部分具有剧毒性和腐蚀性,尤其是危险废物中有毒物质对环境和人类会构成巨大威胁,必须对其进行处理。对化工固体二次资源进行加工处理,不仅可回收废物中有用物质从而获得经济效益,而且也可取得良好的环境效益。

近 20 年来,我国加大了在生产工艺中更新设备,改进操作方式,推行无废或低废工艺的力度,尽可能把污染消除在生产过程中。生产苯胺的传统工艺采用铁粉还原法,生产过程中产生大量含有硝基苯、苯胺的铁泥废渣和废水,造成环境污染和资源浪费。通过成功开发出加氢法制苯胺新工艺后,铁泥废渣产生量由原来的 2 500 kg/t 减少到 5 kg/t,产品产生的废水量由 4 000 kg/t 降到 400 kg/t,能耗减少 50% ,苯胺回收率达到 99% 。

加强综合利用,重视对固废的回收或将其转化为有用产品。对有色金属含量较高的硫酸渣采取适当技术,在获得硫酸渣精矿的同时获取金和银,使这一类固废得到综合回收和高效利用。磷化渣含较高的 PO_4^{3-} 、Fe^{2+} 和 Zn^{2+},通过一系列物理化学方法对其进行再利用,可制备出磷酸三钠、脱脂剂、除油除锈剂、磷化液、防锈颜料、铺路建筑填料、氨硫除臭剂等。另外,在对化工固体二次资源处理中,努力实现固废无害化技术。如通过焚烧、热解、化学氧化等方式,改变固废中有害物质的性质,使其转化成无毒无害物质。

④废水资源循环利用:我国废水资源化进程起步较晚,目前废水资源化量还不到工业用水量的10%。在"七五""八五""九五"3个五年计划中,我国完成了中水回用技术的储备工作和示范工程建设,科技部、建设部共同制定的《城市污水再生利用技术政策》中明确,我国城市污水再生利用的总体目标是充分利用城市污水资源、削减城市水污染负荷、节约用水、促进水的循环利用、提高水的利用效率。中国再生水利用率仅占污水处理量的10%左右,与发达国家70%的利用率相比还有相当大的差距。《"十三五"全国城镇污水处理及再生利用设施建设规划》提出,到2020年年底,我国缺水城市再生水利用率不低于20%。从可持续发展的角度看,推进污水资源化,大力发展中水再生回用,使供水排水一体循环、互相补充,两种资源合理配置,是解决我国水资源短缺的重要途径和手段。中水回用必将在我国大力发展起来。

对于工业化城市,企业是城市用水和废水排放主体,源头减排、结构减排、管理减排和中水回用于生产系统,用循环经济的理念指导企业废水治理问题是当今环保技术的发展方向,也是解决发展和环境问题的根本途径,是人类实现可持续发展的根本保障。

参考文献

[1] 金焰,龚利华,熊兴,等.企业如何进行持续性清洁生产审核[J].资源节约与环保,2014(8):35-35.

[2] 李电元.企业实施清洁生产的经济绩效实证分析[J].哈尔滨商业大学学报:自然科学版,2010,26(6):755-760.

[3] 刘小冲,杨勇,金文.论如何推进清洁生产与可持续发展[J].西安航空技术高等专科学校学报,2006,24(1):40-42.

[4] 于雷,王峰,王秀梅.清洁生产和循环经济与可持续发展的关系[J].黑龙江环境通报,2012(3):78-80.

[5] 国家清洁生产中心.企业清洁生产审核手册[M].北京:中国环境出版社,2015.

[6] 刘刚,陈玉成.清洁生产审核过程中的物料平衡技术与方法探讨[J].三峡环境与生态,2011(2):38-42.

[7] 何新生.折线图与E-P图介绍及其应用分析[J].环境与可持续发展,2009(4):86-88.

[8] Li J H, Zhang Y, Yu J Q, et al. A cleaner production evaluation indicator system available for Chinese fish processing industry[J]. *Advanced Materials Research*, 2013, 726-731:3171-3175.

[9] Özbay A, Demirer G N. Cleaner production opportunity assessment for a milk processing facility [J]. *Journal of Environmental Management*, 2007, 84(4):484-493.

[10] Telukdarie A, Brouckaert, Haung Y. A case study on artificial intelligence based cleaner production evaluation system for surface treatment facilities[J]. *Journal of Cleaner Production*, 2006, 14(18):1622-1634.

[11] 工业清洁生产实施效果评估规范[J].居业,2015(10):13-13.

[12] Bezama A, Valeria H, Correa M, et al. Evaluation of the environmental impacts of a cleaner production agreement by frozen fish facilities in the Biobío region, Chile[J]. *Journal of Cleaner Production*, 2012, 26:95-100.

［13］Sakr D，Sena A A. Cleaner production status in the Middle East and North Africa region with special focus on Egypt［J］. *Journal of Cleaner Production*，2016，141：1074-1086.

［14］王永志，白洁.清洁生产在低碳经济中的战略地位与实践探析［J］.环境保护与循环经济，2010，30（7）：35-38.

［15］陈文明.清洁生产——环境战略的新认识［J］.化学进展，1998（2）：113-122.

［16］陈镇，彭芸.清洁生产在企业实施过程中面临的主要问题及对策［J］.环境科学与管理，2007，32（2）：172-174.

［17］尹洁，周奇，吴昊.国际清洁生产经验对中国的启示［J］.环境保护，2010（16）：24-26.

［18］李明，康东书，李琳.清洁生产法律制度研究［J］.科技经济市场，2015（10）：121-121.

［19］任英欣.清洁生产的立法现状及完善对策研究［J］.唐山师范学院学报，2015（1）：132-135.

［20］Li Z D，Zhang Y，Zhang S S . Status of and trends in development for cleaner production and the cleaner production audit in China［J］. *Environmental Forensics*，2011，12（4）：301-304.

［21］乔蓉娜.清洁生产驱动因素及调控机制研究［J］.生物技术世界，2015（4）：21-21.

［22］Peng H，Liu Y. A comprehensive analysis of cleaner production policies in China［J］. *Journal of Cleaner Production*，2016，135：1138-1149.

［23］张璐鑫，于宏兵.农业清洁生产评价指标体系的构建［J］.生态经济：中文版，2013（9）：110-113.

［24］倪丽莉，代永芳.浅谈清洁生产、生态工业和循环经济［J］.资源节约与环保，2013（8）：79-79.

［25］石磊，钱易.清洁生产的回顾与展望——世界及中国推行清洁生产的进程［J］.中国人口·资源与环境，2002，12（2）：123-126.

［26］陈亮，李军，钟本和.浓缩湿法磷酸脱色研究［J］.无机盐工业，2005，37（7）：21-22.

［27］杨建中，李志祥.湿法磷酸的净化技术［J］.磷肥与复肥，2004，19（6）：13-17.

［28］白有仙，詹骏，朱云勤.高品质磷石膏处理工艺研究［J］.无机盐工业，2008，40（5）：45-47.

［29］刘健，解田，朱云勤，等.硝酸浸取磷石膏钙渣制备高品质轻质碳酸钙［J］.环境化学，2010，29（4）：772-773.

［30］毕俊生，慕颖，刘志鹏.我国工业清洁生产发展现状与对策研究［J］.节能与环保，2009（3）：13-15.

［31］么旭，吴方.我国工业清洁生产发展现状与节能减排对策研究［J］.资源节约与环保，2016（4）：2-3.

［32］马妍，白艳英，于秀玲，等.完善清洁生产法规体系 促进"十二五"节能减排［J］.环境保护，2010（12）：29-31.

［33］陈一嘉.清洁生产理论体系的唯物辩证法内涵浅析［J］.环境工程，2016（s1）：954-956.

［34］胡永强.从清洁生产方式视角管窥中国的生态文明［J］.北京交通大学学报：社会科学版，2010，9（2）：82-85.

［35］刘江.中国资源利用战略研究［M］.北京：农业出版社，2002.

［36］瑟尔沃.增长与发展［M］.6 版.北京：中国财政经济出版社，2001.

［37］麻志周.我国矿产资源保障问题的思考［J］.国土资源情报,2009(3):2-7.

［38］O'Rourke D,Connelly L, Koshland C. Industrial ecology:A critical review［J］. *International Journal of Environment and Pollution*,1996,6(2/3):89-112.

［39］冯之浚.循环经济导论［M］.北京:人民出版社,2004.

［40］陆大道.中国可持续发展研究［M］.北京:气象出版社,2000.

［41］郑炜.比对德国工业4.0分析清洁生产产业化的意义［J］.福建轻纺,2018(8):41-44.

［42］李金华.德国工业4.0与中国制造2025的比较及启示［J］.中国地质大学学报, 2015(5):71-79.

第**2**章
湿法磷酸产业清洁生产现状

2.1 湿法磷酸行业概述

湿法生产是用无机酸分解磷矿粉,分离出粗磷酸,再经净化后制得磷酸产品。湿法磷酸比热法磷酸成本低 20% ~30% ,经适当方法净化后,产品纯度可与热法磷酸相媲美。湿法磷酸工艺处于磷酸生产的主导地位。湿法磷酸工艺按其所用无机酸的不同可分为硫酸法、硝酸法、盐酸法等。矿石分解反应式表示如下:

$$Ca_5F(PO_4)_3 + 10HNO_3 \rightarrow 3H_3PO_4 + 5Ca(NO_3)_2 + HF\uparrow$$
$$Ca_5F(PO_4)_3 + 10HCl \rightarrow 3H_3PO_4 + 5CaCl_2 + HF\uparrow$$
$$Ca_5F(PO_4)_3 + 5H_2SO_4 + nH_2O \rightarrow 3H_3PO_4 + 5CaSO_4 \cdot nH_2O + HF\uparrow$$

这些反应的共同特点是都能够制得磷酸。但是,磷矿中的钙生成什么形式的钙盐不尽相同,各有其特点。反应终止后,如何将钙盐分离出去,并能经济地生产出磷酸则是问题的关键。相应地,湿法磷酸的生产工艺可分为无水物法、半水法、二水法、半水-二水法及二水-半水法等。其中,二水法由于技术成熟、操作稳定可靠、对矿石的适应性强等优点,在湿法磷酸工艺中居于主导地位。我国 80% 以上的磷酸都采用湿法磷酸二水法流程生产。二水法流程具有工艺简单、技术成熟、对矿石种类适应性强的特点,特别适用于中低品位矿石,在湿法磷酸生产中居于统治地位。

2.1.1 湿法磷酸的发展史

湿法磷酸成批生产用于肥料及其他工业迄今已有 100 多年的历史了,1870—1872 年德国首次开始成批生产磷酸,反应槽和过滤机都是用木材制成的,用间歇方式分批生产,每批 1 ~2 t磷酸,直到 19 世纪末期这种生产方式仍没有太大的改变,生产的磷酸浓度只有 8.0% P_2O_5。1890—1915 年,在已开始采用间歇式的压滤机来分离磷石膏固化的同时,为了解决磷酸强烈的腐蚀性,磷酸浓缩也开始用岩石或铅作设备材料,加热器也是用铅管制成的。用连续方式生产湿法磷酸是在 1915 年采用道尔流程(Dorrr Process)以后,当时已开始用几只连续的增稠器。用逆流程浸取的方式连续进行磷石膏的分离,磷酸的浓度可达 22% ~23% P_2O_5。1920

年后该流程采用连续鼓式过滤机以取代最后一只增稠器。使磷酸浓度提高到 25% P_2O_5。1932 年道尔公司在特里尔建成磷酸工厂，在生产技术上作了两项重大的改革，不仅强化了湿法磷酸的生产而且还可以制得浓度为 32% P_2O_5 的磷酸。这个生产流程当时称为"道尔浓酸流程"，在生产技术上是具有划时代进步意义的，并为以后半个多世纪中二水物流程的发展奠定了良好的基础。与此同时道尔公司还在研究能直接制取浓磷酸的生产方法。道尔公司开发了一个新的流程，并以拉森名义获得了一系列专利。该流程是将磷矿用硫酸分解，首先形成半水硫酸钙，料浆经过滤后再将滤渣进行水化，使半水物转化为二水物，得到的磷酸浓度为 35% P_2O_5。实际这是 20 世纪 60 年代末期到 70 年代初期开发的半水-二水再结晶流程的雏形。但在当时的技术条件下要实现这样的工业生产显然是很困难的。

20 世纪 30 年代以后，已有不少的专家注意到直接生产浓磷酸工艺的研究，除拉森流程以外，1930 年诺登格伦及其同事也获得了无水物流程及半水物流程的专利。

20 世纪 40 年代特别是第二次世界大战以后，世界湿法磷酸的生产技术获得了明显的进展，它的特征表现在：

①新的生产流程不断涌现，逐步取代了 20 世纪 30 年代的道尔流程。虽然在生产上绝大部分依旧采用二水物流程，但是这些新流程在技术上、设备上都有自己的特色。

②生产设备上不断地更新，提高了生产强度。在此时期提出了不少新型的反应单槽，结构紧凑节省动力，完全取代了沿用的阶梯式多槽，对过滤机进行的改进尤为显著，先后出现了道尔-沃里弗盘带式过滤机、普莱昂倾覆盘式过滤机以及水平转台式过滤机等，它们的操作性能及生产强度都较转鼓式过滤机及带式过滤机为优。

③加强了理论研究。对湿法磷酸的反应过程及硫酸钙的结晶机理进行了大量研究为有效地推动湿法磷酸的快速发展起了积极的作用。

20 世纪 60 年代期间，湿法磷酸生产技术发展的标志是扩大单系统生产的规模，以及工艺流程的进一步改革。随着湿法磷酸需要量的大幅度增加，磷酸生产中单系统的规模日益增大，其目的除增加产量以外，也力求降低生产中的间接成本，在此期间已经出现了日产 1 000 t P_2O_5 的单系统生产装置，同时也完善了生产操作的自控水平，这使湿法磷酸工业步入了现代化的大型生产。工艺流程改革具体表现是再结晶工艺流程大量出现，提高了磷得率和磷石膏的质量。首先提出的是被称为"日本式流程"的一步法半水-二水再结晶流程，而后则是普莱昂公司的二水-半水再结晶流程。这些流程虽然不能提高磷酸的浓度，但是它们的出现证明工业上实现硫酸钙的"再结晶"过程是可能的，而且是优越的。

20 世纪 60 年代末及 70 年代初期，磷酸工业中又出现了一大批能生产 40% ~50% P_2O_5 的浓磷酸的二步法半水-二水再结晶流程，这些流程可同时实现磷酸浓度高、收率高及石膏质量纯的目的，这些都是湿法磷酸生产中长期以来未能实现的愿望。到目前为止，二步法流程虽然还存在某些困难，建成的工厂还为数不多，但它是湿法磷酸生产技术发展的必然结果，前景是很有希望的。

我国湿法磷酸工业是从 1953 年开始的，很多的研究工作是上海化工研究院进行的，不少省、市的科研单位以及有关院校也做了大量工作。上海化工研究院采用国产磷矿研究了二水物流程的工艺过程，1963 年完成中间试验以后，在南京建成年产 2 万 t 磷酸的试验性工厂。1957 年以后开始了半水物流程的研究，持续多次中间试验后于 1968 年结束试验阶段，接着于 1971 年开始进行二步法半水-二水再结晶流程的开发。随着磷肥生产的需要我国湿法磷酸正在积极发展中。

2.1.2 湿法磷酸分类

湿法磷酸生产中已经出现了各式各样的商业流程或专利,所有这些流程或专利可按其不同的特点进行下列分类。

(1)按过程的操作方式分类

按过程的操作方式不同可分为:

①间歇操作流程。

②连续操作流程。

(2)按反应槽槽型及数量分类

按反应槽槽型及数量不同可分为:

①多槽流程(阶梯排列)。

②单槽流程。

③同心圆单槽流程。

④多室单槽流程。

(3)按反应槽料浆冷却方法分类

按反应槽料浆冷却方法不同可分为:

①真空冷却流程。

②鼓气冷却流程。

(4)按生成硫酸钙结晶形式分类

严格而正确的流程分类应按照生成硫酸钙结晶的水合形式来命名。这也说明硫酸钙结晶在湿法磷酸生产中的重要地位,实际生产的情况的确如此,当反应过程中生成的硫酸钙结晶形式不同时,反应过程也就截然不同。除此以外,通过简单的计算就可知道:当 1 份磷矿与硫酸反应后,随磷矿品位及硫酸钙结晶形式不同,将生成 1.2~1.6 份的固体,欲将如此大量的固体与磷酸溶液分离,并用有限的水洗涤后达到较高的洗涤效率(通常指标为 99% 以上),显然必须认真地研究固相的结晶形式与颗粒大小。在磷酸溶液中,硫酸钙结晶可以 3 种水合形式,在不同条件下稳定存在,即二水物、半水物及无水物。为此,按照生成硫酸钙结晶形式的不同,湿法磷酸流程应有如下分类:

①二水法流程。

②无水法流程。

③半水法流程。

④二水-半水再结晶流程。

⑤半水-二水再结晶流程:这类流程按照生产磷酸的浓度不同,又可分为半水-二水稀酸流程(或称一步法)和半水-二水浓酸流程(或称二步法)。

⑥半水-无水再结晶流程。

必须补充说明,所有这些流程生产的磷酸,除磷酸浓度有所不同外,磷酸的质量是基本一致的。湿法磷酸的质量主要是随磷矿的质量而异。

2.1.3 湿法磷酸生产的基本原理

1）湿法磷酸生产化学反应

湿法磷酸的生产方法是在一定的条件下,用酸分解磷矿制磷酸,分解的过程中生成磷酸溶液和难溶性硫酸钙结晶。湿法磷酸生产化学反应,总的化学方程式如下:

$$5H_2SO_4 + Ca_5F(PO_4)_3 + nH_2O \longrightarrow 5CaSO_4 \cdot nH_2O + 3H_3PO_4 + HF\uparrow$$

实际上反应分两步进行。第一步是磷矿和循环料浆进行预分解反应,磷矿首先溶解在磷酸中生成磷酸一钙。

$$Ca_5F(PO_4)_3 + 7H_3PO_4 \longrightarrow 5Ca(H_2PO_4)_2 + HF\uparrow$$

第二步为上述的磷酸一钙料浆与过量的硫酸反应生成硫酸钙结晶和磷酸溶液。

$$5Ca(H_2PO_4)_2 + 5H_2SO_4 + 5nH_2O \longrightarrow 10H_3PO_4 + 5CaSO_4 \cdot nH_2O$$

硫酸钙以3种不同的结晶形式从磷酸中沉淀出来,它们的生成条件主要取决于磷酸溶液中的磷酸浓度、温度以及游离硫酸浓度。根据生产条件的不同,可以有二水硫酸钙($CaSO_4 \cdot 2H_2O$)、半水硫酸钙($CaSO_4 \cdot 1/2H_2O$)和无水硫酸钙($CaSO_4$)3种。相应的就有3种不同的生产方法即二水法、半水法和无水物法。反应中生成的HF与磷矿中带入的SiO_2生成H_2SiF_6。

$$6HF + SiO_2 \longrightarrow H_2SiF_6 + 2H_2O$$

H_2SiF_6又与SiO_2反应生成SiF_4气体。

$$2H_2SiF_6 + SiO_2 \longrightarrow 3SiF_4\uparrow + 2H_2O$$

以上可以知道氟主要以SiF_4形式存在,用水吸收后生成氟硅酸水溶液并析出硅胶沉淀。

$$3SiF_4 + (n+2)H_2O \longrightarrow 2H_2SiF_6 + SiO_2 \cdot nH_2O\downarrow$$

磷矿中铁、铝、钠、钾等杂质将发生以下的反应:

$$Fe_2O_3 + 2H_3PO_4 \longrightarrow 2FePO_4\downarrow + 3H_2O$$
$$Al_2O_3 + 2H_3PO_4 \longrightarrow 2AlPO_4\downarrow + 3H_2O$$
$$Na_2O + H_2SiF_6 \longrightarrow Na_2SiF_6\downarrow + H_2O$$
$$K_2O + H_2SiF_6 \longrightarrow K_2SiF_6\downarrow + H_2O$$

其中,镁主要存在于碳酸盐之中,磷矿中的碳酸盐,白云石、方解石等首先被分解并放出CO_2。

$$CaCO_3 + H_2SO_4 \longrightarrow CaSO_4 + H_2O + CO_2\uparrow$$
$$CaCO_3 \cdot MgCO_3 + 2H_2SO_4 \longrightarrow CaSO_4 + MgSO_4 + 2H_2O + 2CO_2\uparrow$$

生成的镁盐全部进入磷酸溶液中,对磷酸的质量和以后的加工过程都会产生一定的影响。

2）湿法磷酸生产过程中的相平衡

硫酸钙在湿法磷酸生产中可能生成的3种结晶有不同的溶解度等温线。研究其溶解度曲线,可以了解不同晶体的磷酸钙在磷酸中的稳定情况,如果结晶的溶解度越小,则其稳定性越大,而这种稳定性是湿法磷酸生产工艺过程中的重要依据。

以下讨论的半水物系指的是α-半水物,无水物系指无水物Ⅱ。80 ℃时,硫酸钙3种水合结晶在磷酸中,无水硫酸钙结晶在所有的磷酸浓度的溶液中溶解度最小,成为唯一的稳定固相;二水物和半水物都是介稳定态最终将转化为无水物。二水物和半水物结晶的稳定性取决于温度及磷酸的浓度。80 ℃时,相应的磷酸浓度为 33% P_2O_5,所以在该温度下当溶液的磷酸浓度低于 33% P_2O_5 时,二水物的溶解度比半水物小,相对的比半水物更稳定;反之高于 33% P_2O_5 时,半水物比二水物更为稳定,33% P_2O_5 二水物比半水物稳定的转化平衡点,对不同的生产要求可以按三元体平衡的转化规律来进行不同的选择。为了便于研究现将硫酸钙的三元体系平衡图绘制如图 2.1 所示。

在如图 2.1 所示的 3 个区域中,硫酸钙的结晶的转化顺序为:

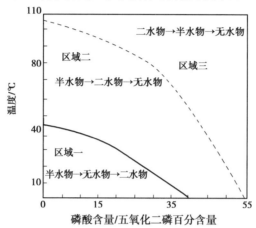

图 2.1　$CaSO_4$-H_3PO_4-H_2O 三元体系相平衡图

区域一:半水物→无水物→二水物
区域二:半水物→二水物→无水物
区域三:二水物→半水物→无水物

2.1.4　湿法磷酸生产工艺路线简介

1)工艺路线介绍

从湿法磷酸进行工业生产以来,二水物流程一直占主导地位。目前,已有各种各样的流程。萃取槽和过滤机的选型,以及流程配置均各具特色。最初我国使用较多的是单槽多桨鼓风机冷却流程。它采用浓度为 93% ~98% 的硫酸和磷矿浆反应。二水物湿法磷酸的生产主要分两个步骤:包括磷矿的分解和磷酸与磷石膏的分离。其工艺流程如图 2.2 所示。从原料工段送来的矿浆经计量后进入酸解槽,硫酸经计量槽用泵送入酸解槽,通过自控调节确保硫酸和矿浆按比例加入。酸解得到的磷酸和磷石膏的混合物送到盘式过滤机进行过滤。为了降低酸解反应槽中的反应温度,用鼓风机鼓入空气进行冷却。酸解槽放出的气体用文丘里吸收塔及洗涤塔进行水循环吸收,吸收液用泵送到文丘里吸收塔进行循环吸收,加入一定新鲜水进行置换,达到一定浓度的循环液形成副产品氟硅酸。净化的尾气经排风机和排气筒排放。

过滤所得到的石膏滤饼经洗涤后经螺旋输送机送入渣斗并经传送带送到渣场内堆积起来用于其他用途。滤饼采用 3 次洗涤流程,冲洗过滤机的滤盘及地坪的污水封闭循环。一次洗涤液,经气液分离后,进入到滤洗液的中间槽的滤洗液格内,最后返回酸解槽。滤液磷酸经过泵,一部分磷酸中间槽进行储存起来,用于生产磷酸用,另一部分返回一洗格内。一洗液由一洗液泵全部送到酸解槽。二洗液和三洗液分别经二洗液泵返回过滤机逆流洗涤滤饼。吸干液经气液分离器进滤洗液中间槽三洗液格内。水泵的压出气则送到过滤机进行反吹石膏渣卸料用。

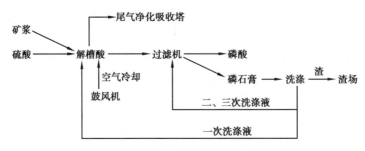

图 2.2　工艺流程图

　　过滤工序所需要的真空由水环式真空泵产生,抽出的气体经过冷凝器用水冷却。真空泵冷却水集中在冷却池,通过泵送到冷凝器作冷却水用。从冷凝器中排出的污水经液封槽排入冷凝水池后,由泵送到文丘里洗涤塔和磷铵工段进行混合冷凝,冷却降温、循环使用。

2)工艺要求

湿法磷酸生产工艺的要求为:

①能有效地控制料浆中的硫酸根和钙离子浓度以及硫酸钙的成核速率,以利于结晶的长大并在生产的过程中不会发生晶形的改变。

②有良好的搅拌和回浆,避免出现局部的过饱和度增高的情况。

③酸解要有足够大的容积,可以保证有足够的停留时间。

④具有冷却料浆的有效手段,并能有效地控制好料浆的温度与消除泡沫。

3)主要系统介绍

20 世纪 60 年代以来,湿法磷酸生产发展的一个重大发展趋势是建设大规模的自动化程度高的化工厂,然而这样的大型化工装置是由单一的反应槽和单一的过滤机组成,已经建成的日生产能力达到 1 000 t,甚至更大一些的。大型的装置是有利的,其规模越大,工厂的建设投资就越省,相对的生产成本就越低。主要由以下几种系统组成。

(1)反应系统

湿法磷酸是用硫酸分解磨细的磷矿制得的,硫酸的用量大致等于和磷矿中 CaO 化合所需的化学计量。大约有 97% 的硫酸根以硫酸钙的形态沉淀出来,有 2% ~3% 呈溶解态的硫酸盐留在磷酸中。为了有效地操作,溶解态硫酸盐的含量必须严格控制。成品酸中 P_2O_5 的浓度以及反应器内料浆中固体物的浓度这两者都借助于从过滤机返回的循环磷酸的浓度和数量来控制。磷酸的分解,可以认为是分成几步进行的。首先,磷矿中的磷酸钙被磷酸分解生成磷酸一钙,然后磷酸一钙与硫酸作用生成磷酸以及石膏。此外,有一些磷矿被硫酸直接分解生成硫酸钙和磷酸,但是,这个反应由于形成一层不溶性的硫酸钙包围住各个矿粒而会自行抑制。

(2)冷凝系统

虽然以生成半水物或无水物为基础的那些特殊方法也许需要在反应器的一处或数处加热,但更为常用的二水法则需要移去大量的热。否则,反应器内的温度将升到远高于生成易过滤的石膏所希望的温度范围 75 ~85 ℃。依据所进行的设计、用户的要求、环境条件,例如,有冷却水可利用等,热量的移走在大多数场合下或是以吹入空气,或是采用真空下闪蒸而冷却。热量的产生,是由于加入的硫酸被稀释、各种化学反应、结晶放热以及供给搅拌机的机械能转化成热能。移去的总热量是操作温度、浓度和矿的组成的函数,不过在扣除了各种热损失之后,并以供给 93% 硫酸为基准时,分解每吨矿通常大约是 550 000 kJ 的热量,使用冷却水管进行冷却是不切实际的,因为很快结垢并腐蚀。某些较早期的工厂应用各种结构的浸没在液层下的空气鼓泡器获得了成功,但是更大的装置需要更有效的方法导致发展了适用的橡胶的真空冷却器,热的料浆从最后一个反应器用泵打入这种冷却器里进行闪蒸,然后又返回反应系统的前端。虽然在这种冷却器里也会结垢,但设计得当的结构能使这种装置长期运行而不会发生大问题。为产生真空所需要的中压蒸汽通常可以从邻近的硫酸厂获得,不过若这类蒸汽没有的话,可以使用真空泵。近来大型单槽反应器的普及,给空气冷却的方式提供了新的方法,很大的液体表面能进行显著的蒸发冷却作用,特别是当从适当的歧管或管线吹空气经过热料浆表面以协助冷却。这种方法简单,因而引人注意,不过需要一个大小适当的洗涤器以处理排出的空气。如果适合,还可以辅以真空冷却。这种方法对于任何形状的反应器(圆的、椭圆形的等)都是一样可用的,整个槽内的液体的温度差不多是一样。

(3)消化系统

消化阶段主要是让酸解好的反应物进一步充分反应,让其反应颗粒加大加粗有利于下一步的过滤。反应器就是消化槽。消化槽的制造简单,造型可以根据工厂的实际情况自己确定。消化槽的大小也可以根据生产能力的大小设计。磷酸的生产中对消化槽没有太多的要求。

(4)过滤系统

现在倾向于使用水平放置的翻盘式过滤机,因为它们适用于大尺寸的,并且容易维修和易于保持不堵塞和不结垢。另一种专门设计用于石膏过滤的过滤机是转台式的水平真空过滤机,这种过滤机将转台式过滤机的结构简单与翻盘式过滤机的某些优点结合起来。毫无疑问,石膏过滤技术将会有更进一步发展。

(5)生产流程图

湿法磷酸的生产流程如图 2.3 所示。

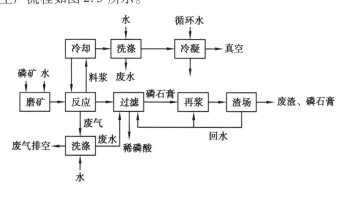

图 2.3　湿法磷酸生产流程图

2.2 湿法磷酸净化技术现状

磷酸在磷化工中是一种重要的中间品,除用于磷铵、重过磷酸钙、复合肥料、各种磷酸盐等生产外,还用于石油、冶金、电子、医药、食品等行业,是这些行业不可缺少的原料。磷酸的最终用途取决于它的纯度,而磷酸的纯度一般又取决于它的生产方法。磷酸的工业生产方法有两大类:一类是热法生产,制得的产品称为热法磷酸。热法磷酸是将磷矿在硅石存在下,在电炉中用焦炭还原,磷矿还原后得到的元素磷升华后逸出,再将元素磷燃烧使之氧化成为五氧化二磷,用水吸收得到磷酸;热法磷酸的纯度较高。另一类是湿法生产,产品称为湿法磷酸。湿法磷酸是由硫酸或盐酸等强酸分解磷矿,经过液固分离后得到的含许多杂质的磷酸。故湿法磷酸一般用于制造磷肥和复合肥料供农业用。如要制取工业用磷酸盐,则湿法磷酸还需净化除杂。热法磷酸浓度高、质量好,能满足制取高质量磷酸及磷酸盐的要求,但能耗大,生产成本较高,并且生产过程中产生的粉尘及有害气体会对环境造成污染。而湿法磷酸具有能耗少、设备易解决、便于操作管理、生产成本低等特点,技术、生产工艺流程都日趋完善,在生产过程中已可以回收铀、钒、碘、氟等有用资源。20世纪70年代以来,由于能源危机、电费高涨,热法磷酸的生产与发展受到严重限制,使湿法磷酸对热法磷酸的竞争力一直呈上升趋势,这在客观上促进了净化湿法磷酸作为工业原料用途的发展,特别在世界各国都节能降耗、限制、淘汰高能耗产品生产的今天,湿法磷酸生产得到更快速的发展。

2.2.1 湿法磷酸中的杂质

湿法磷酸中的杂质主要来自原料磷矿和硫酸,少量来自生产过程中添加的各种药剂,以及设备与管道的磨蚀和腐蚀产物。这些杂质可分为溶解性杂质和非溶解性杂质,溶解性杂质又可分为阳离子型杂质和阴离子型杂质;非溶解性杂质亦可分为晶体型杂质和胶体型杂质。湿法磷酸中的主要杂质见表2.1。

表 2.1　湿法磷酸中的主要杂质

湿法磷酸中主要溶解性杂质		湿法磷酸中主要非溶解性杂质	
阳离子型	阴离子型	晶体型	胶体型
Ca^{2+}、Mg^{2+}、Pb^{2+}、Fe^{3+}、Al^{3+}、As^{3+}、K^+、Na^+、Fe^{2+} 等	Cl^-,SO_4^{2-},F^- 及 SiO_6^{2-} 等	未分解的磷矿和脉石矿、硫酸盐以及氟化物、氟硅酸盐等	$SiO_2 \cdot nH_2O$、铁铝钾的酸性磷酸盐、铁钠酸性磷酸盐等

由表2.1可见,湿法磷酸中杂质种类繁多,杂质的理化性质差异很大,用任何单一的方法都不能深度地脱除所有杂质。因此,针对杂质的特点,业内已开发出多种净化方法。

2.2.2 湿法磷酸的净化方法

1920年,Millgan C H申请了第一个使用极性溶剂净化磷酸的专利,此后日、美等国相继研究各种湿法磷酸的净化方法。20世纪70年代末报道通过湿法磷酸净化已能生产出食品级磷酸产品。从最近开发的湿法磷酸净化技术看,主要有以下5种净化方法。

1) 溶剂萃取法

在湿法磷酸净化方法中,已有效成功应用于工业化的当属溶剂萃取法。溶剂萃取也称为液-液萃取或抽提,是分离和提纯物质的重要单元操作。它是借助有机溶剂通过物理或化学作用,把原先溶于水相的被萃取物,部分(或几乎全部)地转入与之不相混溶(或基本不相混溶)的有机相中,而提取与分离的方法。20 世纪石油危机以来,以湿法磷酸为对象进行的溶剂萃取净化工艺的研究异常活跃,尤其是以色列、罗马尼亚、法国、比利时、日本、美国、印度、巴西、德国等。目前,用溶剂萃取法精制湿法磷酸已能生产工业级和食品级磷酸。

溶剂萃取净化法具有所得产品纯度高、生产工艺和设备相对比较简单、能耗低、原料消耗低、生产能力大、分离效果好、回收率高、环境污染少、生产过程易于实现自动化与连续化、有利于资源的综合利用等优点。但溶剂萃取法必须采用多级萃取设备和反萃取设备,且由于萃取所用的有机溶剂挥发性强,易燃、易爆,因此需采取各种安全措施,从而设备投资费用较高;有机溶剂价格一般均较高;湿法磷酸中阴离子 SO_4^{2-}、F^-、SiF_6^{2-} 等也不易除去;所得精制酸浓度较低;萃余酸和残渣生成量较大(约占原料的 30% ~ 50%)。但目前,溶剂萃取法仍是国外用来精制湿法磷酸的最有效方法之一,许多工业化国家已正式用溶剂萃取法生产工业级和食品级磷酸。已工业化的净化湿法磷酸的技术见表 2.2。

表 2.2　湿法磷酸的萃取技术

技术方法	开发公司	萃取剂
IMI 法	以色列矿业工程公司开发	DIPI 或 85% DIPE + BuOH
Iprochim/Icechim 法	罗马尼亚化学工业工程公司和化学研究院共同开发	BuOH
Prayon 法	比利时普拉荣公司开发	DIPE(50% ~ 95%) + TBP(5% ~ 450%)
Plone-Poulenc 法	法国罗纳-普朗克公司开发	TBP
Budenhelm 法	德国巴登哈姆公司开发	异丙醇
Albright & Wilson	英国阿威公司开发	MIBK

我国有许多学者就磷酸萃取净化技术进行了大量研究。20 世纪 80 年代末,原华东化工学院(现华东理工大学)开展了以二丁基亚砜为萃取剂从硝酸体系中净化湿法磷酸的研究,以及以 S34E 为萃取剂从盐酸体系中净化湿法磷酸的研究,其最终产品为工业级 98% 的 KH_2PO_4。原成都科技大学(现四川大学)研究了以正丁醇和异戊醇为萃取剂,从盐酸体系中净化磷酸的工艺,其萃取率达 90% 以上,P_2O_5 的总收率达 70%,产品为 85%(H_3PO_4)的工业级磷酸和 24%(P)的饲料磷酸氢钙。但仅限于小试规模,尚未见到工业化中试的报道。20 世纪 90 年代以来,湖北荆襄磷化公司与华中师范大学合作,开展了以溶剂萃取法净化湿法磷酸的研究,从小试、中试到工业化中试,于 1995 年 9 月通过了湖北省石化厅组织的专家鉴定。其中,中试装置的产品质量为:$H_3PO_4 > 85\%$;$Fe^{3+} < 100$ ppm;$SO_4^{2-} < 100$ ppm;$As^{3+} < 2$ ppm;$F^- < 10.3$ ppm;Ca^{2+},Mg^{2+} 合格。其主要的工艺流程是粗磷酸经预处理,除去大部分不溶性杂质及部分可溶性杂质,进入萃取体系,经 7 级逆流萃取,5 级逆流洗涤,5 级逆流反萃取,得到稀磷酸产品。有机相经蒸发浓缩回收萃取剂,稀磷酸经离子交换除杂,再浓缩至 85% 的磷酸

（H_3PO_4）。萃取剂在体系内循环使用，反萃取液为浓缩产生的水。此外，还有四川大学与贵州宏福实业有限总公司合作，以公司的浓缩湿法磷酸为原料进行的溶剂萃取法净化湿法磷酸工业化中试试验，获得的净化磷酸达到了工业级热法磷酸的标准，但是净化工艺净化能力仅能达到 1 000 t/a，且其质量随原酸质量变化波动较大，而且消耗大，实现工业化存在较大困难。

2）化学沉淀法

化学沉淀法是湿法磷酸净化方法中得到广泛应用的主要方法之一。它是借某些能与杂质生成不溶性盐的反应从而实现杂质的分离。例如，向磷酸中加入钙盐或钡盐，可与磷酸中的硫酸根（SO_4^{2-}）反应生成硫酸钙或硫酸钡沉淀析出而除去硫酸根；加入钠或钾盐使酸中的氟、硅生成 Na_2SiF_6 或 K_2SiF_6 沉淀析出而除去氟等。

化学沉淀法的优点在于工艺流程比较简单、对操作控制要求也不高、投资不大、生产成本较低。但其存在的缺点是：净化深度不够，同时还引入了其他离子，给深度净化带来了新的麻烦。

目前，该法往往用于湿法磷酸的初步净化和某些特定磷酸盐生产，如磷酸钙盐、磷酸钠盐等生产。

3）电渗析法

电渗析是利用离子交换膜对离子选择透过的特性的分离方法。磷酸根在强碱性阴离子交换膜上的吸附能力大于大多数阴离子的吸附能力，它的吸附速度又远大于某些阴离子的吸附速度，因此，可利用阴离子交换膜吸附磷酸根而与湿法磷酸中的其他阴离子和某些阳离子分离。预先以活性炭除去湿法磷酸中的有机物后，在电流密度 3.8 A/dm^2 下渗析，对杂质的净化率如表 2.3 所示。电耗为 3.95 $kW \cdot h/kg\ P_2O_5$。目前只能用于净化稀磷酸。目前，此法在实际应用中还需解决电流效率问题。

表 2.3　电渗析法对磷酸中杂质的净化率

杂　质	SO_4^{2-}	Fe^{3+}	As^{3+}	Al^{3+}
净化率/%	52.22	96.50	97.96	97.42

4）结晶法

结晶法是将磷酸从湿法磷酸中结晶析出而与杂质分离的方法。根据磷酸析出方式的差异，结晶法可分磷酸结晶法［在高浓度磷酸溶液中结晶析出 H_3PO_4（熔点42.35 ℃）或 $H_3PO_4 \cdot 1/2H_2O$（熔点 29.32 ℃）晶体］、磷酸盐结晶法和复盐结晶法（尿素磷酸盐法和磷酸三聚氰胺法）。但该方法需数次结晶才能得到高纯度的磷酸，因而使工艺变得复杂。目前该法尚未有工业化的报道。

5）离子交换法

以离子交换树脂精制湿法磷酸是基于 H 型的阳离子交换树脂上的 H^+ 能取代湿法磷酸中所含的金属离子，而磷酸盐型或 OH 型的阴离子交换树脂上的阴离子则可能置换掉湿法磷酸中的 SO_4^{2-}、F^- 等阴离子杂质从而达到净化的目的。交换后的树脂则用酸（阳离子树脂）或碱（阴离子树脂）处理进行再生。还有的离子交换法是用过量磷酸（或硫酸）分解磷矿石，滤去不溶物，再将 $Ca(H_2PO_4)_2 \cdot H_2O$ 冷却结晶，将晶体分离，洗涤后溶解于水，通入阳离子交换树脂塔中,得精制磷酸。母液、洗液返回循环处理原料磷。但母液中铁、铝杂质等会积累,其在母液中应保持一定比例,需将部分母液进行净化,树脂可用无机酸再生。用阳离子交换树脂净化湿法磷酸时脱除的离子主要是 Ca^{2+}、Mg^{2+} 等二价离子,而带有较多电荷的 Fe^{3+}、Al^{3+} 与磷酸中阴离子的静电吸引力比较大,Fe^{3+}、Al^{3+} 难以摆脱该束缚力由磷酸溶液扩散到交换剂表面进而与交换剂上的可交换离子交换,因此其净化率不高,而磷矿中 Fe 主要以 Fe^{3+} 形式存在。

2.3　磷石膏综合利用现状

2.3.1　磷石膏预处理工艺

1)磷石膏中的主要杂质

磷石膏主要成分为二水硫酸钙($CaSO_4 \cdot 2H_2O$),其含量非常高。磷石膏杂质分两大类:

①不溶性杂质:如石英、未分解的磷灰石、不溶性 P_2O_5、共晶 P_2O_5、氟化物及氟、铝、镁的磷酸盐和硫酸盐。

②可溶性杂质:如水溶性 P_2O_5,溶解度较低的氟化物和硫酸盐。

此外,磷石膏中还含砷、铜、锌、铁、锰、铅、镉、汞及放射性元素。但极其微量,且大多数为不溶性固体,其危害性可忽略不计。磷石膏中所含氟化物、游离磷酸、P_2O_5、磷酸盐等杂质是导致磷石膏在堆存过程中造成环境污染的主要因素。

通常对磷石膏性能影响较大的杂质有以下 3 种:

①磷:磷是磷石膏中的主要杂质,以可溶磷、共晶磷和难溶磷 3 种形式存在。可溶磷由磷酸引入,主要以 H_3PO_4、$H_2PO_4^-$、HPO_4^{2-} 3 种形式存在;共晶磷是由 HPO_4^{2-} 同晶取代部分 SO_4^{2-} 进入硫酸钙晶格而形成的。$CaHPO_4 \cdot 2H_2O$ 在炒制或煅烧时以 $CaHPO_4$ 形式释放出来,水化时转化为 $Ca_3(PO_4)_2$,降低 pH 值,延缓凝结时间,降低石膏硬化体的强度;难溶 P_2O_5 存在于少量未反应的磷灰石粉中,作为惰性填料,几乎无不良影响。

②氟:磷石膏中的氟来源于磷矿石,磷矿石经硫酸分解时,磷矿石中的氟 20% ~40% 夹杂在磷石膏中,以可溶氟 NaF 和难溶氟 CaF_2、Na_2SiF_6 两种形式存在。

③碱金属盐:碱金属盐带来的主要危害是当磷石膏制品受潮时,碱金属离子沿着硬化体孔隙迁移至表面,水分蒸发后在表面析晶,产生粉化、泛霜。

2)磷石膏的预处理工艺

磷石膏的预处理主要是采用物理、化学或物理化学方法,使磷石膏中的各种有害杂质除去或降低其含量,使其成为能够使用的二次资源,其处理方法有多种,各自都存在优缺点。

(1)磷石膏的水洗净化处理方法

磷石膏的净化处理主要是采用温水洗涤,将磷石膏放在化浆池中进行漂洗,然后在过滤器中进一步淋洗,并在真空状态下机械脱水。利用磷石膏的各种技术都包含磷石膏水洗分离和中和游离酸的处理过程。磷石膏中的可溶性 P_2O_5 和 F^- 易溶于水,有机物在水洗过程中悬浮于水面,通过水洗可以将大部分此类杂质除去,洗涤后的污水必须经过处理方可排放或再利用。影响磷石膏水洗的因素很多,包括用水量、洗涤温度、搅拌时间等。其缺点在于其用水量非常大,且如果不对废水进行有效的处理,必将造成二次污染。

(2)石灰中和改性法

磷石膏中可溶性P_2O_5对其应用性能的影响比较显著,石灰中和法可以使磷石膏中的残留磷酸转化为惰性物质。通常所说的磷石膏的改性,实质上大部分都是加入了碱性改性材料(通常采用石灰)和其他一些改善性能的物质。石灰和可溶性P_2O_5、F^-发生反应生成惰性物质,可消除可溶磷和氟的危害。石灰改性处理工艺较为简单,成本也相对低廉。

(3)筛分处理

筛分处理是基于磷、氟、有机物等杂质并不是均匀分布在磷石膏中,不同粒度磷石膏的杂质含量存在显著差异的原理。筛分工艺取决于磷石膏的杂质分布与颗粒级配,只有当杂质分布严重不均,筛分可大幅度降低杂质含量时,该工艺才是好的选择。

(4)闪烧法

利用P_2O_5在高温(200~400 ℃)状态下分解成气体或部分转变成惰性的、稳定的难溶性磷酸盐类化合物的特点,使有害物质通过高温分解或转变成惰性物质。少量有机磷经过高温转变成气体排出,无机磷在高温状态下与钙结合成为惰性的焦磷酸钙,从而消除了有机磷和无机磷等杂质对石膏性能的危害,同时还保证了二水硫酸钙的正常脱水反应。

(5)浮选

浮选是利用水洗时,有机物上浮水面的特性,通过浮选设备,将浮在水面上的有机物除去的方法。实质上是属于湿法预处理,浮选前将水和磷石膏以合适的比例输入到浮选设备,然后搅拌、静置、除去液体表面的悬浮物质。该方法可以除去有机物和部分可溶性杂质,但对可溶性杂质的去除效果不如水洗,而且浮选设备容易遭受腐蚀。其优点在于有机质的分离程度高,石膏的回收率高。

(6)球磨

一般磷石膏的球磨工艺,是将磷石膏输入球磨机球磨,控制其比表面积为3 500~4 000 cm^2/g。采用球磨处理可以改善磷石膏的颗粒形貌和级配,经过球磨的磷石膏颗粒变小,如果用作胶结材料,可以增加流动性,大幅度降低标准稠度的用水量,降低硬化体的空隙率,减少缺陷,从而提高抗折抗弯强度。由于杂质的存在,磷石膏的凝结时间仍然很长,而且强度的提高也有限,所以球磨法一般不单独使用,而是和其他方法配合使用,但是配合使用将使工艺更加复杂,而且投资量增大。

2.3.2 磷石膏的综合利用现状

据磷复肥工业协会报道,2017年我国磷石膏综合利用量在2 900万t/a左右,低于脱硫石膏的利用量。其中,生产建筑石膏粉约145万t/a,生产水泥缓凝剂约870万t/a,生产石膏砌块和石膏砖约5 80万t/a,用作筑路或填充材料约406万t/a,用作土壤改良剂约87万t/a,制硫酸和硫酸铵等化工产品约145万t/a。当前我国磷石膏综合利用存在的问题主要有以下几个方面。

①磷石膏杂质多,利用成本高。磷石膏中含有游离磷酸和硫酸等酸性物质,导致其pH值低,容易腐蚀生产设备。同时,磷石膏中含有的磷酸盐、氟化物等对后加工产品有不利影响。因此,磷石膏必须经净化除杂等工艺处理后才能进行下一步的利用。磷石膏利用过程中会产生二次污染,需配套环保设施才能达到国家环保要求,其投资和运行成本较高。

②区域之间发展不平衡,磷石膏综合利用长期处于较低水平。受地域资源分布和运输半径的影响,不同地区磷石膏产生、堆存及综合利用情况差异较大。磷石膏的排放、堆存主要集中在云南、贵州、四川、湖北和安徽等磷复肥产区,而石膏消费主要集中在建筑石膏、水泥产量大的地区,如我国经济发达的东部省市地区。由于受到运输半径的影响,石膏使用量大的地区供不应求,而排放量集中的地区却无奈只能大量堆存。

③标准体系不完善。一方面缺乏用于生产不同建材的磷石膏标准,不利于磷石膏在不同建材领域的应用。另一方面,缺乏磷石膏综合利用产品相关标准,只能参照其他同类标准,市场认可度低,造成磷石膏难以大规模利用。

④我国天然石膏产量大,限制了磷石膏的利用。2015 年我国天然石膏产量为 4 500 万 t,主要集中在山东、湖南、湖北、江苏和安徽等地。天然石膏的大量开采使用不仅破坏自然环境,而且抢占工业副产石膏的市场。与国外发达国家工业副产石膏高综合利用率相比,我国磷石膏应用的压力很大(如美国达到 35%、日本几乎已达到 100%)。

参考文献

[1] 骆广生,刘舜华,孙永,等. 磷酸的溶剂萃取法净化[J]. 过程工程学报,2001,1(2): 211-213.

[2] 钟本和,陈亮,李军,等. 溶剂萃取法净化湿法磷酸的新进展[J]. 化工进展,2005,24(6): 596-602.

[3] 邹孟怡. 净化湿法磷酸制备六偏磷酸钠过程的研究[D]. 上海:华东理工大学,2011.

[4] Dang L P,Wei H Y. Effects of ionic impurities on the crystal morphology of phosphoric acid hemihydrate[J]. *Chemical Engineering Research and Design*,2010,88(10):1372-1376.

[5] Dang L,Wei H,Zhu Z,et al. The influence of impurities on phosphoric acid hemihydrate crystallization[J]. *Journal of Crystal Growth*,2007,307(1):104-111.

[6] Lembrikov V M,Konyakhina L V,Volkova V V,et al. Identification of impurities accumulated in the extractant in the course of purification of wet-process phosphoric acid with tri-*n*-butyl phosphate[J]. *Russian Journal of Applied Chemistry*,2004,77(9):1413-1417.

[7] Wiewiorowski T K,Thornsberry W L J. Process for recovery of uranium from wet process phosphoric acid[Z]. 1978.

[8] Wang L,Yu Y,Liu Y. Centrifugal extraction of rare earths from wet-process phosphoric acid [J]. *Rare Metals*,2011(3):211-215.

[9] Orabi A,El-Sheikh E,Hassanin M,et al. Extraction of rare earth elements from Abu-Tartour wet process phosphoric acid using synthesized salicylaldehyde azine[J]. *Minerals Engineering*, 2018,122:113-121.

[10] Dang L,Wei H,Zhu Z,et al. The influence of impurities on phosphoric acid hemihydrate crystallization[J]. *Journal of Crystal Growth*,2007,307(1):104-111.

[11] Ma Y,Zhu J,Ren H,et al. Effects of impurity ions on solubility and metastable zone width of phosphoric acid[J]. *Crystal Research and Technology*,2010,44(12):1313-1318.

［12］ Dang L,Wei H,Wang J. Effects of ionic impurities（Fe^{2+} and SO_4^{2-}）on the crystal growth and morphology of phosphoric acid hemihydrate during batch crystallization［J］. *Industrial & Engineering Chemistry Research*,2007,46(10):3341-3347.

［13］ Hasson D,Addai-Mensah J,Metcalfe J. Filterability of gypsum crystallized in phosphoric acid solution in the presence of ionic impurities［J］. *Industrial & Engineering Chemistry Research*, 1990,29(5):867-875.

［14］ Yacu,Waleed A. Purification of phosphoric acid by solvent extraction［D］. *Birmingham:Aston University*,1977.

［15］ Wang L,Yu Y,Liu Y,et al. Centrifugal extraction of rare earths from wet-process phosphoric acid［J］. *Rare Metals*,2011,30(3):211-215.

［16］ S. Stenström,Aly G. Extraction of cadmium from phosphoric acid solutions with amines Part Ⅰ. Extractant selection,stripping,scrubbing and effects of other components［J］. *Hydrometallurgy*,1985,14(2):231-255.

［17］ Zilberman B Y,Fedorov Y S,Shmidt O V,et al. Dibutyl phosphoric acid and its acid zirconium salt as an extractant for the separation of transplutonium elements and rare earths and for their partitioning［J］. *Journal of Radioanalytical & Nuclear Chemistry*, 2009, 279 (1): 193-208.

［18］ Zou D,Jin Y,Li J,et al. Emulsification solvent extraction of phosphoric acid by tri-n-butyl phosphate using a high-speed shearing machine［J］. *Separation & Purification Technology*, 2017,172:242-250.

［19］ 钟本和,方为茂,李军,等.发展湿法磷酸净化技术做强我国磷酸盐工业［J］.化工矿物与加工,2008(6):30-33.

［20］ 钟本和,方为茂,李军,等.浅谈我国高纯磷化工发展方向［J］.中国石油和化工标准与质量,2010(8):22-25.

［21］ 曾润国,刘甍,魏家贵,等.一种利用湿法磷酸生产工业磷酸盐的方法:21310551807. X［P］.2013-11-08

［22］ 黄美英,钟本和,李军.溶剂萃取法净化湿法磷酸萃取体系研究［J］.化工矿物与加工,2008,37(1):4-6.

［23］ 刘振国.溶剂萃取法净化湿法磷酸工艺研究［J］.磷肥与复肥,1998(4):12-14.

［24］ 马春磊,李军,罗建洪,等.湿法磷酸溶剂萃取过程乳化现象的研究［C］∥中国化学会第28届学术年会第19分会场摘要集.2012.

［25］ Hannachi A,Habaili D,Chtara C,et al. Purification of wet process phosphoric acid by solvent extraction with TBP and MIBK mixtures［J］. *Separation and Purification Technology*,2007,55(2):212-216.

第3章
以循环经济的 3R 原则重构湿法磷酸

3.1 循环经济的一般理论分析

3.1.1 循环经济的起源

马克思的《资本论》提到"废物再循环"理论,他认为"几乎所有消费品本身都可作为废物重新加入生产过程"。他虽然没有使用"循环经济"的概念,但充分论述了人类生产应该以资源节约和废弃物循环再利用为特征,这本质上与循环经济"减量化、再利用、再循环"原则一致。1969 年,美国经济学家鲍尔丁提出了著名的"宇宙飞船经济理论",从经济发展角度论述了地球环境问题产生的根源,并首次提出"循环经济"一词。该理论认为地球如同宇宙中航行的飞船,相对封闭且资源储备和环境容量均是有限的。持续不合理地开发资源和破坏环境,当其超过地球承载能力时,人类会逐渐走向毁灭。因此,人类在攫取地球资源的同时应尽量减少废弃物的产生,要以闭合的循环的"宇宙飞船经济"替代开放的线性经济。受"宇宙飞船经济理论"启发,国际社会逐渐开始了关于资源和环境的相关研究。1972 年,德内拉·梅多斯等人发表的研究报告认为,由于世界资源是有限的,经济不可能做到无限的增长。1989 年,英国的环境经济学家大卫·皮尔斯和图奈出版《自然资源和环境经济学》,首次正式使用了"循环经济"的概念。该著作指出,循环经济是建立可持续发展资源管理的基本原则,这使经济发展系统成为生态系统的组成部分。我国于 1998 年正式引入循环经济概念,同时确立了"减量化、再利用、再循环"3R 原则的中心地位;1999 年,我国从可持续发展的角度对循环经济发展模式进行了整合;2002 年,国家从新兴工业化的角度认识了循环经济发展的意义;2003 年,循环经济理念被纳入我国科学发展观,并确立了物质减量化和资源再循环的发展战略;我国于 2004 年开始从城市、区域和国家 3 个层面大力推行和发展循环经济。

3.1.2 循环经济内涵

循环经济是对传统经济增长方式的变革。传统经济(图 3.1)是由"资源—产品—废弃物"所构成的物质流动的线性经济,其特征是高开采、低利用、高排放,以不断加重生态环境的负荷来实现经济增长。在这种经济增长方式下,经济生活对资源的利用常常是粗放型和一次性的,追求的是经济的数量型增长。而循环经济(图3.2)倡导的是一种建立在物质不断循环利用基础上的经济发展模式,它要求把经济活动按照自然生态系统的模式,组织成一个"资源—产品—再生资源"的物质反复循环流动的过程。在这种经济增长方式下,经济活动强调资源的低投入、高利用和废弃物的低排放甚至是零排放,追求的是经济、社会、环境的协调发展。

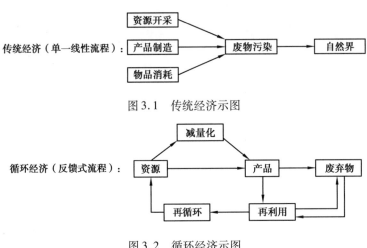

图3.1　传统经济示图

图3.2　循环经济示图

3.1.3　循环经济的基本特征

循环经济是一种全新的经济发展模式,是可持续发展的重要基础和科学的发展模式,循环经济的特征十分突出,主要体现在以下5方面:

①全新的系统观:循环经济是由人、自然资源、科学技术构成的系统,要求人在考虑生产和消费时不再置身于该系统之外,而是将自己作为这个大系统的一部分来考虑问题。

②全新的经济观:循环经济观要求资本、劳动力、自然资源等生产要素共同循环,综合考虑工程承载能力和生态承载能力,推动生态系统平衡发展。

③全新的价值观:循环价值观改变传统工业经济将自然作为"取料场"和"垃圾场"的方式,循环价值观不仅视自然为可利用的资源,而且将其作为人类赖以生存的基础,是需要坚持良性循环的生态系统;循环价值观不仅考虑科学技术对自然的开发能力,而且要充分考虑它对生态系统的修复能力;循环价值观在考虑人自身的发展时,不仅考虑人对自然的征服能力,而且更重视人与自然和谐相处的能力,促进人的全面发展。

④全新的生产观:循环经济要求人类充分考虑自然生态系统的承载能力。尽可能地节约自然资源,不断提高自然资源的利用效率,循环使用资源,创造良性的社会财富。

⑤全新的消费观:循环经济观提倡物质的适度消费、层次消费,建立循环生产和消费的观念;要求限制以不可再生资源为原料的一次性产品的生产与消费。循环经济强调社会经济系统与自然生态系统和谐共生,是集经济、技术和社会于一体的系统工程。循环经济不是单纯的经济问题,也不是单纯的技术问题和环保问题,而是以协调人与自然关系为原则,模拟自然生态系统运行方式和规律,使社会生产从数量型的物质增长转变为质量型的服务增长,推进整个社会走上生产发展、生活富裕、生态良好的文明发展道路,它要求人文文化、制度创新、科

技创新、技术创新、结构调整等社会发展的整体协调。

3.1.4　循环经济的 3R 原则

循环经济发展主要包括 3 个原则,即"减量化(Reduce)、再利用(Reuse)、再循环(Recycle)"原则。3R 原则是循环经济特有的运行原则对发展循环经济至关重要。3R 原则有较广泛的适用性,既可以指导和约束生产和消费领域中的各类行为,也可以融入各类发展规划中,引导经济社会的管理活动朝着更加合理和协调的方向发展。3R 原则基本特征如图 3.3 所示。

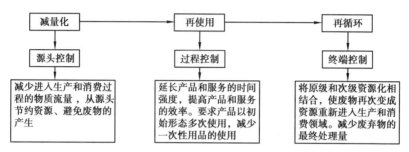

图 3.3　循环经济 3R 原则特征

1)减量化原则

循环经济的首要原则是减量化原则。减量化原则是指在生产制造、运输流通、产品消费等过程中,通过优化产业结构、设计绿色生产工艺、培养健康消费观念等途径,在经济活动的源头尽可能减少投入生产和消费流程的物质资源,并减少废弃物产生。在生产中,减量化原则常常表现为要求产品小型化和轻型化。此外,减量化原则要求产品的包装应该追求简单朴实而不是豪华浪费,从而达到减少废物排放的目的。

2)再利用原则

循环经济的第二个原则是再利用原则。它是指将生产过程中产生的废弃物作为产品使用,或经过一定的改造和再制造成为新的产品使用,或者再将废弃物作为其他产品生产的原材料进行回收再利用。再利用原则就是对废弃物流通进行监控和回收,尽可能多次、多种方式地使用物质资源,从而减少资源的使用量和废弃物排放量,达到产品和服务使用效率的提高。

3)再循环原则

循环经济的第三个原则是再循环原则,也被称为资源化原则,是将废弃物再次作为原材料资源进行生产使用,或对废弃物进行回收再利用,从而最大限度地循环利用资源,达到资源利用的最优效率。按照循环经济的思想,再循环分为初级再循环和次级再循环两种方式。初级再循环是指将生产废弃物资源化后再次形成与原来功能相同的新产品,即废品被循环用来生产同种类型的新产品;相应地,次级再循环则是将生产过程产生的废弃物作为原材料,生产出与原产品功能不同的新产品,即将废物资源转化成其他产品的原料,这是一种高级形式的再循环利用。原级再循环在减少原料消耗上达到的效率要比次级再循环高得多,是循环经济追求的理想模式。

"减量化、再利用、再循环"原则在循环经济中的重要性并不是并列的,各原则重要性的排列是有科学依据的。3R 原则在生产领域和消费领域的优先顺序如图 3.4 所示。

首先,是输入端的"减量化"原则,旨在尽可能减少进入生产和消费环节的资源使用量;其次,是生产过程中的"再利用"原则,其属于过程性方法,旨在尽可能延长产品和服务的使用寿命;最后,是输出端的"再循环"原则,旨在将生产过程产生的废弃物进行资源化,从而减少废弃物的最终处理量。因此,3R原则的优先顺序是:减量化→再使用→再循环利用。减量化原则优于再使用原则,再使用原则优于再循环利用原则,本质上再使用原则和再循环利用原则都是为减量化原则服务的。

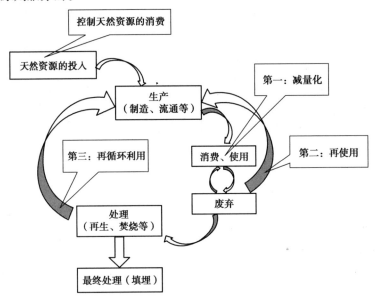

图3.4 3R原则优先顺序

3.2 湿法磷酸产业中的循环经济

3.2.1 湿法磷酸产业面临循环经济问题和挑战

在湿法磷酸工艺生产中,由于过去的起步和发展阶段与今天的社会经济背景不能相提并论,时过境迁,所采用的工艺生产技术已经不能满足时代的要求,更与循环经济法格格不入。其主要表现在如下3个方面。

1)磷矿中磷的利用率低

由于湿法磷酸使用的磷矿大部分为未选矿,所含杂质如铁、铝、镁等相对较高,不仅影响磷矿的萃取率,而且影响萃取磷酸的浓度,其通常浓度在16%~20%,硫酸根浓度控制高达到3%~5%。尽管这样,萃取率仅有93%~95%,因矿石中白云石含量高,造成石膏值也高,而洗涤率也仅有97%~98.5%,大量的水溶磷以及非水溶磷被石膏带走,既浪费资源又造成环境问题。

2)硫酸消耗高

由于所用磷矿为中品位矿,硫酸在萃取磷矿时,硫酸是与磷矿中的钙反应生成硫酸钙(石膏)而被拿走。磷矿中的钙的组成主要是 $Ca_5F(PO_4)_3$ 中的钙、白云石 $CaMg(CO_3)_2$ 中的钙等。

前者的磷理论是要用硫酸拿走钙置换的磷酸的,而后者用硫酸沉淀钙,赶走二氧化碳却是在浪费硫酸。还有萃取磷酸时,为了提高萃取率,往往要加过量的 H_2SO_4,这些都会导致硫酸的浪费。

3) 磷石膏堆已成灾难

随着市场经济的快速发展,湿法磷酸生产装置已再不是最早的千吨级和发展时期的万吨级规模,已经达到十万吨,乃至几十万吨级的生产规模。一个 30 万 t 级 P_2O_5 的生产装置,一年需要磷矿近百万吨,硫酸 80 万 t,所产生的磷石膏 150 余万 t。按压实堆积密度 1.5 计算,一年要堆积处理 10^6 m^3。按美国方式最佳堆积高度 60 m 计算,一年需要占地 20 余亩。

3.2.2 湿法磷酸技术实施循环经济的迫切性

改革开放以来,我国在湿法磷酸技术方面取得了令人瞩目的成就。但是与此同时也是以高能耗、高污染为代价的发展方式,使得环境的负担也日渐严重。

随着国民经济的迅速发展,我国对工业磷酸和磷酸盐的需求量越来越大,目前无论产品种类和数量都远远不能满足要求。磷酸盐的品种繁多,用途非常广泛,最常见的有以下几个方面:饲料添加剂、洗涤剂、水处理剂、阻燃剂、食品添加剂、发酵剂、医药用磷酸盐、电子级磷酸盐、电动车用磷酸盐材料等,这预示着今后我国精细磷酸盐定会有一个大的发展。生产磷酸盐需要用到磷酸,磷酸现在都采用湿法磷酸技术制得,但湿法制得的磷酸中含杂质多,需要进行严格地净化。因此,湿法磷酸的净化技术就成为精细磷化工产业的关键技术。

传统的湿法磷酸盐生产过程中产生大量的磷石膏废渣,每生产 1 t P_2O_5 的磷酸盐产品就要排出 5 t 左右磷石膏(干基计),我国每年产生的磷石膏量以干基计有数千万吨,据统计只有约 30% 的磷石膏得到再利用,其余全部排入环境中。这不仅需要大量的资金和土地建造堆场,而且还严重污染了环境。甚至在某些地区,由于磷石膏的严重污染或堆场的建设需投入巨额资金而严重制约了生产的发展,削弱了企业的市场竞争能力。湿法制磷酸时产生的磷石膏量太大,磷石膏的酸性使各种污染元素处于活性状态,易迁移,磷石膏一旦排入环境中,其对环境的污染是巨大的,且污染的深度和范围会持续增加。

随着我国磷肥工业的快速发展,磷肥供过于求的问题日渐凸现,解决湿法磷酸的出路是"肥化结合"。我国磷酸盐工业的发展需要向湿法磷酸工艺转移,加强湿法磷酸净化技术的研究开发,更重要的是,湿法磷酸行业是国民经济发展的重要基础行业,为众多行业提供原材料,同时湿法磷酸行业也是高耗能行业、资源密集型行业,三废排放量大,由于国内大量企业设备老旧、技术水平低下造成行业资源利用率不高。在此情况下,我国急需利用清洁工艺对湿法磷酸输出进行重构。

而近年来国家为推进高能耗以及资源密集型行业的循环经济建设,出台了《循环经济促进法》和《循环经济发展战略及近期行动计划》等法律以及部门规章条例,特别针对化工行业在全国范围内开展循环化改造示范,出台循环改造指南。磷酸行业作为国家发展必不可少的基础行业以及高耗能、高排放、利用率低等现状,急需发展推进循环经济,着重贯彻落实国家低碳经济理念。因此,湿法磷酸产业不仅最有条件、最具潜力,而且也最需要发展循环经济,构建生态磷化工。

3.2.3 湿法磷酸技术实施循环经济的合理性

随着国家对环境问题的重视以及环保标准的进一步严格,湿法磷酸产业所面临的压力越来越大。湿法磷酸产业在为创造大量经济增长作着重要贡献的同时,也消耗着大量的资源,排放大量废水、废渣等。近年来,随着化工企业自身的需求以及人们生产生活的需求,湿法磷酸产业在数量和规模上都得到了长足的发展。从规模上来看,湿法磷酸均呈现出大型化、规模化、一体化的特点。这是因为湿法磷酸行业属于资本和技术密集型行业,生产规模越大就越能充分地综合利用原料和动力资源,越能体现出规模效应。从原料和能源来看,湿法磷酸技术消耗大量的矿物资源以及大量的硫酸、水等,同时产生的废物不能合理利用而堆积,对环境污染严重。化工企业聚集有利于企业之间上下游原料互供,公用工程集中建设、供应,"三废"集中处理,形成协同和优化效应。湿法磷酸与其他产业耦合,在一定层面上属于循环经济的范畴,原料的互供、公用工程的集中供应等都符合循环经济减量化、再利用、再循环的3R原则。循环经济为湿法磷酸产业带来大量的利益,例如空间资源的节约、水资源的节约、能源的节约、污染排放的降低等。因此对湿法磷酸产业的循环经济做一个科学、合理的发展规划有利于其健壮发展,同时也是符合"绿色发展"的目标。循环经济作为当今世界各国经济可持续发展的主流模式,在湿法磷酸清洁层面的应用实践也很多,其中不乏非常成功的案例。湿法磷酸层面上开展循环经济实践的最主要的形式为绿色园区和生态园区。绿色化工园区和生态化工园区都是在园区内通过废物交换资源化、清洁生产等手段实现进入园区的资源的"吃干榨尽"和能源以及水的梯级利用,实现闭路循环和多级利用。重构湿法磷酸产业就是把循环经济的理念应用于磷酸生产中,在磷酸浸出过程和除杂方面延伸产业链条,减少资源、物质的投入量和减少废物如磷石膏等的产生排放量,或者将磷石膏再利用,以达到生态和经济的良性循环。循环经济是国际社会推进可持续发展战略的一种有效模式。循环经济以"资源—产品—再生资源"的持续循环模式替代传统经济的线性增长模式,做到生产和消费"污染排放最小化、废物再资源化、环境无害化",最大限度地有效利用资源和保护环境,以最小的成本获得最大的经济效益、社会效益和生态效益。因此,循环经济能够从根本上解决我国湿法磷酸清洁生产,同时也可解决我国在发展过程中遇到的经济增长与资源环境约束之间的矛盾,促进社会经济与资源环境的协调发展。

3.3 以循环经济理念重构湿法磷酸

循环经济是生态工业经济内涵的集中表达,生态工业是仿照自然界生态过程物质循环的方式来规划工业生产系统的一种工业模式。生态磷化工的本质是运用工业生态学的基本原理,以生态经济系统的优化运行为目标,通过湿法磷酸企业和相关产业的重组和耦合,使不同企业之间形成共享资源和互换副产物,达到产业共生组合,拓展产业链,主动适应市场需求和时代发展潮流;同时,使上游生产过程产生的废弃物成为下游生产过程的原材料,实现废物综合利用,达到产业之间资源的最优化配置,实现产品清洁生产和资源可持续利用,摒弃传统经济的"高开发、低利用、高排放"的发展模式,通过系统内部的物质流转换和能量流循环,合理有效利用资源和能源,实现低消耗、低(或无)污染、工业发展与生态环境协调的可持续发展目标。在重构湿法磷酸时,应依托当地资源、技术经济和物流的实际情况,突出特色,坚持高起点、高技术、高效益的发展战略,以工业生态学的原理为指导,按照生态经济系统科学规划,以"合理开发和有效利用磷矿资源,适度发展高浓度磷复肥,大力发展精细磷化工"为主线,搞好相关产业的交叉耦合和横向多元化的发展,实现横向多品种的耦合共生和纵向产业链的拓展延伸。例如,湿法磷酸与热法磷酸的耦合,已达到湿法磷酸取代热法磷酸;氨和磷酸反应转化成肥料级磷铵和工业级磷酸盐;磷化工与氯碱工业的耦合,生产三氯化磷和三氯氧磷等,进而转化成各种高附加值的精细有机磷化工产品;同时,用烧碱替代纯碱生产磷酸盐,也可减少温室气体二氧化碳的排放。磷酸行业和石油化工的耦合,石油化工为磷酸行业提供原料或中间体,磷酸行业为合成材料工业提供各种高技术含量的工业助剂。磷酸和建材工业的耦合可以利用磷渣和磷石膏生产各种建筑材料,实现废弃物的综合利用。在产业的交叉耦合中,将不断催生新的工艺技术创新,同时也伴随着资源的高效利用和产业价值链的提升,构筑综合的整体竞争优势,实现产业和行业的不断更新和进步。这是发展循环经济,重构湿法磷酸产业的重要途径。

3.3.1　减量化原则重构湿法磷酸

减量化是循环经济 3R 中的第一个原则。尽管在输入、生产过程和输出阶段均有减量化的要求,一般都认为,减量化是从企业生产输入端做出的解释,旨在减少进入生产和消费过程的物质量,从源头上减少废弃物和节约资源,即要求资源输入减量化。表现在同样的资源输入却有更多的产品或服务输出;或者是用更少的资源输入却有同样的产品或服务输出。减量化不仅体现在资源输入端的资源投入最小化,使资源损失最小,还体现在对废弃物的重新利用作为原料引起的资源输入减量化。减量化的表现比较多,在湿法磷酸生产中,需要加强对技术的改造,引入有效生产工艺,并且降低污染物的排放及降低原材料的使用量。

湿法磷酸指在一定温度下用硫酸溶解磷矿再析出石膏结晶的过程。因此,湿法磷酸的输入端是磷矿浸出,减量化主要体现在磷矿及硫酸消耗量。而现在我国磷矿面临很多问题:我国磷矿的贫化速度日益加快,已使企业的湿法磷酸生产过程普遍恶化,技术经济指标下滑。具体表现为生产装置结垢加剧,清洗频次增加,运行周期缩短,生产能力下降;磷矿转化率降低,硫酸消耗升高。如何优化生产技术,适应磷矿贫化实际,获取较好技术经济指标,已成为国内磷复肥企业当前必须解决的重要课题之一,也是湿法磷酸输入端急需解决的问题。因国内湿法磷酸生产几乎都采用"二水物"流程,针对上述问题,根据减量化原则,从工艺角度就"二水法"湿法磷酸生产提出一些建议。

1) 在湿磨装置增加化学法脱镁工序

磷矿中的 MgO 一般以脉石-白云石($CaCO_3 \cdot MgCO_3$)形式存在,生产过程中,MgO 将全部溶解于稀磷酸-硫酸溶液,是生产湿法磷酸的第一有害杂质。溶液中存在镁离子会改变化学平衡:一是缩小"二水物"结晶区域;二是降低石膏的溶解度,使过饱和度增大,石膏结晶变小,转化率降低,过滤强度下降。溶液中存在镁离子会降低反应速率,石膏中的结晶水属阴离子结晶水,镁离子会使溶液中的 H_3O^+ 浓度降低,使得溶液中镁离子的浓度基本与石膏结晶生长速度成负线性相关关系。镁离子浓度每升高 0.1%(质量),石膏结晶生长速度大约下降 8.5%,大幅延长反应时间。磷矿中的 MgO 含量每升高 0.1%,每吨磷酸(100% P_2O_5,下同)的硫酸消耗约增加 18 kg(100% H_2SO_4,下同)。

在湿磨装置增加脱镁工序,其简易工艺流程如图 3.5 所示,即适度调整从湿磨来的磷矿浆的固相浓度,加入少许硫酸、氟硅酸、磷酸反应,生成硫酸镁、氟硅酸镁、磷酸镁进入液相;再经两次洗涤浓密,或一次洗涤浓密、一次过滤,就得低镁磷矿浆。采用两次洗涤浓密可将磷矿中的氧化镁脱除到 0.6% 以下;采用一次浓密、一次过滤可将磷矿中的氧化镁脱除到 0.5% 以下;同时可脱除磷矿中 Fe_2O_3 含量的 20%、Al_2O_3 含量的 30%。若采用磷酸生产过程副产的氟硅酸脱镁,理论上可节省用于分解磷矿中 CaF_2 的这部分硫酸,接近总硫酸消耗的 10%。但实际生产中,目前生产每吨磷酸回收的氟硅酸(H_2SiF_6)只相当于 40 kg 硫酸,即生产每吨磷酸只能节省约 40 kg 硫酸。洗涤、过滤液用石灰乳或液氨中和,生成磷酸镁肥或磷酸铵镁肥,过滤干燥后可作为产品销售,也可做生产复混肥料的原料;母液返回脱镁系统,形成全封闭循环,无废水排放。在湿磨装置增加化学法脱镁工序投资少,从源头上节约了硫酸,达到减量化重构湿法磷酸要求,因此,该工艺是湿法磷酸企业应对磷矿贫化的有效措施之一。

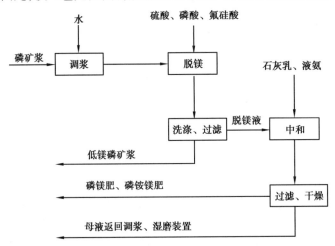

图 3.5 湿磨装置增加脱镁的工艺流程图

2) 在稀磷酸陈化工序补加磷矿粉回收剩余硫酸

当前湿法磷酸企业往往采用"高温低浓(硫酸浓度)"的方法萃取高杂质磷矿,主要原因是:磷矿贫化使硫酸消耗升高,为降低硫酸消耗往往将萃取过程的硫酸浓度控制在下限;硫酸浓度控制在下限使反应速率降低,又不得不用提高反应温度的方法来补偿。此操作方法的缺点是:

①装置器壁、管道与环境间的温差增大;相同温度下杂质在磷酸-硫酸溶液中的溶解度降低。两因素都会使装置结垢加剧,运行周期缩短。

②有效硫酸浓度降为负值概率增大,导致石膏结晶变差,过滤强度下降。

③磷酸-硫酸溶液中 H_3O^+ 不足,石膏生长速度变慢,磷矿转化率下降。

湿法磷酸生产控制的核心是"两个浓度""一个温度",硫酸浓度又是核心中的核心,必须控制在适宜的范围,特别应杜绝在硫酸浓度较高条件下运行。实行在稀磷酸陈化过程中补加磷矿粉回收剩余硫酸,则解除了萃取过程中硫酸消耗高的问题,可将硫酸浓度控制在适宜的水平。补加磷矿粉的量可依磷酸下游产品对剩余硫酸浓度的要求而定:磷矿粉的品位要尽量高一些,反应活性要尽可能好一些,细度最好控制小于 0.074 mm 大于 80%;反应不需升温,利用过滤来的稀磷酸余温即可;反应生成的淤渣可用泵送回萃取槽。用磷矿粉脱除磷酸中剩余硫酸技术在湿法磷酸制三聚磷酸钠和饲料磷酸氢钙行业已有成熟的应用,不存在风险。每吨磷酸可节省约 60 kg 硫酸。

3）在过滤磷酸料浆前对磷石膏进行旋流分级

湿法磷酸生产虽维持了很大的回浆倍数,但经过滤分离出来的磷石膏结晶的粒度分布依然很宽。从工艺角度分析存在的问题是:大量已达到结晶-溶解平衡的大颗粒石膏在萃取槽中实际已停止生长,但未被及时分离出来,占用了反应体积;大量未达到结晶-溶解平衡的小颗粒石膏可继续提供生长面积,却被分离出去,降低了反应效率。在过滤磷酸料浆前对磷石膏结晶进行旋流分级,且将细粒(溢流)返回萃取槽继续生长,粗粒(底流)进过滤机过滤,将对生产形成两方面的强化作用:一是将有效提高装置的过滤强度;二是相当于增大了萃取槽的容积。此技术从理论上分析可大幅提高萃取磷酸的生产强度。

除上述技术措施外,还可根据企业的蒸汽余缺和下游产品对磷酸浓度的要求适当降低萃取过程的磷酸浓度,即可大幅提高萃取装置的生产能力;也可将过滤过程的部分洗涤液直接抽出作为后续磷酸铵等生产的配酸,既可降低萃取装置的生产负荷,又可提高过滤过程的洗涤率;还可采用"双槽聚晶法"操作,添加表面活性等措施。

3.3.2　再利用原则重构湿法磷酸

再利用是循环经济 3R 中的另一个重要原则。在循环经济情况下,从输入方来说,输入的物料有外购的、上一工序转入的、本工序的废料再利用转入的、下游各个工序的废料再利用转入的等情况。从输出方来说,输出的物料有作为半成品进入下一工序,作为产品退出生产流程;也有作为残次品返回上一工序或上上工序作为材料再利用的;还有部分在企业内部无法再利用而外排至环境的。

在重构湿法磷酸时,很多产物可以实现再利用。而热法磷酸与湿法磷酸许多原料可以共享,可以将热法与湿法结合,使二者形成产业链,达到资源充分利用。在制备磷酸时,通过湿、热磷酸共生耦合,可以实现湿法、热法磷加工的资源、能量、三废之间合理利用、回收、处理,从而实现了磷酸产业中的良性融合,降低了生产能耗和成本,减少了环境污染,有利于实现可持续性发展;同时,通过共生耦合,可以实现湿法净化磷酸及其下游产品与热法磷酸及其下游产品的协同规划、互补发展,避免了同质化恶性竞争,实现磷资源的价值和效益最大化;另外,通过共生耦合,不仅可以实现湿、热法磷加工的产品之间的关联,降低产业内生产成本,还可以进一步拓展产业链,推动产业的整体进步发展。具体工艺如图 3.6 所示。

该工艺提出了建立湿、热法磷加工体系共生耦合实现磷资源加工产业的可持续性发展的思路。首先,通过湿、热法磷加工体系共生耦合,湿、热法磷加工之间可以互相回收利用对方产生的一些废弃物、废水以及热能。例如:当采用高温分解磷石膏制硫酸的方法来处理回收利用磷石膏时,高温分解石膏回收 SO_2 后,副产的 CaO 可以回用为黄磷尾气制备碳一化工产品甲酸钙的原料;磷石膏干燥制造石膏材料或者高温分解磷石膏制硫酸的工艺中,也可以直接使用黄磷尾气燃烧所得高温烟道气作为高温热源;黄磷(含热法磷酸、磷酸盐等)生产过程中的含磷废水可以回用到湿法磷酸加工过程中,在解决热法磷加工含磷废水处理及排放问题的同时,也减少了湿法磷加工新鲜水用量;黄磷尾气燃烧所得高温烟道气或者热法磷酸回收的热能都可以回用到湿法多磷酸生产中,作为高温热源。其次,通过湿、热法磷加工体系共生耦合,湿、热法磷加工的产业链可以实现协同规划和拓展,实现磷资源的高价值加工和效益的最大化。湿法净化磷酸和热法磷酸之间要实现协同规划和发展,湿法磷酸可以取代热法磷酸制造工业、食品级磷酸和磷酸盐,以及农用多聚磷酸和聚磷酸盐产品,实现节能降耗,降低生产成本,同时,不生产纯度过高的净化酸产品,也能够降低副产的渣酸、萃余酸有害物质含量,使这部分磷酸能够通过生产磷肥进行消耗平衡;热法磷酸则应覆盖小批量、高纯度、多规格、多牌号、多功能的磷酸和磷酸盐产品,以及高纯度聚磷酸和功能性聚磷酸盐产品,从而实现热法磷加工产品的高品质和高附加值;最终通过整体计算不同磷酸、磷酸盐和磷肥产品的综合经济价值,调整湿、热法产品的产销量,确保磷资源价值和经济效益的最大化。再者,通过湿、热法磷加工体系共生耦合,实现湿、热法磷加工的产业链关联和拓展。热法磷加工所生产的磷酸酯可以作为萃取制备湿法净化磷酸的萃取剂,有利于降低企业外购萃取剂造成的成本增加;湿法磷加工副产的氟化氢,可与热法磷加工生产的五氯化磷结合生产高附加值的电池储能材料六氟磷酸锂;湿法磷酸生产过程中,用于制备硫酸的硫黄,同样可以作为生产热法磷化工产品五硫化二磷的原料,而五硫化二磷又可以作为脱砷剂使用于食品磷酸(以及其他需要低砷的产品)的生产中。

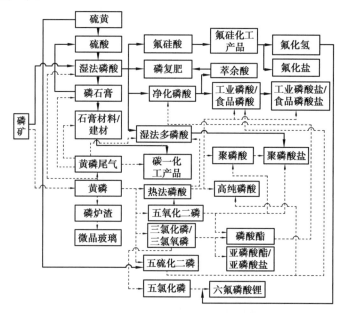

图 3.6　湿法、热法磷酸耦合工艺图

3.3.3　再循环原则重构湿法磷酸

再循环是企业污染末端进行循环经济的最后一个原则,是企业流程中资源损失减少的最后把关口。可从产业共生体系出发,改变末端物质流转方式,使排到环境中的资源损失降低,也就是上游企业的废弃物作为下游企业的"食物"。简而言之,想要达到再循环的标准,就需要在物品完成使用功能之后,再次成为可以使用的资源,而不是成为废物或者垃圾。湿法磷酸生产中,会产生一定的副产品,这些产品可能是其他工序的原材料。因此,可以引入原材料—反应物—产品+副产品—原材料的产品链,这样可以显著节约成本,进而提升生产收益和效率。再循环方式有两种,初级再循环及次级再循环。图 3.7 是湿法磷酸次级再循环工艺图。

由图 3.7 可见,磷矿经过硫酸分解后,得到湿法磷酸,同时副产磷石膏和氟硅酸。湿法磷酸主要用于生产磷复肥,同时也可以通过萃取法制备净化磷酸及其下游磷酸盐产品。在生产净化磷酸的同时,会副产一些杂质含量较高的萃余酸,多用于生产磷肥。湿法磷酸通过高温浓缩、聚合还可以生产湿法多磷酸(SPA),并基于湿法多磷酸生产聚磷酸铵肥料。磷石膏可以进一步加工为石膏材料,氟硅酸则可以加工为各种氟硅化工产品、氟化氢和氟化盐。具体制备过程如下:

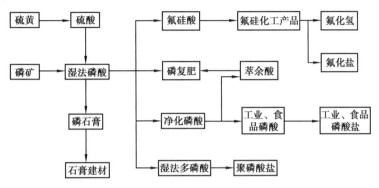

图3.7　湿法磷酸次级再循环流程图

1)制备硫黄

近年来大量磷石膏的排放问题,一直困扰着世界各地有湿法磷酸生产装置的企业,从20世纪40年代开始,国内外众多企业和科研机构一直在探索磷石膏的处理问题,可分为两类处理思路,即末端治理法和源头削减污染法(即清洁生产),属于末端治理法的研究有:

①磷石膏堆场选址、防渗处理,加速固化等。

②对排出的含多种杂质的磷石膏进行净化处理后,用于生产造纸填料和建材。建材包括:水泥、水泥缓凝剂、石膏制品、墙粉等。

③生产肥料硫酸钾、硫酸。

④磷石膏转化为碳酸钙和硫黄。工艺流程图如图3.8所示。

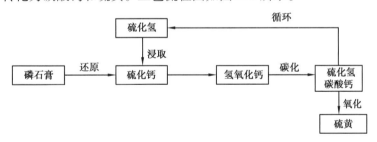

图3.8　磷石膏转化碳酸钙、硫酸工艺图

该工艺用回转窑还原石膏制硫化钙,用硫化氢浸取硫化钙,可得20%的硫氢化钙溶液,再将此硫氢化钙溶液碳化得硫化氢和碳酸钙,所得硫化氢一部分循环,一部分经氧化回收成硫黄。该工艺属于削减污染的处置法(即清洁生产),在磷酸生产过程中,通过改变工艺流程,使得硫化氢得到了循环,同时将湿法磷酸产生的废弃物磷石膏转化为碳酸钙和硫磺,实现磷石膏再循环利用,并使产出的磷石膏外观洁白,仅含微量杂质,因此可代替天然石膏用于各行各业。该流程大大减少磷酸工艺过程中废渣的排放量,磷石膏废渣量为原传统工艺的10%～40%。

2)制备聚磷酸盐

精细磷化工是一大类高技术含量、高市场需求、高附加值的磷化工产业，主要包括精细磷酸盐和精细有机磷化工两大门类。在精细磷化工的发展中应坚持2种导向：

①精细磷酸盐的功能化：我国是世界上磷酸盐生产大国，已能生产磷酸盐的绝大部分品种，而且我国磷酸、三聚磷酸钠、六偏磷酸钠和饲料磷酸盐等产量位居世界首位，具有自己的技术优势和较强竞争实力。今后磷酸盐的发展应在功能化上做工作，功能决定应用、应用拓展市场。立足国际、国内市场，大力发展食品磷酸盐（如食品级磷酸、磷酸钠盐、磷酸钙盐和焦磷酸铁盐等）、饲料磷酸盐（如饲料级磷酸氢钙、磷酸二氢钙和脱氟磷酸钙等）、特种磷酸盐（包括合成材料和高技术用的磷酸盐），特别是次亚磷酸盐具有广阔的发展前景。

②有机磷化学品的专用化：从组成和结构上看，精细有机磷化学品主要有磷酸酯（包括氯代磷酸酯和硫代磷酸酯）、亚磷酸酯、磷酸酯盐等，被广泛地用于医药、农药、阻燃剂、抗氧剂、表面活性剂、纺织印染助剂、油品添加剂、水处理剂和催化剂等，这是精细磷化工中最具活力和最有发展前途的研究开发领域。有机磷化学品的精细化发展很快，专用化针对性很强，能够适应国内外市场的变化和磷化工发展的潮流。例如，磷酸酯被广泛用作合成材料的阻燃剂；磷酸酯核苷作为抗病毒药物用于抗艾滋病的临床治疗；而乙烯基磷酸酯被用于高分子材料的工业合成，以改善聚合物的表面性质和特殊性质。

但因为湿法磷酸浓度低，且含有 Ca^{2+}、Fe^{3+}、Al^{3+}、Mg^{2+}、F^-、SiF_6^{2-}、SO_4^{2-} 多种杂质，腐蚀性强，所以，湿法磷酸需除杂净化。用湿法磷酸生产饲料、工业级磷酸盐的传统工艺是：

①先化学净化除去湿法磷酸中的杂质：将生产磷酸盐用的原料碱或盐与磷酸中和，除去酸中的杂质生产得稀净化盐，然后将净化稀溶液中和至工艺规定的中和度。化学法除去湿法磷酸中的杂质，可克服设备腐蚀和大幅度降低工程投资。

②也可先用有机溶剂除去湿法磷酸中的杂质生产得磷酸稀溶液：因净化磷酸溶液浓度低，用其生产焦、偏、聚等多磷酸盐时，往往因浓度达不到生产工艺要求，需要先用蒸汽或高温烟道气体对稀磷酸溶液进行浓缩，然后将浓缩磷酸加工成磷酸盐产品。生产饲料级和工业级磷酸盐的总能耗和成本低；产品中的微量杂质含量比热法的高，质量比热法差。生产高品质的产品时，除杂质技术难度大，工艺流程长，净化成本也随之增加，不易生产高档次产品，不符合循环经济要求。

因此，我们提出了新型湿法磷酸制备饲料、工业级磷酸盐。其工艺为：用稀净化盐、稀磷酸吸收 P_2O_5 生产磷酸盐。工艺流程图如图 3.9 所示。

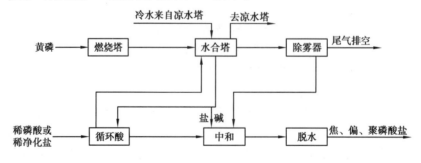

图 3.9　聚磷酸盐工艺流程图

该工艺的创新点:

①因湿法磷酸净化之后生成的是稀净化盐或稀磷酸,用净化的稀溶液生产多种磷酸盐时,需要先蒸发除去稀溶液中的水,提高其溶液浓度。

②热法磷酸生产需要加入水,同时需要加入过量的工艺水吸收反应热。

③用稀净化盐或稀磷酸替代工艺水补加于热法磷酸生产循环酸之中,可使稀磷酸溶液中的部分水被蒸发汽化并移出反应热,稀酸溶液得到提浓,同时又节能降耗和减少热法磷酸生产循环用水,将湿、热酸二者的这种结合拟定为稀净化盐、湿法磷酸循环吸收 P_2O_5,创新磷酸盐生产技术。

传统的磷酸产业,过去由于技术和资金等原因在原料路线改进方面基本未做工作,所以很多产物未进行循环利用。随着技术进步,短缺的原材料用物美价廉的新材料替代的工作也应与时俱进。如过去生产磷酸氢钙、磷酸二氢钙的原料是磷酸和石灰石,能否将原料改为磷酸和磷矿;湿法磷酸能否代替热法磷酸生产磷酸盐产品等。此外,除氟、碘外,其他如硅、钙的利用应加速,特别是提取硅的利用,硅可进一步加工成水玻璃、硅胶、偏硅酸钠、分子筛以及高档硅材料等。氟的深加工产品如无机氟盐和有机氟材料,作为添加剂用于橡胶、塑料、微晶玻璃、凝石材料、冶金助剂和高档合金等的生产。

3) 制备工业级磷酸一铵

随着对灭火剂技术和环保要求的进一步提高,作为代替卤代烷首选物质之一的工业级磷酸一铵灭火剂的需求量会越来越大。我国消防用工业级磷酸一铵生产几乎都是以热法磷酸为原料,但该生产工艺能耗大,生产成本高。以湿法磷酸代替热法磷酸生产工业级磷酸一铵,将对提升传统磷铵装置的技术含量,加大湿法磷酸深加工力度,提高经济效益有重要意义。湿法磷酸制备工业磷酸一铵的流程如图 3.10 所示。

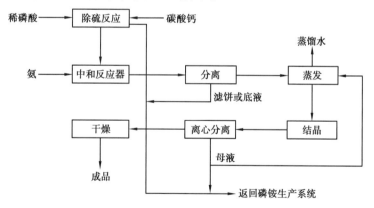

图 3.10 湿法磷酸制备工业磷酸一铵流程图

湿法磷酸制得的磷酸,杂质高、磷酸浓度低。因此,陈化磷酸稀释至一定浓度,加碳酸钙脱硫,脱硫磷酸以气氨中和、分离得磷酸一铵溶液和滤饼,磷酸一铵溶液蒸发、冷却结晶、离心分离、干燥得工业级磷酸一铵,两次分离的滤饼返回肥料级磷酸一铵生产系统,生产过程中无废渣、废液。

4) 制备工业级磷酸

湿法磷酸生产工业级磷酸工艺的流程如图 3.11 所示。

湿法磷酸先进入脱硫脱色槽,加入脱硫剂(磷矿粉)、脱色剂(活性炭)、脱氟剂(碳酸钠)

进行脱硫、脱氟、脱色预处理,除去大部分 SO_4^{2-}、F^- 和色素,然后继续进行精脱硫,在脱硫槽中加入碳酸钙、氧化钙进行第二次脱硫,其后经过滤分离除去淤渣,得到的预处理磷酸送萃取塔用有机溶剂进行萃取,磷酸被溶入有机溶剂中成为有机相,杂质则留在萃余酸中。从萃取塔排出的萃余酸用于生产肥料。有机相进入脱硫槽与加入的碳酸钡、碳酸钠再进行深度脱硫,然后送去洗涤塔,用从后面返回的净化磷酸洗涤,以进一步除去杂质。经洗涤后的有机相进入反萃塔,用脱盐水进行反萃取得到净化的稀磷酸和有机溶剂,后者返回到萃取塔循环使用,而净化的稀磷酸经过加热浓缩得到产品——工业磷酸。

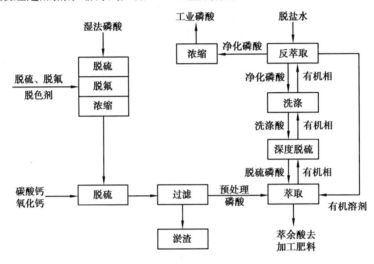

图 3.11 湿法磷酸生产工业级磷酸工艺流程图

磷酸工艺流程具有以下特点:

①以稀磷酸为原料,避免了使用中品位磷矿生产浓磷酸时磷酸浓缩的困难。

②将初步脱硫脱氟和脱色结合为一个预处理工序,提高了杂质脱除效率。

③采用三次脱硫技术,彻底脱除 SO_4^{2-},使净化磷酸中残余的 SO_4^{2-} 达到了优等品工业磷酸的质量指标。

④研究筛选出一种由磷酸三丁酯、正丁醇、异戊醇等溶剂组成的混合萃取剂,取得了较好的萃取效果。

⑤开发了具有自主知识产权的振动筛板萃取塔,并在工业化装置上成功应用。

⑥采用磷酸分级利用,将萃余酸用于加工肥料,简化了流程,无须过分强求高的萃取率和高的溶剂回收率,节约能耗、降低成本,提高了 P_2O_5 利用率。

3.4 完善我国湿法磷酸行业发展的循环经济措施建议

完善我国湿法磷酸行业发展的循环经济措施建议有如下 5 点:

①保持基础磷化工产品稳定生产的同时,大力发展下游高附加值产品开发,提高磷资源加工价值。例如,在湿法磷加工中,在保持基础磷肥稳定生产的同时,应加强全水溶性特种肥料的开发,加强净化磷酸及其下游产品的开发。在加工中,应加强小批量、多牌号、多规格、功

能性磷化工产品的开发,加强产品的应用技术开发,拓宽产品的市场范围,形成覆盖各应用领域的配方型系列产品。

②开发废弃物的回收利用技术、节能减排技术和绿色化工技术,使磷加工过程对环境的影响降到最小。湿法磷加工主要需要开发磷石膏的无害化处理和资源化回收利用技术,开发氟硅资源的高价值回收利用技术,开发湿法磷酸生产用水减量及废水零排放技术等。

③结合新技术和市场需求,总体规划和调整湿、热法磷酸加工产业结构,形成湿、热法磷酸加工共生耦合、协调发展的产业优势,实现基于湿、热法磷酸加工共生耦合的经济、环境效益最大化。湿法磷加工和热法磷加工在产业规模、产品结构、产业链延伸方面各有自己的优势和不可替代性,否定其中任何一个工艺路线,只注重其中之一,都是不符合磷资源加工整体发展要求的。国内外磷资源加工产业中的领军企业,大都采用湿、热并举、协同发展的方式来生产,湿法磷加工注重大规模、大产量的基础磷化工产品,热法磷加工偏向小批量、多牌号、多功能的精细化产品,净化磷酸与热法磷酸之间通过总体经济性平衡测算来进行产品生产的分配和平衡,最终实现磷资源加工全产业链的高收益和高效益。

④积极发展再资源化环保型产业。磷石膏和硫酸烧渣等均是湿法磷酸产业不可避免的废弃物,特别是磷石膏一直是我国乃至世界湿法磷酸工业亟待解决的重大问题。目前国内磷石膏以每年 15% 的速度增长,累计堆积量近亿吨,而利用率不到 40%。搞好这些废弃物的综合利用与再资源化,是发展循环经济、构建湿法磷酸、实现人和自然环境的和谐与协调所必需。

⑤开发关键核心技术和应用技术,支撑产业转型升级。据统计,90% 以上的湿法磷酸都用于磷肥生产。由于人口的增加、经济的迅速发展,磷复肥的生产和消费不断增加,世界对磷肥的需求量总体来说呈增长趋势。但是近年来一些地方投资过热,磷肥工业低水平重复建设现象严重,磷肥产能增长过快,磷肥市场供大于求的形势已突显。因此,我国磷肥产业还有一定的发展空间,可对磷肥产业进行转型。比如:适度发展高浓度磷复肥,重点发展磷酸一铵(MAP)和磷酸二铵(DAP)。在发展高浓度磷复肥时应处理好 3 个关系:一是高浓度磷肥的长效化,适量添加缓释剂,控制磷素有效释放,以提高磷肥的利用率,减少磷的流失和土壤对磷的固定;二是专用磷复肥的智能化,可适量加入杀虫抗病毒药物,使之具有农药肥效双重作用,或者加入腐殖酸类保水物质,使之发挥固沙保土肥效等多重功能,以适应不同土质、不同作物及其不同生长阶段对磷肥的需求,发挥磷肥施用的最大效益;三是多元磷肥的生态化,模拟生态系统,通过化学和微生物解磷作用,实现磷的有效循环和生态平衡。

参考文献

[1] 马航,冯霄. 基于湿、热法磷加工体系共生耦合的磷资源产业可持续性发展研究[J]. 无机盐工业,2018,50(11):1-6.

[2] 马晓园. 浅析我国化工行业循环经济发展相关问题[J]. 中国经贸导刊,2009(15):65-65.

[3] 武振华. 化工行业的循环经济发展之路[J]. 化工管理,2014(28):88-90.

[4] 杨建中. 湿法磷酸企业应对磷矿贫化的技术措施[J]. 磷肥与复肥,2007(22):24-25.

[5] 孙志立. 中国磷石膏资源化利用的展望与思考[J]. 硫酸工业,2016(1):55-58.

［6］杨建中.我国基础磷复肥行业生存与发展之路［J］.磷肥与复肥,2017,32(3):3.

［7］贡长生.现代磷化工技术和应用［M］.北京:化学工业出版社,2013.

［8］侯翠红,许秀成,苗俊艳,等.中国磷资源的分级可持续开发利用［J］.武汉工程大学学报,
2017,39(6):629-632.

［9］林明,印华亮.磷化工产业结构调整方向研究［J］.无机盐工业,2016,48(5):6-8.

［10］张义堃,刘宝庆,蒋家羚,等.黄磷尾气回收利用现状与展望［J］.化工机械,2012,39(4):
423-427.

［11］冯武军,毛玉如,陈红,等.我国化工园区发展循环经济雕典型模式研究［J］.现代化工,
2007,27(3):7-10.

［12］刘代俊,钟本和,张允湘.利用低品位磷矿生产优质磷酸的新工艺开发［J］.磷肥与复肥,
2001,16(3):9-10.

［13］孙国超,刘培林,陈德兴.我国湿法磷酸净化技术的新进展——评钟本和教授科研团队
"溶剂萃取法净化湿法磷酸"新技术的开发［J］.硫磷设计与粉体工程,2011(1):18-19.

［14］匡国明.我国磷化工行业"十三五"发展方向的研究［J］.磷肥与复肥,2016(11):1-5.

［15］王辛龙,万先达.湿法磷酸净化的新进展［J］.磷肥与复肥,2001,16(2):32-33.

［16］钟本和,陈亮,李军,等.溶剂萃取法净化湿法磷酸的新进展［J］.化工进展,2005,24(6):
596-602.

［17］晏明朗.创新和循环经济是磷化工发展的必由之路:Ⅴ.化学净化湿法磷酸联产肥、饲和
精细磷酸盐［J］.磷肥与复肥,2008,23(3):42-46.

［18］晏明朗,冯秀珍.创新和循环经济是磷化工发展的必由之路:Ⅷ.利用黄磷尾气生产磷
化-碳一化工产品［J］.磷肥与复肥,2009,24(4):40-43.

［19］晏明朗.创新和循环经济是磷化工发展的必由之路:Ⅶ.湿、热法磷酸混合新工艺生产磷
酸盐［J］.磷肥与复肥,2009,24(2):37-40.

［20］晏明朗,冯秀珍.创新和循环经济是磷化工发展的必由之路:Ⅳ.湿法磷酸净化制造净化
湿法磷酸［J］.磷肥与复肥,2008,23(1):42-46.

［21］庄艳萍.湿法磷酸制备工业级磷酸一铵试验研究［J］.磷肥与复肥,2009,24(5):18-20.

［22］龚家竹.饲料磷酸盐(湿法磷酸盐)生产技术面临循环经济法的挑战与机遇［J］.磷肥与
复肥,2010,24(5):41-45.

［23］贡长生.技术创新和循环经济——我国磷化工可持续发展的必由之路［J］.现代化工,
2008,28(3):6-12.

［24］胡成高.磷化工产业发展循环经济的探索与启示［J］.科技与企业,2013(4):118-118.

［25］陈亮,李军,钟本和.浓缩湿法磷酸脱色研究［J］.无机盐工业,2005,37(7):21-22.

［26］杨建中,李志祥.湿法磷酸的净化技术［J］.磷肥与复肥,2004,19(6):13-17.

［27］白有仙,詹骏,朱云勤.高品质磷石膏处理工艺研究［J］.无机盐工业,2008,40(5):
45-47.

［28］刘健,解田,朱云勤,等.硝酸浸取磷石膏钙渣制备高品质轻质碳酸钙［J］.环境化学,
2010,29(4):772-773.

第**4**章
湿法磷酸绿色制造技术

绿色和可持续发展已成为当今人们普遍关注的问题,随着我国对环境和能源的重视,节能降耗、节约成本和清洁生产已成为企业适应新形势,实现可持续发展,提高企业竞争力的重要手段。随着工业生产的发展,能源的消耗也日益增加,合理利用能源是发展生产的重要条件之一,也是提高企业经济效益的具体保证。本章就湿法磷酸绿色和可持续发展技术进行一些探讨。

4.1 绿色选矿及资源化利用

磷矿是具有战略意义的非金属矿,具有不可替代性、不可再生性。磷矿石在农业、化工、食品、玻璃、陶瓷、医药中均有应用。

我国磷矿储量居世界第二位,但是磷矿资源地理分布不均衡,主要分布在中南和西南地区,另外我国磷矿富矿少、中低品位磷矿多,P_2O_5的平均品位仅为17%左右,易选的沉积变质磷灰岩少,难选的磷块岩储量多。我国磷矿石有67%用于生产磷肥,12%用于生产黄磷,5.4%用于生产饲料,4%用于食品工业。

中国磷矿石一般可分为岩浆岩型磷灰石、沉积岩型磷块岩和沉积变质岩型磷灰石。磷灰石和磷灰岩矿石的特征为:磷矿物呈较大结晶粒状产出。而磷块岩矿,又称胶磷矿,其特征是矿石中磷灰石矿物呈隐晶质-显微晶质存在。沉积型磷块岩矿石储量占到我国磷矿总储量的70%。

近年来,随着高品位磷矿资源的减少,科学技术带来的新选矿药剂和设备进步,胶磷矿的选矿效率不断提高,使得从低品位胶磷矿中经济有效富集磷成为可能。国内胶磷矿富集工艺的最新进展在于:利用新研制的捕收剂,结合相应的选矿工艺,云南中品位的胶磷矿(P_2O_5含量20%以上)实现了工业化生产,但对低品位的胶磷矿仍然不能有效利用。为此,人们一直在寻求分离富集低品位磷矿石的新工艺;除开发新的选矿设备外,还亟待研制高效选矿药剂,改进和合成浮选药剂是胶磷矿开发的发展方向。随着磷肥需求的迅速增长,高品位磷矿资源和易选磷矿资源日益减少。因此,加强对磷矿选矿工艺的研究,可以有效地减少磷矿资源浪费,对实现中国磷矿资源可持续发展具有十分重要的意义。

磷矿石由磷酸盐矿物组成。其中的主要矿物为磷灰石,化学式为 $Ca_5[PO_4]_3(F,OH,Cl)$。按附加阴离子的不同,磷灰石有 5 种矿物类型(表 4.1)。我国具有工业价值的磷矿石按照地质成因主要可分为 3 种:岩浆岩型磷灰石、沉积变质岩型磷灰岩和沉积岩型磷块岩(矿石化学组成见表 4.2),此外还有鸟粪磷矿和铝磷酸盐矿,但是这二者储量极低。磷灰石和磷灰岩的主要成分为氟磷灰石及少量氯磷灰石,结晶较粗,为晶质磷矿,易于选矿。磷块岩的主要矿物是碳氟磷灰石,结晶微细,隐晶质,选矿较难。胶磷矿是碳氟磷灰石的一种,即具有隐晶质胶状结构的羟基磷灰石 $[Ca_{10}(PO_4)_6(OH)_2]$,其结晶微细,一般嵌布粒度很细,与硅酸盐、碳酸盐胶结在一起,和脉石矿物解离困难,同时因为白云石、方解石等杂质矿物与其可浮性相近,选别难度大,所以通常将沉积型磷块岩中的含磷矿物统称为胶磷矿。

表 4.1　磷灰石 5 种矿物类型

矿　物	化学式	P_2O_5 含量/%
氟磷灰石	$Ca_5(PO_4)_3F$	42.06
氯磷灰石	$Ca_5(PO_4)_3Cl$	40.50
羟磷灰石	$Ca_5(PO_4)_3(OH)$	42.05
碳磷灰石	$Ca_5[PO_4,CO_3(OH)]_3(F,OH)$	38.57
碳氟磷灰石	$Ca_5(PO_4,CO_3)_3(OH,F)$	37.14

表 4.2　我国主要磷矿石的工业类型

矿石类型	成岩变种	化学组成/%								典型矿山
		P_2O_5	SiO_2	CaO	MO	FeO_3	Al_2O_3	CO_2	F	
磷块岩	沉积型硅质	16.45	43.02	24.64	1.33	4.26	1.83	3.64	1.36	宁夏贺兰山
	沉积型钙质	30.20	3.39	46.33	3.72	0.79	0.29	9.57	2.63	贵州瓮福
	沉积型硅-钙质	15.26	27.49	30.72	6.15	1.52	1.06	14.89	1.63	湖北王集
磷灰岩	沉积变质岩型	9.20	19.03	28.76	10.28	2.17	3.21	23.03		江苏锦屏

矿石类型	成岩变种	化学组成/%					典型矿山
		P_2O_5	TiO_2	TFe	V_2O_5	CoO	
磷灰石	岩浆岩型	6.64~6.60	4.30~6.40	18.16~22.45	0.14~0.21	0.007 3~0.008 5	河北马营

4.1.1　选矿基本过程及评价标准

1)选矿过程

矿石的选矿处理过程是在选矿厂中完成的。不论选矿厂的规模大小,一般都包括以下 3 个最基本的工艺过程:

①矿石分选前的准备作业:包括原矿的破碎、筛分、磨矿、分级等工序。该过程的目的是使有用矿物与脉石矿物单体解离,使各种有用矿物相互之间单体解离,此外,这一过程还为下一步的选矿分离创造适宜的条件。

②分选作业:借助于重选、磁选、电选、浮选和其他选矿方法将有用矿物同脉石分离,获得最终选矿产品(精矿、中矿、尾矿)。

③选后产品的处理作业:包括各种精矿、中矿、尾矿产品的脱水,细粒物料的沉淀浓缩、过滤、干燥和洗水澄清循环复用等。有的选矿厂根据矿石性质和分选的需要,在分选作业前设有选矿预处理(如重介排矸或动筛跳汰排矸)以及物理、化学预处理,如赤铁矿的磁化焙烧、氧化铜矿的离析焙烧等作业。矿石经过分选后,可得到精矿、中矿和尾矿3种产品,分选所得有用矿物含量较高、适合于加工成最终产品,称为精矿。分选过程中得到的尚需进一步处理的中间产品,称为中矿。分选后,其中有用矿物含量很低,不需进一步处理(或技术经济上不适合进一步处理)的产品,称为尾矿。

2)选矿评价指标

选矿作为湿法磷酸一个较为重要的生产工艺步骤,通常会将以下内容作为评价指标:

①品位:指矿物中金属或有用成分的质量与该矿物质量之比,常用百分数表示。通常用 α 表示原矿品位;β 表示精矿品位;θ 表示尾矿品位。

②产率:指矿石通过选矿处理后,产品质量与原矿质量之比,常用 γ 表示。

③回收率:指精矿石中有用成分的质量与原矿中该有用的成分的质量之比,常用 ε 表示,用来评价有用成分的回收程度。

精矿的实际回收率 ε_e 表示为:

$$\varepsilon_e = \frac{\gamma\beta}{100\alpha} \times 100\% \qquad (4.1)$$

精矿的理论回收率 ε_L 表示为:

$$\varepsilon_L = \frac{\beta(\alpha - \theta)}{\alpha(\beta - \theta)} \times 100\% \qquad (4.2)$$

④选矿比:指原矿质量与精矿质量的比值,常用 K 表示,是精矿产率的倒数,表示选出 1 t 精矿需处理几吨原矿。

⑤富矿比:指精矿品位 β 与原矿品位 α 的比值,常用 E 表示,表示精矿中有用成分的含量比原矿在该有用成分含量增加的倍数,即选矿过程中有用成分的富集程度。

$$E = \frac{\beta}{\alpha} \qquad (4.3)$$

⑥重选可选性:矿石的重选可选性是指矿石利用重力选矿法分选时的难易程度,有时简称为可选性。矿石的重选可选性评定与煤炭的重选性评定不同。

重力选矿过程都是在某种介质中进行,矿石的重选可选性主要由待分离矿物与分选介质的密度差决定,通常可用式(4.4)计算:

$$E = \frac{\delta_2 - \rho}{\delta_1 - \rho} \times 100\% \qquad (4.4)$$

式中　E——矿石的重选可选性;

δ_1,δ_2,ρ——分别为轻矿物、重矿物和分选介质的密度,kg/m^3。

根据 E 值的大小可以将矿石的重选可选性分为极容易($E > 2.5$)、容易($1.75 < E \leq 2.5$)、中等($1.5 < E \leq 1.75$)、困难($1.25 < E \leq 1.5$)和极困难($E \leq 1.25$)5 个等级。

从式(4.4)可知,分选介质的密度影响矿石的重选可选性。分选介质的密度 ρ 越大,E 也随之增大,说明提高 ρ,不同密度的矿物在重选过程中的运动状态差异更加显著,因而分选效果也更好。

4.1.2　选矿工艺

我国磷矿石选矿研究开始于20世纪50年代末,经过60多年的研究和发展,技术和经验比较成熟。磷矿石中的主要脉石矿物有硅酸盐矿物、碳酸盐矿物以及石英等硅质物,磷酸盐矿物与硅质矿物可浮性差异较大,易于分离,而与碳酸盐矿物可浮性相似,难以分离。

岩浆岩型磷灰石主要成分为氟磷灰石及少量氯磷灰石,伴生有钒、钛、铁、钴等元素,常与磁铁矿、硅酸盐和偏硅酸盐等矿物共生。其储量占我国磷矿总储量的7%,主要分布在我国北方,P_2O_5品位较低,一般小于10%,结晶和嵌布粒度较粗,可选性好,选矿方法简单,经分选后,精矿中P_2O_5含量在35%以上,回收率大于80%,且可综合回收伴生矿物,具有开发利用的价值。岩浆岩型磷灰石的选矿方法主要是浮选法。采用水玻璃等抑制剂抑制脉石矿物,用脂肪酸等阴离子捕收剂将磷矿物富集于浮选泡沫中,直接浮选出磷灰石。河北丰宁招兵沟铁磷矿原矿P_2O_5品位3.5%,采用正浮选方法,仅加入水玻璃调整剂和新型高效的AW捕收剂,获得了精矿P_2O_5品位大于37%、MgO含量小于1%、P_2O_5回收率大于95%的选矿指标。磁浮联合工艺流程也常用来处理岩浆岩型磷灰石,在浮选出磷精矿的同时磁选出铁精矿。康拓新等采用磁浮联合工艺流程处理河北丰宁招兵沟铁磷矿原生矿,在入选磷矿P_2O_5品位2.58%的情况下,获得了精矿P_2O_5品位32.44%、回收率84.27%的指标,同时获得的铁精矿铁品位62%左右、回收率32%。

沉积变质岩型磷灰岩的主要组成矿物与岩浆岩型磷灰石相同,常与碳酸盐矿物(以白云石为主)、硅酸盐矿物、硅质物共生,当伴生有碳酸盐矿物(白云石)时影响磷精矿质量。我国沉积变质岩型磷灰岩储量占磷矿石储量的23%,主要分布在江苏、安徽、湖北等省,P_2O_5品位在8%~12%,结晶粒度较粗,浮选性能较好。由于磷灰岩中磷矿物嵌布粒度较粗,可浮性较好,所以常用正浮选工艺浮选磷灰岩。采用碳酸钠、水玻璃作为调整剂抑制碳酸盐矿物、硅酸盐矿物和硅质物,脂肪酸等阴离子捕收剂浮选磷灰石。许昌伦等采用正浮选工艺处理湖北黄麦岭选矿厂磷灰岩,在原矿P_2O_5品位9.32%的情况下,获得磷精矿P_2O_5品位为33.5%、回收率为85.43%的指标。部分沉积变质岩型磷灰岩由于受风化作用,矿石松散、含泥量高,碳酸盐矿物大量流失,磷酸盐和硅质矿物相对富集,常采用擦洗脱泥工艺对磷进行预先富集。擦洗脱泥工艺简单,将风化的磷矿置于水中擦洗或磨剥,去除表面泥质物,使磷矿物富集。但是该工艺富集比不大,P_2O_5品位提高的幅度太小,并且会产生大量擦洗尾矿,所以常与浮选工艺联合作业,云南滇池地区的磷矿山多采用此工艺。总体而言,岩浆岩型磷灰石和沉积变质岩型磷灰岩在我国所占磷矿石储量比例小,品位较低,不能作为我国磷精矿产品的主要来源。但是由于这两类磷矿石具有较好的可选性,并且大多分布在我国缺磷的北方和华东地区,故具有经济价值,现已被广泛开发利用。

沉积岩型磷块岩是我国磷矿资源的主体,矿石储量占总储量的70%,主要分布在云南、贵州、四川、湖北、湖南5省。沉积型磷块岩的P_2O_5品位在12%~35%,大部分为中低品位矿石,结晶微细,隐晶质,可选性是含磷矿物中最差的。根据矿石的矿物组成,磷块岩可分为硅质磷块岩、钙质磷块岩、硅-钙质磷块岩,这3种磷块岩的储量分别占沉积磷块岩总储量的20%、8%、70%。其中,含磷矿物主要为碳氟磷灰石(胶磷矿),脉石矿物主要有白云石、方解石等碳酸盐矿物,云母、黏土矿物等硅酸盐矿物,石英、玉髓等硅质物以及少量的含铁矿物、炭质物等。随着磷矿富矿资源的日益枯竭,对此类中低品位难选胶磷矿选矿技术的开发迫在眉睫。

硅质磷块岩脉石矿物种类单一,硅质矿物(硅酸盐矿物和硅质物)含量高,碳酸盐矿物含量低。硅质磷块岩可以采用碳酸钠作为调整剂,水玻璃为硅质矿物抑制剂,脂肪酸等阴离子捕收剂浮选磷酸盐矿物的正浮选工艺。通常磷精矿的密度为 $3.1 \sim 3.2$ g/cm^3,硅酸盐矿物密度为 2.65 g/cm^3,重选可选性约为 1.27,属难选物料,但在生产实际中仍然存在很多硅质磷块岩中碳酸盐含量较低时采用重选方法分选磷精矿的情况。

钙质磷块岩脉石矿物种类单一,硅质脉石矿物含量低,选矿富集的目的主要是排除碳酸盐矿物。钙质磷块岩主要采用浮选法进行回收。

①正浮选法:用粗菲、苯酚的磺化物分别与甲醛反应生成的"S"系列抑制剂抑制钙质脉石矿物,在碱性环境中用阴离子捕收剂浮选磷酸盐。此法的缺点是需要入选物料的粒度较细,药剂消耗量大。

②反浮选法:以硫酸或磷酸抑制磷酸盐并作为矿浆 pH 值调整剂,在弱酸性环境中用脂肪酸等阴离子捕收剂浮选碳酸盐矿物,沉砂产品为磷精矿。

③正浮选—反浮选法:钙质磷块岩中脉石矿物以白云石、方解石等碳酸盐矿物为主,但是也含有少量硅酸盐矿物。添加碳酸钠和硅酸钠抑制硅酸盐,阴离子捕收剂浮选磷酸盐和碳酸盐矿物,然后再用硫酸或磷酸抑制磷酸盐并作为矿浆 pH 值调整剂,在弱酸性环境中用阴离子捕收剂反浮选碳酸盐矿物。焙烧—消化工艺也可用于处理钙质磷块岩。钙质磷块岩中的脉石矿物主要是白云石、方解石等碳酸盐矿物。焙烧时,碳酸盐矿物(主要是白云石和方解石)在 1 000 ℃ 左右的高温下热分解,析出 CO_2 气体并生成 CaO 和 MgO 的固体产物,用水消化焙烧后的矿石,矿物的晶格及其化学物理特性发生突变,使 MgO、CaO 分别形成氢氧化物微粒 $Mg(OH)_2$、$Ca(OH)_2$,采用分级技术脱除氢氧化物,使磷矿物富集。此法虽对钙质磷块岩选别效果较好,但是由于能耗大,石灰乳脱除困难,因此尚未被广泛应用,此外浮选工艺在我国应用已较为成熟,也是限制焙烧—消化工艺应用的重要原因。

硅-钙质磷块岩脉石矿物种类复杂且含量较高,主要有白云石、方解石等碳酸盐矿物,云母、黏土矿物等硅酸盐矿物以及石英、玉髓等硅质物。氧化镁含量较高,磷矿物与脉石矿物共生紧密,矿物嵌布粒度细,是磷矿石中最难选的一种。浮选是硅-钙质磷块岩最有效的选别方法。

①正浮选工艺:"S"系列抑制剂主要成分为萘、粗菲、苯酚的磺化物分别与甲醛反应的综合反应物,是硅-钙质磷块岩中脉石矿物的有效抑制剂,对碳酸盐矿物和硅质矿物都有抑制作用。在碱性条件下,用"S"系列抑制剂抑制脉石矿物,用阴离子捕收剂正浮选磷酸盐矿物。

②正浮选—反浮选工艺:在碱性条件下,用水玻璃抑制硅质矿物,阴离子捕收剂正浮选磷酸盐矿物及含钙镁的碳酸盐矿物得到正浮精矿,对正浮选精矿添加硫酸或磷酸作为磷酸盐矿物的抑制剂,在弱酸性条件下用阴离子捕收剂浮选碳酸盐矿物,槽内产品为磷精矿。此方法通常用于硅-钙质磷块岩中硅质脉石矿物含量较高、碳酸盐矿物含量相对较低的情况,具有对矿石性质适应性强,所得磷精矿纯度高等优点。

③反浮选—正浮选工艺:该方法一般用于处理碳酸盐含量相对较高的硅-钙质磷块岩,用硫酸或磷酸抑制磷酸盐矿物,在弱酸性条件下用阴离子捕收剂浮选白云石等碳酸盐矿物,然后用石灰或碳酸钠作为 pH 调整剂,硅酸钠抑制硅质矿物,在碱性环境中正浮选磷酸盐矿物。

④双反浮选工艺:适用于硅-钙质磷块岩中硅质脉石和碳酸盐含量都不是很高的情况。

先用硫酸或磷酸抑制磷酸盐矿物,在弱酸性环境中用阴离子捕收剂浮选碳酸盐,矿浆脱泥处理后,再直接用胺类阳离子捕收剂浮选硅酸盐。

与其他浮选工艺相比,双反浮选对硅-钙质磷块岩的分选效果最好,但胺类阳离子捕收剂对矿泥敏感,反浮选前都需脱泥,且对环境存在污染,所以仍需对阳离子捕收剂进行进一步研究。对硅-钙质磷块岩也可采用重介质选矿的方法。重介质选矿对细粒级矿石的处理效果不好,需要和浮选工艺联合使用。用电选的方法也可以有效地选别硅-钙质磷块岩。电选是利用有用矿物和脉石矿物之间的电性差别,在外加电场的作用下,不同电性质的颗粒运动轨迹发生分离实现分选。生物法选别硅-钙质磷块岩是利用某些溶磷微生物分泌出有机酸,这些酸既能够降低 pH 值,又可与铁、铝、钙、镁等离子结合,从而使难溶性磷酸盐溶解。选择性絮凝工艺也可用于选别硅-钙质磷块岩。利用混合悬浮体中各矿物物理化学性质的差异,依靠絮凝剂在要絮凝的矿粒上的优先吸附而絮凝,而其他矿粒仍处于悬浮态,再利用沉淀—淘析或絮团浮选的方法分离出絮团。此外,化学浸出工艺、磁选—浮选联合工艺和焙烧—消化—浮选联合工艺等工艺也可用于硅-钙质磷块岩矿石的选别。

1)浮选

目前磷矿石的选矿主要是采用浮选法进行的,浮选就是在药剂的作用下,根据各种矿物表面性质的不同,使它们有选择地黏附在气泡的表面,从而完成分选的一种过程。目前普遍采用的是泡沫浮选法,其实质是将矿物研磨成矿浆,加入浮选药剂处理之后,通入空气,使之形成大量的气泡,一些不易被水润湿的,一般称作疏水性矿物粒子附着于气泡上,并同气泡一起漂浮到矿浆表面形成矿化泡沫层,将其刮出即为泡沫产品,通称为精矿,另一些容易被水润湿的,即一般称作亲水性的矿物粒子,不附着于气泡上面而留在矿浆中,即为尾矿。因此浮选法是目前磷矿选矿方法中最主要的一种方法,在磷矿选矿中使用此方法,可获得更好的选别效果。

一般的浮选多将有用矿物浮入泡沫产品中,将脉石矿物留在矿浆中,称为正浮选。但有时却将脉石浮入泡沫产品中,将有用的矿物留在矿浆中,通常称为反浮选。

2)擦洗脱泥

擦洗脱泥法是一种纯物理方法选矿,矿石中风化型或含泥较多的磷矿石主要采用此方法,可以露天生产,此方法一般应用于化学浮选前的矿石预处理,操作工艺相对简单,整个过程不加入任何化学药剂,纯物理浮选法,所以不会污染外界环境,主要过程是通过水洗去除矿物表面的杂质,再逐级筛选,从而筛选出优质的磷矿,云南滇池地区的擦洗脱泥工艺相对成熟,主要用于分选风化程度较高的矿石。擦洗尾矿 P_2O_5 含量可高达 17% ~20%。

3)重选

重选,又称为重力选矿,工作原理是利用各种矿物密度不同的性质,使其在水、空气或者其他相对密度较大的液体介质中流动,其呈现的运动速度不同,从而进行选矿的工艺方法。使用重选法进行选矿从其工作原理就能看出成本低廉,工艺简单。但是最终的产品仍然难以达到直接生产的标准,所以同擦洗脱泥工艺一样只能作为化学浮选的预处理过程。重选法是利用各种矿物的密度差来分离矿物,不消耗药剂,对环境影响较小。一般磷矿石中 3 种主要矿物的密度分别为:磷矿物 2.95 ~ 3.15 g/cm^3(随 P_2O_5 质量分数高低而异),石英 2.75 ~ 2.80 g/cm^3,白云石 2.65 ~ 2.70 g/cm^3。国外在 20 世纪 70 年代对重选法进行过大量研究,但没有见到成功应用到工业实践的报道。国内从 20 世纪 80 年代开始研究重选法在磷矿选矿中的应用,研究较多的是昆明冶金研究院,他们对安宁、海口等地区磷矿石进行了比较全面的与重力分选有关的工艺矿物学以及重选方法(跳汰、摇床、旋流器等)的研究。结果发现单用重选不能获得合格磷精矿,最终推荐重浮联合流程,即将重选获得的品位较低的粗精矿和浮选获得的品位较高的精矿混合。由于磷矿石中 3 种主要矿物的密度差异太小,加上矿物的嵌布粒度细,所以重选法最终未能在磷矿选矿中推广应用。

美国佛罗里达 IMC 公司在 20 世纪 70 年代进行了佛罗里达高镁卵石磷矿石的重介质分选研究,并获得了较好结果,在试验基础上耗资 300 多万美元建成了一座试验工厂。我国从 20 世纪 90 年代开始掀起了重介质分离技术选别磷矿石的热潮,当时化工部地质研究院和河北涿州市规划设计院采用重介质旋流器对湖北宜昌磷矿进行了重介分选工艺研究;中蓝连海设计研究院从英国进口了 1 台“三流重介分选机(Tri-flow)”对开阳磷矿进行了重介分离技术研究;湖南化工研究所还专门对重介分选过程的理论进行了研究。

其中宜昌磷矿重介质选矿项目被化工部和湖北省列为重点项目,并建成一座 10 万 t/a 规模的试验工厂。试验工厂建成后经多次生产性试验发现,该技术在生产过程中精尾矿产品的数量和质量,随着入选原矿的变化剧烈波动,无法满足稳定工业生产的要求,故没有进一步建设工业生产装置。由于下列原因,重介质选矿工艺目前还难以在生产中获得应用。

①由于磷矿物和脉石矿物之间的密度差为 0.2 g/cm³(30% P₂O₅ 品位磷精矿密度为 2.95 g/cm³,白云石密度为 2.75 g/cm³),尽管当前重介质密度控制精度可以达到 ±0.05 g/cm³,可满足 ±0.1 g/cm³ 分离密度的要求,但在重介分离器中介质密度并不等于分离密度,真实的分离密度和介质黏度、重介旋流器操作参数(压力、浓度等)、底流口和溢流口的磨损等有关。其中压力、浓度等操作参数可以精确控制,但有些参数在生产中难以控制,如介质黏度会随着矿石在旋流器中磨碎而不断增加;旋流器的给料、底流和溢流口也会不断磨损,这些都将导致分离密度变化,从而引起生产指标大幅波动。

②在工业生产中每天进入选矿厂的矿石的密度是有一定波动范围的,比如某些磷矿石中高密度杂质质量分数的微小变化,都有可能超过要求的 ±0.1 g/cm³ 分离密度的变化范围。如何事先测出矿石中这些影响分离密度变化的杂质质量分数,以及时指导调整合理的分离密度,目前还没有找到解决方法。

③在试验阶段,通常是将试验样品混匀后取样先进行重液分离,求出其分离密度曲线,然后再在工业装置上进行分离试验,而在连续工业生产中不可能对每批矿石混匀后取样进行重液分离,然后再进行工业生产。

④用重介质技术分离磷矿石,对矿石有一定要求,并不是所有磷矿石都可以用重介分离技术。一般来说条带状、团块状结构,即含矿条带(含矿团块)与非矿条带(团块)品位有明显差异,就能保持一定的密度差。特别是对分离“外混”脉石,采用重介分离颇为有利。

上述原因阻碍了重介质分选技术在磷矿选矿工业中的推广应用。除此以外,目前重介质分选技术适宜的分选粒度下限为 0.5~1.0 mm(三流分选机粒度下限为 0.5 mm,重介旋流器为 1.0 mm),对 0.5~1.0 mm 以下粒级仍需辅以浮选法处理。

4)焙烧

焙烧法就是通过高温热分解使矿物中的钙、镁等碳酸盐分别形成二氧化碳和固体氧化物,再通过其他化学反应生成固体沉淀附着在矿石表面,然后利用擦洗脱泥工艺将精矿分离出来,从而确保矿石中 P₂O₅ 的百分含量。焙烧法虽然工艺简单易于操作,但是由于需要达到高温要求,对设备的投资也将相对较高,控制要求也很高,所以目前在选矿工业很少用到此方法。

5)电选

不同矿物的电性质和颗粒的导电率不同,利用这一性质,采用高压电场与其他的力场相配合,可以对矿石进行筛选,主要用在有色金属和稀有金属的分选上,此种方法由于存在以下优点:耗电少,生产成本低,筛选效果佳且精矿品位高,回收率高等特点,目前已经逐渐受到人们的关注和重视,在未来的选矿工业中必将进一步得到升华。在磷矿选矿领域,20世纪80年代美国西部磷矿圣波罗公司曾利用光电拣选机从西部磷矿石中拣选出白云石;90年代中蓝连海设计研究院曾对贵州开阳马路坪矿段的磷矿石进行了用激光光电拣选机分拣白云石的工业试验,取得较好的结果,可以将原矿的MgO品位从3%~3.5%降至2%以下。但该工艺至今未被推广应用,存在的主要问题有:

①需要分拣的矿石之间必须具备一定的色差,色差大小直接影响其分拣效率。

②需要拣选的矿石必须单层排列,生产能力不高。

③矿石粒度不能太细,一般不宜小于12 mm。由于上述原因阻碍了该工艺在磷矿选矿领域的推广应用,但是不排除其对某些适合的磷矿山有代替手选的可能性。

6)化学选矿

化学选矿是通过矿物本身化学性质的不同,通过加入指定的药剂来改变矿物的理化性质,从而使其有选择性地溶解分离出来。其基本流程一般为:焙烧、浸出、固液分离、浸出液处理等。浸泡药剂通常选择稀硫酸、稀盐酸和氯化铵等。磷矿的化学选矿主要用于处理磷矿石中的碳酸盐杂质,并且碳酸盐质量分数不高,嵌布粒度较细。化学法成本较高,只有当其他选矿方法无法脱除杂质,而精矿质量又必须满足要求时才用此法(如去除胶磷矿鲕粒中的碳酸盐)。常用的方法有氯化铵浸取法和硫酸浸取法,前者是一个经典方法,但由于氯根带入对萃取磷酸有影响,现在采用该方法的很少;后者浸取磷的损失高达30%以上,原武汉化工学院(现武汉工程大学)伍源老师提出用硫酸中第2个H^+和碳酸盐反应,使磷的损失降低到5%以下,但反应速度大为减慢,如何提高反应速度及实现工程化是今后的研究方向。

7)其他选矿方法

微生物处理法、联合选矿工艺、选择性絮凝法、磁盖罩法等也可用于选别磷矿石。微生物处理法顾名思义就是将磷矿物中的磷元素通过微生物分解形成可溶解磷,然后得以分离的方法,受生物技术和微生物本身生存能力的限制,此类方法暂时不适合大规模生产;联合选矿工艺的原理是将单一的选矿手段组合起来针对不同的矿物有不同的联合方式,例如擦洗脱泥工艺与焙烧工艺的结合等。我国尚未在磁盖罩法领域有所建树,而选择性絮凝法目前已研究出的絮凝工艺尚只有絮凝—浮选工艺和选择性絮凝工艺两类。

8)各种选矿工艺总结

各种选矿工艺的优劣对比以及未来发展如下:

①光电拣选与重选法是一类能耗较低,对环境无污染的绿色环保工艺,但由于自身的局限性和对矿物的适应性导致无法进行大范围的推广应用,若在设备方面取得突破性进展,也不排除其工业应用的可能。

②重介质分选技术具有其他选矿方法无法比拟的优点(流程简短、设备占地面积小、环保、高效、高速),但其生产波动大,对磷矿石性质要求高,而不能像其在煤矿选矿行业中得到

广泛应用。若当今发达的控制和检测技术能很好地应用到磷矿选矿中,或者将其作为预选作业联合其他选矿方法 重介质选矿技术可能会发挥更大的作用。

③焙烧消化法作为一种从磷矿中分离出碳酸盐杂质的方法还是有效的,能耗大、工业生产技术难度较大是其致命弱点,在世界性能源紧张的今天一般不宜采用。

④擦洗工艺和化学选矿对磷矿原矿性质要求较高,原矿适应性不强,很难大规模工业生产,此种工艺还需加大工艺方面的深入研究。

⑤浮选法是目前磷矿选矿应用最为广泛的一种工艺,具有原矿适应性好,产品指标稳定,可大规模生产等优势。但浮选法生产成本越来越高,伴随着一定的磷资源损失,需要加大浮选药剂和工艺流程方面的研究,以降低生产成本,提高分选效率。

4.1.3　浮选工艺

浮选是以各种颗粒或粒子表面的物理、化学性质的差别为基础,在气-液-固三相流体中进行分离的技术。首先使希望上浮的颗粒表面疏水,并与气泡(运载工具)一起在水中悬浮、弥散并相互作用,最终形成泡沫层,排出泡沫产品(疏水性产物)和槽中产品(亲水性产物),完成分离过程。

自 20 世纪初在澳大利亚采用比较原始的泡沫浮选以来,特别是近 40 年,浮选取得了长足的进展。目前浮选已成为应用最广泛、最有前途的分离方法,不仅广泛用于选别含铜、铅、锌、钼、铁、锰等的金属矿物,也用于选别石墨、重晶石、萤石、磷灰石等非金属矿物;在冶金工业中,浮选用于分离冶金中间产品或炉渣,从工厂排放的废水中回收有价金属;浮选方法还用于工业、油田等生产废水的净化,从造纸废液中回收纤维,在废纸再生过程中脱除油墨,回收肥皂厂的油脂,分选染料等;在食品工业中,应用浮选方法从黑麦中分出角麦、从牛奶中分选奶酪;此外,浮选方法还用于从水中脱除寄生虫卵、分离结核杆菌和大肠杆菌等。

1)固体颗粒表面的湿润性及可选性

在浮选过程中,矿物颗粒表面的润湿性是指固体表面与水相互作用这一界面现象的强弱程度。颗粒表面润湿性及其调节是浮选过程的核心问题。被水润湿的程度是物料(矿物、煤炭)可浮性好坏的最直观标志。图 4.1 所示为水滴和气泡在不同固体表面的润湿现象。图中固体的上表面是空气中的水滴在固体表面的铺展形式,从左至右随着固体亲水程度的减弱,水滴越来越难以铺展开而呈球形;图中固体的下表面是水中的气泡在固体表面附着的情况,气泡的状态正好与水滴的形状相反,则从右至左随着固体表面亲水性的增强,气泡变为球形。

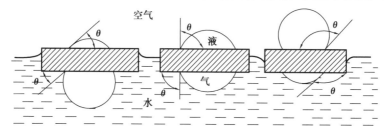

图 4.1　水滴和气泡在不同固体表面的润湿现象

润湿作用涉及气、液、固三相,且其中至少有两相是流体。一般来说,润湿过程是液体取代固体表面上气体的过程。至于能否取代,则由各种固体表面的润湿性来决定。浮选就是利用各种矿物表面润湿性的差异而进行的。

2）矿物颗粒表面的吸附

固体或液体表面对气体或溶质的吸着现象称为吸附。矿物颗粒可以吸附矿浆中的分子、离子,吸附的结果是使其表面性质改变,使它们的可浮性得到调节。所以,研究浮选过程中矿物颗粒表面的吸附现象有着非常重要的意义。在浮选过程中,各种矿物颗粒表面或同一矿物颗粒表面的不同部位,其物理、化学性质通常是不均匀的,矿浆中溶解的物质也往往比较复杂,致使矿物表面所发生的吸附类型是多种多样的。根据药剂解离性质、聚集状态等,可以把矿物表面的吸附分为分子吸附、离子吸附、胶粒吸附以及半胶束吸附;根据离子在双电层内吸附的位置,可以将离子在双电层内的吸附分为定位离子吸附(或称双电层内层吸附)和配衡离子吸附(或称双电层外层吸附,又称二次交换吸附),其中配衡离子吸附还可分为紧密层吸附和扩散层吸附。

（1）分子吸附和离子吸附

分子吸附是指矿物颗粒对溶液中溶解分子的吸附,其可进一步细分为非极性分子的吸附和极性分子的吸附两种。非极性分子的吸附主要是各种烃类油(柴油、煤油等)在非极性矿物(石墨、辉钼矿等)表面的吸附,极性分子吸附主要是水溶液中弱电解质捕收剂(如黄原酸类、羧酸类、胺类等)的分子在矿物表面的吸附。分子吸附的特征是,吸附的结果不改变固体矿物表面的电性。浮选药剂在矿浆中多数呈离子状态存在,所以在浮选过程中,发生在矿物表面的吸附大都是离子吸附。例如,当矿浆 pH >5 时,黄药在方铅矿颗粒表面的吸附、羧酸类捕收剂在含钙矿物(萤石、方解石、白钨矿)表面的吸附以及络离子在矿物表面的吸附等都是离子吸附。

根据溶液中药剂离子的性质、浓度以及与矿物颗粒表面活性质点的作用活性等,药剂离子在矿物表面的吸附又可分为交换吸附、竞争吸附和特性吸附。

交换吸附又称一次交换吸附,是指溶液中的某种离子交换矿物表面另一种离子的吸附形式。在金属硫化物矿物的浮选过程中,金属离子活化剂在矿物表面的吸附一般都是交换吸附。

竞争吸附是当溶液中存在多种离子时,由于离子浓度的不同以及它们与矿物表面作用活性的差异,将按先后顺序发生交换吸附。例如,用胺类捕收剂(RNH_3^+)浮选石英时,矿浆中存在的 Ba^{2+}、Na^+ 等阳离子也可在负电荷的石英表面吸附;特别是当 RNH_3^+ 的浓度较低时,由于 Ba^{2+} 或 Na^+ 的竞争吸附而常常会抑制石英的浮选。

特性吸附又称专属性吸附。当矿物表面与溶液中的某种药剂离子相互作用时,它们之间除了静电吸附外还存在特殊的亲和力(如范德华力、氢键力,甚至还有一定化学键力),这种吸附即称为特性吸附。离子特性吸附主要发生在双电层内的紧密层,吸附作用具有较强的选择性,并可使双电层外层产生充电现象,改变动电位(ζ)的符号。例如,刚玉(Al_2O_3)在 Na_2SO_4 或十二烷基硫酸钠($C_{12}H_{25}SO_4Na$)溶液中,由于 SO_4^{2-} 或 $C_{12}H_{25}SO_4^-$ 的特殊吸附,随着 Na_2SO_4 或 $C_{12}H_{25}SO_4Na$ 浓度的增加,刚玉表面的动电位逐渐减小,直至变为负值。发生特性吸附时,离子与矿物表面作用距离极近(约 1 nm 内),作用力较强,可视其为从物理吸附向化学吸附过渡的一种特殊吸附形式。

（2）胶粒吸附和半胶束吸附

胶粒吸附是指溶液中所形成的胶态物（分子或离子聚合物），借助于某种作用力吸附在固体表面。胶粒吸附可以呈化学吸附，也可以呈物理吸附。

当长烃链捕收剂的浓度足够高时，吸附在矿物颗粒表面的捕收剂由烃链间分子力的相互作用产生吸引缔合，在矿物表面形成二维空间的胶束吸附产物，这种吸附称为半胶束吸附。在低浓度时，捕收剂离子是单个的静电吸附；随着捕收剂浓度的增加，吸附的离子数目逐渐增多，在矿物颗粒表面形成半胶束，从而使电位变号；继续增加捕收剂的浓度，则形成多层吸附。产生半胶束吸附的作用力除静电力外，还有范德华力，并属于特性作用势能，它可使双电层外层产生过充电现象，改变动电位的符号，所以半胶束吸附也可视为特性吸附。

（3）双电层内层吸附和双电层外层吸附

双电层内层吸附是指溶液中的晶格同名离子、类质同象离子或氧化物矿物和硅酸盐矿物的定位离子（如 H^+ 和 OH^-）吸附在双电层的内层，引起矿物颗粒表面电位的变化（改变数值或符号），因此又称为定位离子吸附。其基本特点是呈现单层化学吸附，不发生离子交换。

双电层外层吸附是指溶液中的配衡离子吸附在双电层的外层，吸附的结果只改变动电位的数值，而不改变动电位的符号。因为这种吸附主要是靠静电力的作用，所以与矿物表面电荷符号相反的离子均能产生这种吸附，且离子价数越高、半径越小，吸附能力就越强；与此同时，原吸附的配衡离子也可被溶液中的其他配衡离子所交换，故这种吸附又常称为二次交换吸附。

由于待分选矿石的性质多种多样、浮选药剂的种类也比较繁多，分析浮选药剂在矿物颗粒表面的吸附时，必须同时考虑溶质、溶剂以及吸附剂三者之间的复杂关系，还要注意外界条件的变化（如温度、矿浆 pH 值等）。

3）浮选工艺

世界各国在磷矿选矿中除少数国家使用洗矿脱泥及选择性磨矿脱泥工艺外，基本上都是采用浮选工艺。根据矿石性质、药剂及指标要求，浮选工艺可分为：直接正浮选、单一反浮选、两步浮选法（正反、反正、双反浮选）。

（1）直接正浮选工艺

直接正浮选是采用一种能同时抑制碳酸盐和硅质脉石的抑制剂，用脂肪酸类捕收剂将磷矿物浮起。该工艺已在湖北王集（100 万 t/a）、大峪口（120 万 t/a）磷矿选矿中获得成功应用，但是由于入选原矿品位太低、精矿生产成本太高、经济效益不好而被迫停产。该工艺存在的问题如下："三高"问题，即高细度（<200 目达 90% 以上）、高温度（浮选矿浆温度达 35～40 ℃）、高碳酸钠用量（6～10 kg/t），由于"三高"致使选矿成本上升。加上当时云南省发现廉价的低镁风化擦洗工艺和后来成本较低的单一反浮选工艺，致使直接正浮选技术研究停滞不前，但随着今后磷矿入选品位的不断下降，直接正浮选技术有较大的发展空间，只是比较依赖浮选药剂的浮选性能。该工艺的适应性如下：

①中低品位磷矿石特别是 MgO 质量分数低于2%的矿石，通过直接正浮选就可以达到精矿 MgO 质量分数小于1%的要求，不必采用两段浮选，从而简化流程，降低药剂消耗。

②低品位、高氧化镁质量分数的矿石采用直接正浮选再辅以反浮选，就可以保证最终磷精矿质量。目前湖北大峪口就是采用这一流程，此流程也利用了白云石的"等可浮"原理，是比较合理的。

③可以有效降低 R_2O_3 质量分数。

(2)单一反浮选

单一反浮选严格讲应该称碳酸盐浮选,是抑制磷矿物将脉石矿物富集在泡沫产品中,用于胶磷矿和白云石的分离。该工艺主要适用于磷矿物密集成致密块状或条带状矿石,以及硅质矿物质量分数比较低的碳酸盐型磷块岩,常在弱酸性介质中用脂肪酸作捕收剂。从 20 世纪 90 年代中期获得工业应用突破后,相继在云南省建成了 3 套大型化浮选装置,总生产能力已超过 1 000 万 t/a。供参考的几点建议:

①尽快革除硫酸的使用。酸性环境中易产生结钙,硫酸结钙带来的经济损失巨大(清钙周期、指标影响、清钙费用、设备防腐、停产损失等)。建议方案:使用萃取磷酸厂的磷石膏洗液;自建萃取装置将硫酸转化为磷酸使用;开发其他高效捕收剂等。

②在工艺流程结构上尽量采用预先抛尾,尽量减少碳酸盐泡沫返回再选量,以稳定浮选过程及操作,完善药剂制度。

③严格控制和掌握入选原矿 P_2O_5 和 MgO 质量分数之间的关系,以保证精矿质量(包括 R_2O_3 的质量分数影响),并注意总结原矿化学组分质量分数和精矿指标之间的关系。比如,安宁选厂处理"姚坡矿",其品位和镁都不高,但精矿品位很容易选到 32% ~ 33%,原因是姚坡矿里除白云石外还含有方解石,这只要分析原矿的 CO_2 或灼失量就可查明。

④要着重研发高效的碳酸盐捕收剂。美国化工公司"阿麦仔"研究出的碳酸盐捕收剂对于滇池地区磷矿用量只有 200 ~ 300 g/t(脂肪酸不皂化,原液添加),低用量药剂有利于改善下游萃取磷酸生产起泡现象。根据云南磷资源开发情况判断,反浮选工艺将会被长期采用。

(3)两步浮选法"正反浮选"

正反浮选用于选别混合工业类型磷矿石,通过磨细矿石,利用浮选药剂先脱除硅酸盐杂质再脱除碳酸盐杂质。主要问题是正浮选时泡沫黏,操作不稳定、药耗大、尾矿 P_2O_5 品位高,致使 P_2O_5 回收率低,精矿成本高。认为造成这些问题的原因是被"常温无碱"所困扰,建议参考正浮选脱硅工艺应用成熟的湖北大峪口、湖北黄麦岭等浮选厂生产经验,或者考虑加温浮选等。

(4)两步浮选法"反正浮选"

正浮选工艺符合矿石的可磨性和硬度特性规律,最终精矿是泡沫产品,为了便于精矿浓缩和输送,有必要增加精矿的消泡处理。目前哈萨克斯坦的卡拉套磷矿采用磷酸为抑制剂的反正浮选工艺处理硅钙质磷块岩矿石,技术比较成熟,国内还没有生产厂采用此工艺。

(5)两步浮选"双反浮选"

双反浮选工艺适用于中等品位硅钙质磷矿石的选别,符合抑多浮少原则,且精矿为槽产品便于沉降和输送,但其关键是第 2 段阳离子浮硅作业。由于我国磷矿中硅质物以微晶形的玉髓状态存在,嵌布粒度普遍很细,需要细磨才能单体解离,采用一般阳离子不能使其有效分离,必须用高级脂肪胺(醚胺或酰胺)才能分离。另外,细粒物料对阳离子捕收剂会产生严重干扰,影响其选择性和捕收性,因此使用阳离子捕收剂浮选前必须脱除细粒(400 目以下)物料,而细粒物料后续处理难度较大。由于上述原因"双反浮选"工艺在我国磷矿工业生产中至今没有推广应用。尽管国内许多研究单位致力于这方面的研究开发,但至今没有见到其在工业生产中成功应用的报道。此外,研制开发出适合我国磷矿石中玉髓的阳离子捕收剂,寻找有效的阳离子浮选泡沫改良剂,是今后"双反"工艺研究的重点。

4.1.4　浮选药剂

浮选药剂按用途分为捕收剂、起泡剂和调整剂3大类(表4.3)。

捕收剂的主要作用是使目的矿物颗粒表面疏水,使其容易附着在气泡表面,从而增加其可浮性。因此,凡能选择性地作用于矿物表面并使之疏水的物质均可作为捕收剂。

起泡剂是一种表面活性物质,富集在水—气界面,主要作用是促使泡沫形成,并能提高气泡在与矿物颗粒作用及上浮过程中的稳定性,保证载有矿物颗粒的气泡在矿浆表面形成的泡沫能顺利排出。

调整剂的主要作用是调整其他药剂(主要是捕收剂)与矿物颗粒表面的作用,同时还可以调整矿浆的性质,提高浮选过程的选择性。

调整剂按照其具体作用,又细分为活化剂、抑制剂、介质调整剂、分散与絮凝剂4种。凡能促进捕收剂与矿物表面的作用,从而提高其可浮性的药剂(多为无机盐),统称为活化剂,这种作用称为活化作用。与活化剂相反,凡能削弱捕收剂与矿物表面的作用,从而降低和恶化其可浮性的药剂(各种无机盐及一些有机化合物),统称为抑制剂,这种作用称为抑制作用。介质调整剂的主要作用是调整矿浆的性质,造成对某些矿物颗粒的浮选有利而对另一些矿物颗粒的浮选不利的介质性质,如调整矿浆的离子组成、改变矿浆的pH值、调整可溶性盐的浓度等。分散与絮凝剂是用来调整矿浆中微细粒级矿物颗粒的分散、团聚及絮凝的药剂。当微细颗粒由一些有机高分子化合物通过"桥联作用"形成一种松散和具有三维结构的絮状体时,称为絮凝,所用药剂称为絮凝剂,如聚丙烯酰胺等。当微细颗粒因一些无机电解质(如酸、碱、盐)中和了颗粒的表面电性,而在范德华力的作用下引起聚团时,称为凝聚,这些无机电解质称为凝聚剂(或凝结剂、助沉剂)。

表4.3　常见的浮选药剂

浮选药剂类型				典型代表
捕收剂	阴离子型	硫代化合物类	黄药类	乙基黄药、丁基黄药等
			黑药类	25号黑药、丁基胺黑药等
			硫氮类	硫氮9号等
			硫醇及其衍生物	苯骈噻唑硫醇
			硫脲及其衍生物	二苯硫脲(白药)
		烃基含氧酸及其皂类	羧酸及其皂类	油酸钠、氧化石蜡皂等
			烃基硫酸脂类	十六烷基硫酸盐
			烃基磺酸及其盐类	石油磺酸盐
			烃基磷酸盐	苯乙烯磷酸盐
			烃基肿酸盐	甲苯肿酸
			羟肟酸类	异羟肟酸钠

续表

浮选药剂类型				典型代表
捕收剂	阳离子型	胺类	脂肪胺类	十六烷基三甲基溴化铵
			醚胺类	烷氧基正丙基醚
		吡啶盐类		烷基吡啶盐酸盐
	两性捕收剂			氨基酸类 二乙胺乙黄药
	非离子型	异极性捕收剂	硫代化合物脂类	双黄药
				黄药脂类
				硫逐氨基甲酸酯
		非极性捕收剂	烃类油	煤油、柴油等
起泡剂	羟基化合物类		指环醇、萜烯醇	松醇油
			脂肪酸	MIBC、含混脂肪醇等
			酚	甲酚、木榴油
	醚及醚醇类		脂肪醚	三乙基丁烷
			醚醇	聚乙二醇单醚
	吡啶类			重吡啶
	酮类			樟脑油
调整剂	抑制剂	无机物	酸类	亚硫酸
			碱类	石灰
			盐类	氰化钾、重铬酸钾、硅酸钠等
			气体	二氧化硫等
		有机物	单宁类	烤胶、单宁
			木素类	木素磺酸钠
			淀粉类	淀粉、糊精
			其他	动物胶、羧甲基纤维素
	活化剂	酸类		硫酸等
		碱类		碳酸钠等
		盐类		硫酸铜、硫化钠、碱土金属、离子及重金属离子等
	pH 值调整剂	酸类		硫酸等
		碱类		石灰、碳酸钠等
	絮凝剂	无机物	电解质	明矾等
		有机物	纤维素类	羧甲基纤维素等
			聚丙烯酰胺类	3 号絮凝剂
			聚丙烯酸类	聚丙烯胺

4.1.5　浮选设备

浮选设备主要有浮选机、搅拌槽和给药机等。浮选机是实现颗粒与气泡的选择性黏着、进行分离、完成浮选过程的关键性设备,而搅拌槽(或称调浆槽)以及给药机则是浮选过程的辅助设备。

含待分选矿石的矿浆由给药机添加合适的浮选药剂后,通常先给入搅拌槽进行一定时间的强烈搅拌(或称调浆),使药剂均匀分散和溶解,并与颗粒充分接触和混合,使药剂与颗粒相互作用。经调浆后的矿浆送入浮选设备进行充气搅拌,使欲浮的颗粒附着于气泡上,并随之一起浮到矿浆表面形成泡沫层,用刮板刮出即为疏水性产物(或称为泡沫产品);而亲水性颗粒则滞留在浮选槽内,经闸门排出,即为亲水性产物。浮选技术指标的好坏与所用浮选机或浮选柱的性能密切相关。

浮选实践证明,使用大容积浮选槽可使单位能耗降低 30% ~ 40%,因而新研制的浮选机的单槽有效容积不断增加。

1)浮选机要求

适于选磷的浮选机应具有:

①充气量要能任意调节,最小充气量要能调到 0.05 m³/(m²·min)左右。

②对磷矿不管是正浮选还是反浮选,浮选机槽内搅拌力不能太强,搅拌力太强会影响气泡矿化,也不能太弱,因为磷矿物沉降速度快,容易产生沉淀,所以选磷浮选机搅拌力要适中,而且这适中的搅拌力范围还比较窄。

③矿液面要平稳,非硫化矿浮选矿粒在气泡上附着不强,分离区矿浆不稳定会造成已附着的矿粒脱落,影响选别指标。

④磷矿浮选使用脂肪酸及其盐类的捕收剂,矿浆中气泡微细,微细气泡上升速度小,矿浆中含有大量微泡,就要求叶轮一定子系统在槽内产生的流体动力学状态能满足槽内含有大量微细气泡的浮选动力学要求。

⑤磷矿浮选泡沫细而黏,从槽内排出的泡沫不易破碎,因此作业间中矿泡沫返回不能用泡沫泵,一定要采用吸浆式浮选机,这样才能使流程畅通。

⑥通过控制给气、给药、补水、调节液面,可以迅速改变浮选过程,实现自动化控制。

选磷浮选机除有上述要求外,还应具有普通浮选机的一些特点,如结构简单、易损件寿命长、容易启动、功耗低、操作方便、容易维修等。

2)浮选设备的主要构件

浮选设备的主要构件为槽体、叶轮和定子。

(1)槽体

为了避免矿砂堆积,有利于粗重矿粒向槽中心移动,以便返回叶轮区再循环,减少矿浆短路现象,浮选机槽底设计成"U"形。对于充气机械搅拌式浮选机,不需要由叶轮造成负压来吸气,因此槽体可以适当加深。深槽可以带来的好处有:空气消耗量随槽深增加而减少,气泡上升距离大,气泡与矿粒碰撞机会增加;气泡能得到充分的利用;在容积一定的情况下槽深增加,浮选槽的长宽可以减小,叶轮直轻也相应减小,功耗就会降低;深槽设备占据厂房的面积小,可以减少基建投资;深槽在浮选过程中容易形成比较平稳的泡沫区和较长的分离区,有利于选矿工艺指标的提高。磷矿在酸性矿浆中进行反浮选,矿浆槽体内均衬有耐磨、耐腐蚀材料。

（2）叶轮

磷矿浮选机的叶轮设计主要考虑下列问题。

①搅拌力要适中，不应在槽内造成较大的速度头，速度头大会造成分选区不稳定、液面翻花，影响气泡矿化，降低有用矿物的回收，同时增加了不必要的功率消耗。

②通过叶轮的矿浆循环比要大，这有利于矿粒悬浮、空气分散和改善选别指标。

③矿浆在叶轮中流动的流线合理，磨损轻而均匀，并耐腐蚀。

④形式合理，结构简单，功耗低。

对于吸入槽叶轮，除具有上述要求外，还应具有足够的吸浆能力。

磷矿浮选机的叶轮设计主要考虑的参数有：

①叶轮形状：根据离心泵的设计理论，当流量大时后向叶片理论压头低，总理论压头中动压头成分较小，功耗也低，而高比转速泵有流量大、压头小的特点，这符合浮选动力学对浮选机叶轮的要求。因此选磷浮选机的叶轮设计成叶片后向高比转数。

图4.2为直流型浮选机叶轮结构简图，图4.3为吸入型浮选机叶轮结构简图。直流槽采用单壁后向叶片，叶轮成双倒锥形，它的纵向断面与槽体纵向断面形状接近。吸浆槽采用带有上下叶片的叶轮，即在直流槽叶轮的基础上增加了起吸浆作用的上叶片。吸浆式叶轮的上叶片为辐射状，吸浆式叶轮的下叶片和直流式叶轮的叶片都为后倾某一角度。

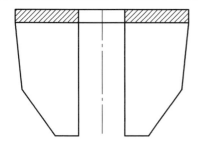

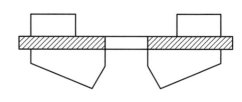

图4.2　直流型浮选机叶轮结构简图　　　　图4.3　吸入型浮选机叶轮结构简图

②叶轮直径与转速：确定叶轮结构参数，需要进行大量的试验。通常先在实验室小型浮选机内进行试验，待叶轮结构参数之间的关系确定后，再用叶轮直径这个表征叶轮结构的参数在工业型浮选机内进行试验，最后得出所需的合理参数。整个系列的浮选机叶轮设计根据浮选槽内叶轮平均搅拌雷诺数相等的原则设计。

直流式浮选机叶轮只起循环矿浆和分散空气的作用，叶轮直径相对小些，而吸入式浮选机叶轮除具有直流式浮选机的功能外，还要保证能从槽外吸入足够量的给矿和中矿，且磷浮选具有中矿量大、泡沫黏、难以输送的特点，因此吸入式叶轮除了具有特殊的结构外，叶轮直径不允许太小。设计中吸入式浮选机叶轮直径比直流式一般增大了12%～19%。因有上叶片，下叶片高度为直流式浮选机叶轮的1/4左右。叶轮周速对矿粒悬浮及矿粒、气泡、药剂等的分散有直接影响，同时周速对矿粒和气泡的碰撞概率、矿粒从气泡上脱落的概率都有重要影响。试验表明，搅拌强度小了，矿物会下沉，特别是磷矿，虽然密度不大，但沉降速度较快，矿物矿粒的下沉，要么形成分层现象，要么形成积砂。搅拌强度大了，没有相对的分选环境，影响分选，所以必须寻找合适的搅拌强度。对磷浮选在不使槽内沉槽的情况下，需要尽量小一点的叶轮线速度，这样有利于选磷工艺指标的提高。

（3）定子

选磷浮选机采用了悬空式径向短叶片开式定子，一般由 24 个叶片组成，安装在叶轮周围料上方，由支脚固定在槽底上。这样设计使定子下部区域周围的矿浆流通面积增大，消除了下部零件对矿浆的不必要干扰，有利于矿浆向叶轮下部区域的流动，降低了动力消耗，增强了槽下部循环区的循环和固体颗粒的悬浮。叶轮中甩出的矿浆-空气混合物可以顺利地进入矿浆中，空气得到了很好的分散，使吸入式叶轮的吸浆能力大为提高。定子与叶轮径向间隙对选磷工艺指标的影响有一定的关系，设计中采用了较大的间隙，生产实际表明，采用较大的间隙有利于选磷浮选机的液面稳定，并降低了电耗，对工艺回收指标提高也有好处。

3）浮选设备分类

按充气和搅拌的方式不同，可将浮选机分为如表 4.4 所示的 4 种基本类型。它们各有特色，均具有优缺点和各自适应的场合。

表 4.4　浮选设备类型

浮选设备类型	充气和搅拌方式	典型设备
自吸气机械搅拌式浮选机	机械搅拌式（自吸空气）	XJK 型浮选机、JJF 型浮选机、BF 型浮选机、SF 型浮选机、TJF 型浮选机、棒型浮选机、维姆科型浮选机、XJM-KS 型浮选机、XJN 型浮选机、法连瓦尔德型浮选机、丹佛-M 型浮选机、米哈诺布尔型浮选机
充气机械搅拌式浮选机	充气与机械搅拌混合式	CHF-X 系列浮选机、XCF 系列浮选机、KYF 系列浮选机、丹佛-DR 型浮选机、俄罗斯的 ФΠM 系列浮选机、美卓的 RCS 型浮选机、波兰的 IF 系列浮选机、奥托昆普的 OK 型浮选机和 Tank Cell 浮选机、道尔-奥利弗浮选机
气升式浮选机	压气式	KYZ-B 型浮选柱、旋流-静态微泡浮选托、XJM 型浮选柱、FXZ 系列静态浮选柱、CPT 割浮选柱、ФΠ 型浮选机、维姆科浮选柱、Flotaire 型浮选柱、Contact 浮选柱、Pneuflot 气升式浮选机、ФΠΠ 型气力脉动型浮选机
减压式浮选机	气体析出或吸入式	XPM 型喷射旋流式浮选机、埃尔摩真空浮选机、卡皮真空浮选机、达夫可拉喷射式浮选机、詹姆森浮选槽

4.2　湿法磷酸生产节能

经过多年的快速发展，我国磷肥产销量已位居世界第一。但生产工艺之后的尾渣造成大量的污染，即使加工成建筑材料或重新焙烧制成硫酸，也要耗费大量能量且造成二次污染。在传统化工行业面临转型升级的当下，有必要重新审视湿法磷酸的工艺路线，综合考虑各种工艺方法的优缺点以及国家经济发展布局情况，特别重视能耗低、环境友好的工艺路线，才能把握行业发展方向，使该行业得到健康可持续发展。近几年，节能降耗已成为当今人们普遍关注的问题，随着我国对环境和能源的重视，节能降耗、节约成本已成为企业适应新形势，实现可持续发展，提高企业竞争力的重要手段。随着工业生产的发展，能源的消耗也日益增加，合理利用能源是发展生产的重要条件之一，也是提高企业经济效益的具体保证。本节就湿法磷酸装置在保证安全生产的前提下，如何节能降耗进行一些探讨。

4.2.1 湿法磷酸生产方式对比

湿法磷酸的工业生产已有 100 多年的历史,世界上最早的生产磷酸的工厂 1870—1872 年在德国别勃立许建设成功,第二次世界大战以后,世界湿法磷酸工艺取得了突破性的进展,高自控、大规模生产成为主流,单系列生产规模逐渐扩大,最高可日产 1 000 t P_2O_5。

磷矿石的主要组成是氟磷灰石,它含有磷酸盐、氟化物、碳酸盐以及掺和在晶格里的其他基团。当磷矿用强酸处理时,磷灰石晶格被破坏,晶格的组成物进入溶液。在湿法磷酸生产过程中,磷灰石溶于磷酸溶液,加入硫酸使钙沉淀。根据硫酸钙所含结晶水的不同,目前,湿法磷酸工艺主要分为二水法(DH)、半水法(HH)、半水-二水法(HDH)以及二水-半水法等。不同的湿法磷酸生产工艺具有不用的用途,现阶段国内大部分湿法磷酸生产采用二水法生产。但是二水法磷酸工艺对所用的原料磷矿均需碾磨得较细,而且反应后滤出的磷酸中 P_2O_5 浓度只有 25% ~28%,需将其进行浓缩才能制造磷肥,故在新的磷酸建设项目中二水法磷酸工艺已被半水法取代。其他湿法磷酸工艺,如二水-半水法和半水-二水法亦受到重视。其对比见表 4.5。

表 4.5 湿法磷酸工艺的综合经济指标

工 艺	业 绩					工艺技术特点							
	已建装置/套	总设计能力(以P_2O_5计)/($t \cdot d^{-1}$)	单系列最大规模(以P_2O_5计)/($t \cdot d^{-1}$)	磷矿加料	对磷矿的适应性	滤酸浓度$w(P_2O_5)$/%	P_2O_5回收率/%	石膏分离次数/次	反应槽温度/℃	再结晶槽温度/℃	年作业天数/d	可比能耗(以P_2O_5计)/($MJ \cdot t^{-1}$)	可变成本率/%	磷石膏中$w(P_2O_5)$/%
二水法	140	5 471	1 800	矿浆	强	26 ~ 30	96.5	1	70 ~ 85	—	317	8 332.22	100	≤0.9
半水法	5	1 780	1 270	干矿粉	弱	42 ~ 45	90 ~92	1	90 ~ 100	—	290	5 468	92.5	1 ~ 2
半水-二水法	8	2 680	1 100	干矿粉	弱	42 ~ 45	98.5	2	90 ~ 100	50 ~60	300	5 594	91	0.2 ~ 0.3

1)二水法生产工艺

到目前为止,二水法工艺经过人们不断地探索和改进,现已相对成熟,是湿法磷酸中应用最广,建厂最多的现代化流程。二水物流程工艺日渐成熟,但其产品杂质含量大大高于热法磷酸,也高于半水物流程出产的磷酸,大部分只能用作肥料,经常不能满足下游磷酸盐再生产的要求。传统二水法磷酸工艺的优缺点比较明显:

①二水法工艺的优点:工艺技术成熟,操作稳定可靠,单系列规模大,在国内外建厂数多;对磷矿的适应性强,操作灵活;作业率高,一般可达到 85% 以上,维修工作量小;对材质要求不高,只需普通不锈钢;磷矿可采用湿磨、矿浆加料,投资省,计量容易,环境好;国内利用引进技术已建设了几个规模较大的工厂,在设计、设备制造、生产操作等方面积累了丰富经验,且全

部设备均可国产化,这样可使总的投资降低。

②二水法工艺的缺点:过滤酸浓度低,$w(P_2O_5)$只有 26% ~30% ,必须经过浓缩后才能满足磷铵或重钙生产的需要,且酸中含有的 Mg、Fe、Al 及 F 、S 等杂质较多;由于过滤酸需要蒸汽浓缩,消耗能量,相对成本较高;要求加入的磷矿颗粒要细,增加磨矿的能耗。

2)半水法生产工艺

磷矿石的主要组成是氟磷灰石,它含有磷酸盐、氟化物、碳酸盐以及其他掺和在晶格里的其他基团。当磷矿用强酸处理时,磷灰石晶格被破坏,晶格的组成物进入溶液。在湿法磷酸生产过程中,磷灰石溶于磷酸溶液,加入硫酸使钙沉淀,总反应式如下:

$$Ca_3(PO_4)_2 + 3H_2SO_4 === 2H_3PO_4 + 3CaSO_4$$
$$CaF_2 + H_2SO_4 === 2HF + CaSO_4$$
$$CaCO_3 + H_2SO_4 === CaSO_4 + CO_2 + H_2O$$

为了使生成的硫酸钙成为二水合硫酸钙,通常在 80 ℃和 30% P_2O_5 的典型条件下操作;而半水合硫酸钙工艺则在 100 ℃和 40% ~50% P_2O_5 的条件下操作,因此就不需要单独的浓缩操作部分,显著降低了能量消耗。甚至有些二水合硫酸钙工艺的操作在半水工艺中可以省去,如磷酸的中间储存和澄清操作。半水法(HH)磷酸工艺的工艺流程如图 4.4 所示,反应和过滤是主要的操作步骤 。由于半水合物工艺的反应操作在分开的 2 个区域里进行,故要求在至少 2 个反应器或分割为 2 部分的区域里进行反应 。反应器 Ⅰ 和 Ⅱ 的容积比以 2∶1为宜。

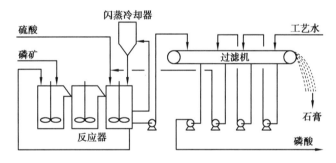

图 4.4　半水法湿法磷酸工艺流程

①半水法工艺的优点:工艺流程短,投资低;可直接获得 $w(P_2O_5)$ 为 42% ~45% 的磷酸,不需要浓缩即可直接用于磷酸氢二铵(DAP)或磷酸三钠(TSP)的生产,所以能耗及生产成本较低;可以用粒度较粗的矿,节省磨矿的能耗;产品酸中 SO_3、Fe、Al、Mg 及 F 等杂质含量低,酸质量高,储存时沉淀量少,澄清简单;不需储存稀磷酸,从而节省稀酸储存和输送的投资。

②半水法工艺的缺点:P_2O_5 回收率低,仅 90% ~92%;操作不慎易在过滤系统结垢,清理周期短,作业率低;由于反应温度高,要求用耐腐耐磨的结构材料;磷石膏 P_2O_5 含量高,不利于综合利用。

3)半水-二水法生产工艺

半水-二水法(HDH)磷酸工艺是半水法工艺的发展。采用该法的磷矿 P_2O_5 收率可提高到 98.5% 。半水-二水法磷酸工艺流程如图 4.5 所示。

①半水-二水法工艺的优点 :节能,可直接获得 $w(P_2O_5)$ 为 42% ~45% 的磷酸,无须浓缩即可用于 DAP 或 TSP 的生产;P_2O_5 回收率高,可达 98.5%;由于酸浓度较高,酸中溶解的杂质

73

少,产品酸的质量好;副产石膏质量好,利于综合利用;原料可使用较粗粒度的磷矿,节省磨矿能耗;总能耗低,生产成本最低。

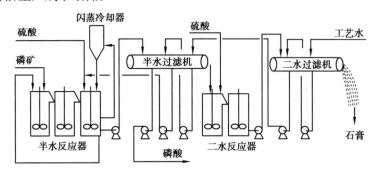

图4.5 半水-二水法湿法磷酸工艺流程

②半水-二水法工艺的缺点:生产较难控制,操作要特别小心,作业率低;反应温度高,对设备的腐蚀严重,需要用高档耐腐蚀设备材质;对磷矿的质量要求高,对杂质敏感;由于流程长,设备材质要求高,因此投资要比相同规模的二水物工艺高。

③应用情况:由中国五环工程有限公司主导推广的半水-二水法/半水法湿法磷酸工艺具有较大的技术进步,石化联合会经国家发改委、工信部批准,发布《石化绿色工艺目录(2018年版)》"半水-二水法/半水法湿法磷酸工艺"。

4.2.2 湿法磷酸装置的节能降耗途径

磷矿的浸出过程是湿法磷酸工艺中重要的操作单元。传统多桨无挡板萃取槽容易形成对称性的流场结构,且搅拌槽底部容易出现颗粒堆积现象。目前,常采用变速搅拌、射流搅拌、偏心搅拌等方式破坏流场的周期性和规则性,强化固体颗粒的悬浮效果,提高固液混合体系中的反应速率。然而,这些方法都是以提高能量输入为代价,强化固液的混沌混合效果。因此,开发高效节能的搅拌反应器来提高颗粒轴向速度,强化固液两相间的传热及传质,增强设备生产能力对湿法磷酸工艺具有非常重要的意义。

1)湿法磷酸生产装置的数值模拟

流场结构对固液混合有重要的影响,本文通过数值模拟计算搅拌槽内分散相的分布情况,分析流场结构、颗粒速度、湍动能和颗粒悬浮效果来考察桨叶类型对固体颗粒的作用效果。

(1)流场结构的影响

图4.6展示了相同功耗下的不同桨叶类型的二维速度矢量流场图。从图4.6(a)中可以看出,刚性桨的上下桨叶端形成了4个典型的环流。这是由于叶轮的离心力的作用,形成了径向流,当径向流撞上槽壁时,流向发生改变,形成环流。并且由于上下两层桨叶间没有提供离心力,导致形成上下两个区域。然而,刚柔组合搅拌桨[图4.6(b)]形成了完全不同于刚性桨的流场结构。刚柔组合桨可以有效打破流场的典型环流,提供更高的卷吸能力,有利于颗粒的悬浮。

(2)颗粒速度的影响

图4.7考察了相同功耗下的桨叶类型对颗粒速度的影响。从图中可以看出,刚性桨在局部获得更高的颗粒速度,但是,刚柔组合搅拌桨使搅拌槽内颗粒的速度分布更均匀,这是因为刚性桨叶的剪切作用和柔性片的多体运动增强,颗粒受碰撞的概率增加,颗粒获得速度更平

均,分布更广泛。

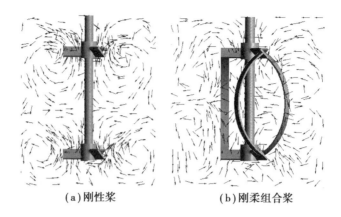

（a）刚性桨　　　　　　　　（b）刚柔组合桨

图 4.6　桨叶类型对流场结构的影响

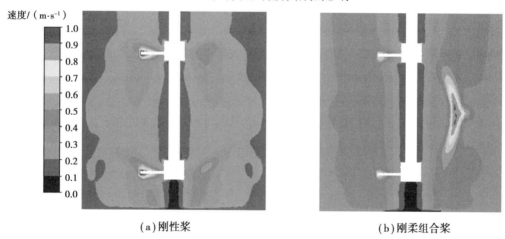

（a）刚性桨　　　　　　　　（b）刚柔组合桨

图 4.7　桨叶类型对颗粒速度的影响

（3）湍动能的影响

在相同功耗下,图 4.8 模拟研究了桨叶类型对流场的湍动能分布的影响。由于刚性叶轮具有更高的转速。因此,局部流场形成了更高的湍动能。但刚柔组合搅拌桨通过刚—柔—流的耦合作用,使搅拌桨叶提供的能量传递的更远,全场能量分布更为均匀,搅拌效率更高。

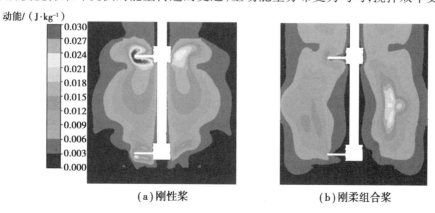

（a）刚性桨　　　　　　　　（b）刚柔组合桨

图 4.8　桨叶类型对湍动能的影响

(4)颗粒悬浮的影响

模拟结果(图4.9—图4.11)分别给出了三维固体体积分数、水平截面固含率等高线图($Z=0$平面)、垂直截面($Y=0$平面)固含率。从图4.9可以看出,在刚性桨搅拌槽中,大量的颗粒堆积在搅拌槽底部,颗粒分布均匀程度较低。刚柔组合搅拌桨可以有效地提高颗粒悬浮效果,减少底部颗粒堆积。从图4.10、图4.11截面可以看出,刚柔组合搅拌桨可以强化搅拌对颗粒的效果,提高搅拌槽内的颗粒分布均匀程度,强化搅拌效率。

(a)刚性桨　　　　　(b)刚柔组合桨

图4.9　1.2倍C_{avg}以上等值面云图

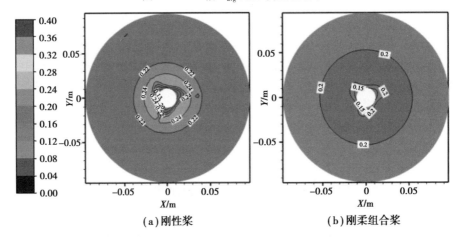

(a)刚性桨　　　　　(b)刚柔组合桨

图4.10　XY截面上的固含率云图

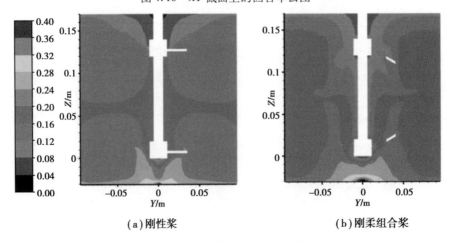

(a)刚性桨　　　　　(b)刚柔组合桨

图4.11　YZ截面上固含率云图

2）湿法磷酸生产装置对磷矿浸出率的影响

在搅拌转速为 200 r/min 的条件下,考察了不同桨叶类型(钢丝绳直径 $\phi = 0.1$ cm)对磷矿浸出率的影响。从图 4.12 可以看出,三斜叶桨相对于三直叶对磷矿浸出有提高作用,这是由于斜叶桨有更高的卷吸作用,能够把沉在槽底的颗粒抽吸上去,提高轴向速度,使矿粉悬浮程度更高;而刚柔组合搅拌桨具有更高的卷吸能力,磷矿浸出率大幅度提高,当浸出时间为 120 min 时,刚柔组合搅拌桨的浸出率为 91.74%,刚性桨的浸出率为 78.64%,浸出率提高 13.10%。这是由于柔性钢丝绳具有更大的横扫范围,且柔性片的可以通过自身的多体运动,使能量传递到更远端,能量利用率更高,在流场中可形成明显不同于刚性桨的涡流结构,提高流体混合效率,提高磷矿浸出率,缩短浸出时间。

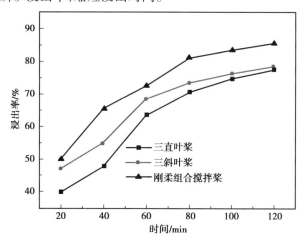

图 4.12　对浸出率的影响

3）湿法磷酸生产装置对磷矿浸出对最大 Lyapunov 指数的影响

Lyapunov 指数(LLE)在研究动力系统的分岔、混沌运动特性中起着重要的作用,是衡量系统动力学特性的一个重要定量指标,它表征了系统在相空间中相邻轨道间收敛或发散的平均指数率。此外,它还是判断非线性时间序列是否处于混沌状态的显著参数。

图 4.13 考察了不同桨叶类型对 LLE 的影响,从图 4.13 可以看出,在刚柔组合桨体系中,伴随着搅拌转速的增加,LLE 先增加后减小,说明槽内部出现了周期性对称的流场,使得能量难以有效传递,导致流场的混合效果减弱。对比不同的桨叶类型,刚柔组合搅拌桨有更高的 LLE 值,当搅拌转速为 225 r/min 时,达到混合最佳状态。刚柔组合搅拌的最大 LLE 是 0.084 8,与传统刚性桨 0.078 8 的相比,刚柔组合搅拌桨增大了 7.61%。刚柔组合桨更有利于流体混合,在相对较小的转速下就能使流体达到较好的混沌状态,更有利于流体的节能混合。因此,刚柔组合桨更有利于能量传递较快、降低能量的耗损。

4）湿法磷酸生产装置的中试实验

图 4.14 表示刚性桨和刚柔组合搅拌桨对浸出率的影响。从图 4.14 中可以看出,在相同的搅拌转速($r = 200$ r/min)下,柔性钢丝绳有助于浸出率的提高,减少浸出的时间。事实上,刚柔组合搅拌桨不但具有刚性桨的剪切作用,还具有柔性体的多体运动,在流场中可形成明显不同于刚性桨的涡流结构,其多流场结构的不稳定性增强,提高流体混合效率。随着浸出时间的延长,该试验体系的反应逐渐趋于平衡。最后时段浸出率提高约 7%,缩短 25% 的时间。

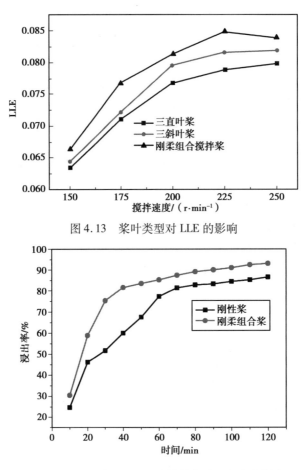

图 4.13　桨叶类型对 LLE 的影响

图 4.14　刚性桨和刚柔组合搅拌桨对浸出率的影响

5）MVR 技术的应用

（1）MVR 技术的工作原理

　　MVR 是机械蒸汽再压缩技术的简称，它是利用料浆蒸发浓缩自身产生的二次蒸汽的能量，减少对外界能源需求的一项高效节能技术。工作原理是将闪蒸室内的料浆通过料浆循环泵在料浆加热器管程内循环，开车启动时用生蒸汽供给料浆加热器的壳程，将料浆加热产生二次蒸汽，然后二次蒸汽经机械蒸汽压缩机压缩，返回作为料浆加热器的加热蒸汽，对料浆进行蒸发浓缩。经过不断循环蒸发，料浆蒸发出的水分最终变成汽凝水排出。MVR 的节能原理是逆卡诺循环，通过机械蒸汽压缩机对二次蒸汽做功，进行等熵压缩，提高其压力和温度，实现将热能从低温端向高温端的输送。在消耗很少动力的基础上，料浆闪蒸室产生的二次蒸汽经机械蒸汽压缩机压缩后提高了压力和饱和温度，增加熔值，将二次蒸汽提升为高品质的能源，再送入料浆加热器作为热源来加热料浆，这一过程仅损失了很小一部分能量。由于二次蒸汽的潜热得到了循环利用，几乎没有生蒸汽消耗，提高了热效率，从而达到节能目的。传统的双效蒸发二效的二次蒸汽的潜热没有利用，而是通过大气冷凝器用大量循环水冷凝后进入凉水塔换热排掉。

　　（2）MVR 技术在磷肥行业的应用

　　在磷酸一铵、磷酸二氢钾的料浆浓缩过程中，一般采用双效逆流工艺流程，一效换热器消耗大量的生蒸汽，闪蒸室产生的二次蒸汽进入二效换热器；二效闪蒸室产生的蒸汽通过大气冷淋器用大量的循环冷却水换热,然后通过凉水塔将大量热量释放在大气中。这样不但造成了二次蒸汽的浪费,同时也增加了凉水塔的污水排放、白雾视觉污染等环境问题。怎样实现料浆浓缩过程的节能降耗与环境保护的协调共赢,将是一个非常重要的课题。

据有关文献报道,江苏瑞和化肥有限公司针对 150 kt/a 磷酸一铵生产装置的料浆浓缩系统存在的上述问题,采用 MVR 节能技术对料浆浓缩系统进行了技术改造,改造前真空冷凝系统污水循环工艺流程如图 4.15 所示。

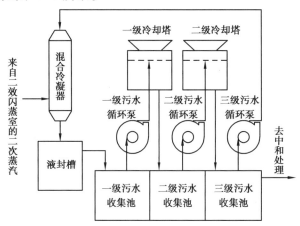

图 4.15　改造前真空冷凝系统污水循环工艺流程

由图 4.15 可知,改造前真空冷凝系统污水循环采用两级降温、三级泵输送、三级污水收集、一级中和处理工艺。该工艺不仅流程复杂,而且因使用 6 台动力设备,动能消耗高达139.5 kW,相当于消耗标准煤:

$$(139.5 \times 0.122\ 9 \times 10^{-3} \times 8\ 000)\,\mathrm{t/a} = 137.16\ \mathrm{t/a}$$

其中 0.122 9 为电力当量折标系数。

大量的二次蒸汽通过循环水冷凝,污水收集池每小时将新增约 120 t/h。大大增加了冷凝系统的工作负荷。

通过引入 MVR 技术改造后工艺流程如图 4.16 所示。一效料浆浓缩系统闪蒸室产生的二次蒸汽进入二效料浆加热器的壳程内加热稀磷酸一铵料浆;二效料浆浓缩系统闪蒸室产生的二次蒸汽经二效除沫器除去夹带的料浆,然后通过机械蒸汽压缩机压缩升压提温后送至一效料浆加热器的壳程内加热磷酸一铵料浆,形成闭路循环浓缩。进入料浆加热器壳程内的二次蒸汽释放热量后发生相变转变为高温汽凝水,用收集槽收集后作为磷酸萃取料浆过滤的冲盘洗水(温度在 80 ℃以上,一般用生蒸汽将常温水加热到此温度使用),无污水排放。

采用 MVR 节能技术有效利用二效料浆浓缩系统排出的 85 ℃左右二次蒸汽的热能,减少了磷酸一铵料浆蒸发浓缩过程生蒸汽的消耗;料浆浓缩系统形成的高温汽凝水,完全回收利用,减少了能源浪费;可以取消真空冷凝系统,减少了把热水冷却为常温水的动能消耗和设备投资;节省了大量的水资源和煤资源,避免了废气、污水等对环境造成的污染,真正实现了节能减排。采用 MVR 节能技术技改后,料浆浓缩系统工艺流程简单,结构紧凑,系统全部采用自动化智能控制,操作方便。同时热能供应充足,加快了蒸发浓缩的速度,提高了蒸发浓缩的效率,增加了磷酸一铵产量,降低了生产成本。实现年节标准煤 5 760.81 t,取得了较好的综合经济效益。

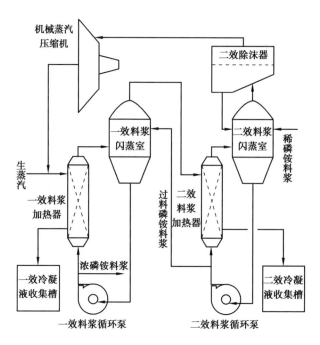

图4.16　改造后二次蒸汽利用工艺流程

6）湿法磷酸废水循环及零排放

湿法磷酸生产过程中产生的污水主要来源于盘式过滤机的冲盘洗水。污水中除含少量的磷酸、硫酸、氢氟酸、磷石膏、铁铝镁磷酸盐、氟硅酸等化学物质,其污水中的磷和氟是影响其排放或重复利用的主要杂质。目前,大部分企业产生的废水主要是通过磷石膏再浆送往石膏库,石膏过滤干排后将污水泵回磨矿装置区用液氨调节pH值后作为磨矿水使用,同时用作湿法磷酸过滤洗涤、萃取尾气洗涤、浓缩大气冷凝器、凉水塔补水及部分耐腐蚀的设备冷却水,可以做到零排放。但是随着国家环保政策日益严峻,综合能耗更低的新的湿法磷酸工艺将会取代现在的磷酸工艺。半水湿法磷酸工艺或者半水-二水湿法磷酸工艺逐渐受到重视,国内已经有多家企业进行了新的湿法磷酸工艺装置的建设,而新的湿法磷酸工艺水平衡将更难实现(如半水-二水法、半水法、二水-半水法),需要处理部分的含磷含氟废水,辅助实现废水的零排放。

(1)湿法磷酸废水状况

废水中的主要污染因子有磷、氟、氨氮和其他氮,某厂平均数据见表4.6。

表4.6　待处理回水水质分析

指标	Fe /(mg·L⁻¹)	Al /(mg·L⁻¹)	Ca /(mg·L⁻¹)	Mg /(mg·L⁻¹)	TP /(mg·L⁻¹)	总氮 /(mg·L⁻¹)	氨氮 /(mg·L⁻¹)	F /(mg·L⁻¹)	COD /(mg·L⁻¹)	pH
平均	39.2	195.9	6 500	192	3 383	420	400	450	97.8	2.6

废水处理排放标准应按GB 8978—1996《综合污水排放标准》中一级水的排放要求来执行。具体相关的指标见表4.7。

表4.7 回水排放相关指标要求

指标	pH	TP/(mg·L^{-1})	总氮/(mg·L^{-1})	NH$_3$-N/(mg·L^{-1})	F/(mg·L^{-1})	SS/(mg·L^{-1})	COD/(mg·L^{-1})
数值	6~9	0.5	20	15	10	70	100

(2)湿法磷酸废水处理方法

磷氟的去除处理方法主要有石灰沉淀法、鸟粪石法及膜法。石灰沉淀法将磷氟与钙反应生成磷酸钙沉淀进行去除,鸟粪石法将磷氟氮与镁盐反应生成磷酸铵镁沉淀去除,膜法经过膜过滤将磷氟氮等大分子拦截去除,各种方法各有优劣,对比见表4.8。

表4.8 磷氟去除方法对比

处理方法	膜 法	鸟粪石法	石灰沉淀法
作用机理	膜过滤	投加镁盐生成磷酸铵镁(鸟粪石)沉淀去除磷氟	投加石灰反应生成磷酸钙沉淀去除磷氟
优点	运行操作简单,处理效果好	沉淀效果好,易于分离,去除率高	沉淀效果好,单一投加石灰乳即可,沉淀易分离,石灰价格便宜,性价比高
缺点	需前端处理多,运行成本较高,膜易堵,反洗频繁,膜有寿命限制	投加药剂量大,需投加其他化学物质以保证反应进行,药剂费昂贵	石灰乳的溶解度不高,需投加过量一点

氨氮及总氮的去除方法有膜法、吹脱法、鸟粪石法、AO生化法等,各种方法对比见表4.9。

表4.9 氮去除方法对比

处理方法	膜 法	鸟粪石法	吹脱法	AO生化法
作用机理	膜过滤	投加镁盐生成磷酸铵镁沉淀去除氨氮	大量鼓风促使氨氮解析出来	生物硝化反硝化去除氨氮
优点	操作简单,效果明显	沉淀效果好,易于分离,去除率高	效果好,见效快	效果好,运行维护管理方便,费用低,同时去除其他污染物
缺点	需前端处理多,运行成本较高,膜易堵,反洗频繁,膜有寿命限制	投加药剂量大,需投加其他化学物质以保证反应进行,药剂费昂贵	投加的钙盐易堵塞管路,能耗高(气水比3 000以上),脱出的氨氮逸出产生二次污染,管理复杂,费用较高	见效相对较慢

不同的工厂可根据自身情况选择不同的工艺方法进行湿法磷酸废水处理。

①中和沉淀法处理废水:湿法磷酸生产过程中产生的含磷、含氟废水 pH<3,一般通过加入石灰进行中和沉淀处理,控制反应体系 pH 值为 8~12,使废水中的 F$^-$ 和 PO$_4^{3+}$ 分别以钙盐

的形式沉淀出来。然后过滤分离,最后加入少量酸调节 pH 值为 6~9,即可达标排放,对于一些一次中和处理不能达到排放要求的废水,也可以采用多次、分段中和的方法进行处理,除磷和氟的效果更好。

据相关文献报道其中和处理含磷、含氟废水的工艺流程简述为:含磷含氟废水处理通过提升泵进入调节池,调节池主要存储来水,调节水质、水量,投加石灰并用穿孔曝气器搅动,初步均衡 pH 值,通过 pH 值在线传感仪得出 pH 值。调节池的水经耐腐蚀泵提升至一级中和反应池,反应池分 3 格。一级反应池的出水自流入一级沉淀池,一级反应池与一级沉淀池的自然高差不大于 1 m,通过重力沉淀控制水流于匀速状态进入一级辐流式沉淀池,并保证水流上升速度不高于 1 m/s,使水中悬浮物和生成的难溶物质快速下沉并与水分离,从而有效去除污水中的含氟物、含磷含氟废水处理以及 SS(悬浮固体)等污染物。一级沉淀池上清液自流入二级反应池,同一级反应池相同,反应池也分 3 格。二级反应池的出水处理过程同一级沉淀池出水同样处理,二级沉淀池同样采用辐流式沉淀池,进一步去除水中剩余的 F^- 和 PO_4^{3+}。三级沉淀池出水自流进入中间水池,含磷含氟废水处理通过提升泵提升至后续的陶粒滤料过滤器过滤,使污水中的 F^- 含量降低到 10 mg/L,以便达到排放要求。在调节池中首先投加 $Ca(OH)_2$,并通过空气搅拌,调匀水质,通过 pH 值在线传感仪监测,然后进入一级反应池投加中和剂 $Ca(OH)_2$。再分别投加强电解质 $CaCl_2$ 和混凝剂 PAC 及助凝剂 PAM 等,强化沉淀效果,使 Ca^{2+} 与水中的 F^-、PO_4^{3-} 结合生成不溶性的钙盐,并在助凝剂作用下凝聚成大颗粒;向二级、三级中和反应池投加中和剂、混合絮凝剂的顺序以此类推。在 pH 值控制过程中,应使 pH 值分级从 8~12 调节,使每级反应置于最优 pH 值段,充分保证含磷含氟废水处理的效果及药剂利用的最大效益化。不合格水出水返回前段处理单元水池重新分析再进行处理,含磷含氟废水处理流程设置超越管线。在投入石灰进行 pH 值中和废水的过程中,将会产生大量的胶原结晶体,容易在污水和污泥管道内沉淀结垢,如不经处理,会减短管道的使用寿命,为增大管道的使用寿命,经过多方面考虑,对此类高 SS 物易结垢污水,在清水池内设置高压反冲洗泵 3 台,含磷含氟废水处理采用两用一备的形式,并在整个 PLC 控制系统中灌入自控程序,通过电动闸门阀的自动启停,定期对各单元处理系统管道进行冲洗,保证并延长管道使用寿命。

中和沉淀法处理废水的主要优点是:操作简单,处理量大;主要缺点是:工艺流程长,需要消耗大量的石灰,废水中的水溶磷变为不溶性磷,处理较困难,如果废水中含有氮,将需要增加新的流程去除氮元素。

②离子膜渗透处理废水:利用膜技术,将含磷、氟废水进行循环加压过滤,过滤后的清液含磷、氟大大降低,再通过加入少量石灰乳调节 pH 值为 6~9,可以实现废水的达标排放。溶液达到一定浓度后,返回生产装置使用。其工艺流程如图 4.17 所示。

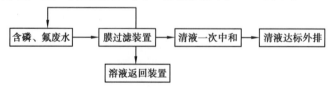

图 4.17　离子膜渗透处理废水流程

离子膜渗透处理废水工艺流程的主要优点是:工艺流程短,废水中的水溶磷可以得到全部回收利用,不产生大量的磷酸钙沉淀;主要缺点是:处理能力小,设备投资较大,处理磷氟的同时可以将废水中的氮一并除去。

③中和沉淀法 + 氯折点法处理废水:中和沉淀法 + 氯折点法处理废水的技术路线为:采用氧化镁去除大部分氨氮和磷氟,之后再用氧化钙中和除去磷和氟,最后再用活性氯去除剩余的氨氮,水中的硝态氮则无法去除。具体工艺流程如图 4.18 所示。

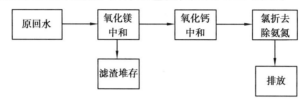

图 4.18　中和沉淀法 + 氯折点法废水处理流程

④中和沉淀 + 膜过滤 + 生化法处理废水:中和沉淀 + 膜过滤 + 生化法处理废水工艺流程为:中和原酸性回水去除磷、氟和大部分氨氮,之后采用中空纤维膜丝去除氨氮,之后再采用生物法去除其他的硝态氮等,使回水达到达标排放的标准。具体工艺流程如下图 4.19 所示。

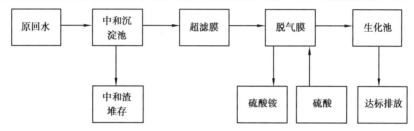

图 4.19　中和沉淀法 + 膜过滤 + 生化法废水处理流程

4.3　磷酸脱氟、磷酸尾气处理及磷酸净化技术

4.3.1　磷酸脱氟技术

目前,二水法生产湿法磷酸是世界上应用最广泛的方法,其产量占全世界磷酸总量的80%。但该方法生产的湿法磷酸氟含量过高,故必须对湿法磷酸进行脱氟处理,这样也有利于磷酸的进一步生产应用。因此,湿法磷酸脱氟净化具有重要的意义。湿法磷酸常用的脱氟方法有化学沉淀法、真空浓缩法、气提法等。其中,化学沉淀法脱氟由于工艺流程比较简单,对操作控制要求不高而得到广泛应用,但鉴于所加的钠、钾盐在磷酸中有一定溶解度,此法的脱氟率不高,一般为 45% ~ 50%,脱氟磷酸中含氟质量分数为 0.4% ~ 0.5%;国内大部分厂家采用真空浓缩法进行脱氟,但中国磷矿石品位低,杂质含量差别较大。而氟的浓缩受磷矿石的产地影响很大;气提法作为深度脱氟方法,由于真空操作下对设备要求较高,工业化生产还需要解决一些难题。基于上面所述,有必要系统研究湿法磷酸中常见脱氟方法的反应原理,探究各个方法影响脱氟率的因素,为湿法磷酸净化脱氟的可持续发展提供一定的借鉴。

1)湿法磷酸中氟的存在形态

二水法制取湿法磷酸时,主要的反应是磷矿[$Ca_5F(PO_4)_3$]中的氟与酸作用生成氢氟酸:

$$Ca_5F(PO_4)_3 + 5H_2SO_4 + nH_3PO_4 + mH_2O \longrightarrow (n+3)H_3PO_4 + 5CaSO_4 \cdot mH_2O + HF$$

氢氟酸作为弱酸，极易与磷矿中所含的氧化硅或硅酸盐反应形成 SiF_6^{2-} 和少量的 SiF_4 逸出：

$$6HF + SiO_2 \longrightarrow H_2SiF_6 + 2H_2O \longrightarrow SiF_6^{2-} + 2H^+ + 2H_2O$$

H_2SiF_6 是一种可全部离解的强酸。在此反应中，二氧化硅必须是如黏土中所含有的反应性二氧化硅，若是磷矿中的二氧化硅组分只是石英砂型，反应速率将因为石英砂的表面积小而非常低，此时氢氟酸会继续留在溶液中。

当湿法磷酸中有 Fe^{3+}、Al^{3+} 存在时，它们会与 F^-、SiF_6^{2-} 反应生成 FeF_x^{3-x} 和 AlF_x^{3-x}（$x=1$，$2,\cdots,6$）。常见的 AlF_x^{3-x} 络离子有 AlF_6^{3-}，其反应式为：

$$Al^{3+} + SiF_6^{2-} + 2H_2O \longrightarrow AlF_6^{3-} + SiO_2 + 4H^+$$

此时湿法磷酸中氟的存在形式主要是 F^-、SiF_6^{2-}，还有少量的 AlF_6^{3-}、FeF_6^{3-} 等。有关研究表明，AlF_x^{3-x} 络合离子在磷酸溶液中的分布与 $n(F)/n(Al)$ 和磷酸浓度有关，温度对分布的影响不大。对 AlF_x^{3-x} 各级络离子在不同浓度的磷酸溶液中的分布值进行多元线性回归，可求出分布值与 $n(F)/n(Al)$，磷酸中 P_2O_5 浓度的函数关系，这些数学表达式可以为准确求出氟铝络合离子在给定湿法磷酸中的分布值提供帮助。

湿法磷酸生产中由于磷矿及生产方法所限，所得的湿法磷酸浓度低、杂质多，为获得可用于精细磷酸盐生产所用的磷酸，必须对其进行净化，而氟离子的存在将直接影响其在精细磷酸盐生产中的应用。在对湿法磷酸脱氟过程中，多数脱氟方法都存在一个缺点，即对阳离子净化效果较好，对阴离子则难以除去，因此往往需要对其中的阴离子杂质进行预脱除。郑佳等研究了单一铝离子、铁离子、钙离子、镁离子及其多种杂质并存时对磷酸浓缩脱氟的影响，结果显示，在 P_2O_5 浓度较低时，单一杂质与多种杂质并存时的脱氟效果差别不大；$w(P_2O_5)$ 高于 40% 后，杂质种类及含量不同脱氟效果差异明显；当 $w(P_2O_5)$ 高于 58% 后，$m(P_2O_5)/m(F)$ 均能超过 230，达到饲料级磷酸二氢钙的要求。

2）湿法磷酸脱氟方法反应原理

湿法磷酸脱氟方法很多，脱氟采用方法不同，其对应的脱氟反应原理也不一样，则相应各个方法的脱氟率影响因素也不同。通常，脱氟率受诸多因素的影响，如氟在酸中的存在形态、酸中杂质存在形态、温度、反应时间、磷酸浓度及脱氟剂用量等。

（1）化学沉淀法脱氟反应原理

湿法磷酸化学沉淀法脱氟是指用碱金属盐（如钠盐、钾盐等）为脱氟剂，使其与磷酸中的氟反应生成（氟硅酸钠或氟硅酸钾）沉淀，将沉淀过滤、分离，从而脱除氟离子，有时为了强化脱除效果，还需加入一些辅助添加剂。其反应如下：

$$6HF + SiO_2 \longrightarrow H_2SiF_6 + 2H_2O$$
$$H_2SiF_6 \longrightarrow SiF_4 + 2HF \uparrow$$
$$2H_2SiF_6 + SiO_2 \longrightarrow 3SiF_4 \uparrow + 2H_2O$$
$$2Na^+ + SiF_6^{2-} \longrightarrow Na_2SiF_6$$
$$2K^+ + SiF_6^{2-} \longrightarrow K_2SiF_2$$

湿法磷酸化学沉淀法脱氟是基于氟的存在形态和氟硅酸盐在磷酸中的溶解度规律来进行的。由湿法磷酸中氟的存在形态可知，湿法磷酸中氟化物多以氢氟酸和氟硅酸形式存在。

若磷矿中活性二氧化硅含量较高时,则氟硅酸就是氟化物最主要的存在形式,在有倍半氧化物存在时,还可能存在氟铝酸和氟铁酸。一般采用钠钾盐与 SiF_6^{2-} 反应形成氟硅酸盐沉淀,达到脱氟的目的。但当湿法磷酸中有 Fe^{3+}、Al^{3+}、SiO_3^{2-} 等离子存在时,会使钠钾盐沉淀脱氟受到影响。如 Al^{3+} 存在时,发生如下反应:

$$Al^{3+} + SiF_6^{2-} + 2H_2O \longrightarrow AlF_6^{3-} + SiO_2 + 4H^+$$

如果 Al^{3+} 含量增加,平衡向右移动,则 SiF_6^{2-} 含量减少向生成 AlF_6^{3-} 转化,这就使得反应 $2Na^+ + SiF_6^{2-} \longrightarrow Na_2SiF_6$ 解离平衡向左移动,Na_2SiF_6 溶解,从而脱氟率降低。所以,Al^{3+} 含量增加会使 AlF_6^{3-} 含量增大,此时采用钠盐脱氟率明显下降,因为钠盐难以脱除 AlF_6^{3-}。氟硅酸钠、氟硅酸钾在湿法磷酸中的溶解度随温度的下降而降低,即沉淀法脱氟时磷酸浓度和温度是影响脱氟率的主要因素。此外,在一定温度下,当磷酸中 $w(P_2O_5)$ 低于 35% 时,氟硅酸钾的溶解度比氟硅酸钠低,而当 $w(P_2O_5)$ 高于 35% 时,氟硅酸钾的溶解度比氟硅酸钠高;而在一定磷酸浓度下,随着温度提高,氟硅酸盐的溶解度也提高。

通过上述分析,鉴于原料因素,湿法磷酸脱氟最常见的是以氟硅酸钠作副产品。另外,沉淀法脱氟过程中总是希望获得粗大均匀的结晶,这样既有利于沉淀的分离,也有利于沉淀的洗涤、干燥。因此,从影响沉淀晶体粒度的因素方面来探究对脱氟速率的影响,如反应温度、反应时间、搅拌强度及脱氟剂的加料方式等,在实验过程中也具有一定的意义。

(2)真空浓缩脱氟反应原理

真空浓缩脱氟是指在湿法磷酸中加入过量的含活性 SiO_2 的物质将 F^- 全部转化为 H_2SiF_6,通过加热浓缩提高磷酸的浓度和温度,氟大部分呈气态氟化物(SiF_4,HF)逸出,HF 和 SiO_2 再次反应生成的 H_2SiF_6 再次分解,每次分解后产生的 SiF_4 气体逸出后即可实现脱氟;杂质多以焦磷酸盐或偏磷酸盐形式沉淀,过滤即可除去。

浓缩过程中,氟盐的行为比较复杂。在湿法磷酸中一般含有质量分数为 2% ~ 4% 的 SO_4^{2-},质量分数为 2% 的 F^-,以及 CaO、Fe_2O_3、Al_2O_3、MgO 等杂质,这些杂质在湿法磷酸中处于饱和或过饱和状态。在浓缩时,随着 P_2O_5 浓度的提高,钙、镁、铁、铝的化合物将沉淀析出,湿法磷酸中所含的氟可能以 F^-、SiF_6^{2-}、AlF_x^{3-x}、FeF_x^{3-x} 等形态存在,其可与 Ca^{2+}、Mg^{2+}、Na^+、K^+ 等发生下述沉淀反应:

$$Ca^{2+} + H_2SiF_6 \longrightarrow CaSiF_6 + 2H^+$$
$$Ca^{2+} + 2HF \longrightarrow CaF_2 + 2H^+$$
$$Mg^{2+} + H_2SiF_6 + 6H_2O \longrightarrow MgSiF_6 \cdot 6H_2O + 2H^+$$
$$2Na^+ + H_2SiF_6 \longrightarrow Na_2SiF_6 + 2H^+$$
$$3Na^+ + H_3AlF_6 \longrightarrow Na_3AlF_6 + 3H^+$$
$$2K^+ + H_2SiF_6 \longrightarrow K_2SiF_6 + 2H^+$$
$$3K^+ + H_3AlF_6 \longrightarrow K_3AlF_6 + 3H^+$$

除了上述反应,在 Na^+、Mg^{2+}、Al^{3+} 含量高的酸中还可能会形成氟钠镁铝石型的络合物盐,组成可用通式 $Na_xMg_xAl^{2-x}(F,OH)_6 \cdot H_2O$ 表示,其中 x 为 0.2 ~ 1,F 和 OH 的物质的量比为 1 ~ 3。在碱金属浓度低时,也可能沉淀出组成为 $CaSO_4(AlF_6)(SiF_6)(OH) \cdot 12H_2O$ 的络合盐。在湿法磷酸浓缩过程中,上述含氟盐类的析出,均能降低浓缩磷酸中的含氟量。磷酸中未与金属离子 Al^{3+} 结合的氟,在真空浓缩过程中主要以 H_2SiF_6 形式存在,加热后则以 HF

或 SiF_4 状态存在:

$$H_2SiF_6 \longrightarrow SiF_4 \uparrow + 2HF \uparrow$$

从磷酸溶液中逸出的 HF 及 SiF_4 随着酸的浓度和温度不同而异,则气相中两者的数量并不是严格按照上式逸出。程德富对湿法磷酸在真空浓缩过程中氟的逸出进行了实验研究,结果表明氟逸出率和气相中氟化物的组成,主要与磷酸的浓度有关。在逸出的含氟气体中,HF 和 SiF_4 的比例主要取决于磷酸中 $w(P_2O_5)$:当磷酸浓度较低即 $w(P_2O_5) \leqslant 40\%$ 时,氟逸出量较小,主要是 SiF_4;当磷酸浓度提高时,氟逸出量也随之增加,此时 HF 的含量逐步增加;当 P_2O_5 质量分数达到 50% 以上,HF 和 SiF_4 物质的量比接近 2,则较容易逸出。用水吸收,反应如下:

$$SiF_4 + 2HF \longrightarrow H_2SiF_6$$
$$3SiF_4 + (n+2)H_2O \longrightarrow 2H_2SiF_6 + SiO_2 \cdot nH_2O$$
$$6HF + SiO_2 \cdot nH_2O \longrightarrow H_2SiF_6 + (n+2)H_2O$$

从上述反应式中可以看出,当含氟气体中 HF 含量比例过低,HF 和 SiF_4 的物质的量比小于 2 时,主要产物除了 H_2SiF_6 外,还会有硅胶析出,这样对氟吸收系统会产生障碍。因此,浓缩时最好把磷酸的终点浓度控制在 P_2O_5 质量分数为 50% 以上,同时鉴于逸出的含氟气体 SiF_4 蒸气压比 HF 高,向酸中加入活性 SiO_2 可促使 HF 转化成 SiF_4,以提高氟的逸出速率。这样,酸中有约 60% 的氟会随蒸气逸出,约 40% 氟则留在酸中。刘荣等研究了不同表面活性剂及其用量对磷酸沸点、蒸发强度和氟逸出率的影响,从中找出了最佳的磷酸浓缩添加剂聚丙烯酰胺和十二烷基苯磺酸钠,其最佳用量分别是 7 mg/kg 和 300 mg/kg,氟逸出率提高 23% ~ 25%。

(3)蒸汽气提法脱氟反应原理

浓缩湿法磷酸空气气提法脱氟的原理是考虑到浓缩后,在湿法磷酸中氟主要以 H_2SiF_6 和 HF 形式存在。脱氟过程中,氟硅酸受热分解生成 HF 和 SiF_4,在气提脱氟过程中,高压过饱和蒸汽进入容器后与磷酸产生强烈碰撞,将酸加热,酸中的氟很快被气化,并随水蒸气一起被真空泵抽走,同时也有少量 HF 进入气相,从而实现脱氟。反应方程式是:

$$H_2SiF_6 \longrightarrow SiF_4 \uparrow + 2HF$$
$$SiO_2 + 4HF \longrightarrow SiF_4 \uparrow + 2H_2O$$

在气提法深度脱氟过程中,有时会向酸中加入活性二氧化硅,这是考虑到在湿法磷酸中 SiF_4 比 HF 具有较大蒸气压,添加二氧化硅后可使 HF 转化成更具挥发性的 SiF_4,从而提高氟的逸出率。黄平等采用气提法脱氟净化湿法磷酸,研究了真空度、脱氟时间、原料酸浓度对真空气提脱氟效果的影响和气提中磷损失的情况。实验结果表明,在 0.065 ~ 0.07 MPa 真空度下,气提过程中脱氟效率几乎不受原料磷酸浓度的影响,气提原料酸 $w(P_2O_5)$ 为 52% 最为节省能耗和时间。这主要是缘于气提原料酸浓度越低,产品产率越低;浓度越高,产率越高,但气提磷损失率越高,不过均在 1% 以下,当气提原料酸 $w(P_2O_5)$ 为 52% 时,磷损失率在 0.6% 以下。人们也对脱氟时间和真空度的影响进行了研究,通过实验分析可得出,在不同真空度下气提时,磷酸中氟含量随气提时间的增加而逐渐降低,开始时下降速度较快,随后趋于稳定。而随着真空度的增加,气提效果越来越好,最后酸中的氟含量可以达到食品级的要求。研究还分析了气提过程中脱氟率随酸质量增加率的变化,当真空泵抽气功率和容器内温度一定时,进入容器内蒸汽量越大,其真空度越低,容器内水蒸气气压越高,蒸汽与酸换热后液化率越高,这样会使得容器内酸质量越来越大。酸被不断稀释,酸中的氟也越来越难逸出。

4.3.2　湿法磷酸尾气脱氟脱白

1)湿法磷酸尾气脱氟技术

湿法磷酸生产装置的废气主要来自磷矿酸解反应、料浆过滤系统和稀酸真空浓缩系统。三种含氟废气源含有的氟化物形式基本相同,主要组成为 SiF_4 气体,其次是 HF 气体,并含有少量 P_2O_5 飞沫。磷矿中 40% 左右的氟是在稀酸真空浓缩的二次蒸汽中逸出,磷矿中总氟量的 10% 左右在磷酸酸解反应过程中逸出,少量的氟在料浆过滤系统中逸出,约 20% 的氟以 $(Na/K)_3AlF_6$、$(Na/K)_2SiF_6$、$AlF_{2.3}(OH)_{0.7} \cdot H_2O$ 等复盐存在于磷石膏中。处理含氟废气的方法主要有湿法吸收和干法吸附。多数企业含氟废气采用湿法吸收工艺,根据吸收剂不同又可将湿法吸收工艺分为水吸收法和碱吸收法。

（1）干法吸附

干法吸附工艺用氧化铝直接吸附氟化氢,并得到含氟氧化铝,多应用在铝工业。作为吸附剂的氧化铝是电解铝生产中的原料,吸附氟化氢后的含氟氧化铝又可直接用于铝电解生产,从而回收了废气中的氟。

（2）湿法吸附

湿法吸附工艺采用液体吸收方法。用液体洗涤含氟废气,可达到净化回收的目的,同时还可副产氟硅酸、冰晶石、氟硅酸钠及氟硅脲等,多应用在磷肥行业。氟硅脲是氟硅酸与尿素的化合物,是防治小麦锈病较好的农药。吸收氟化物的吸收剂可以采用水,也可以采用碱液、氨水和石灰乳等碱性物质。

目前,大部分湿法磷酸装置的吸收系统都用水来吸收。吸收系统一般采用冲击式洗涤器、喷射吸收塔、文丘里洗涤器、卧式错流喷淋洗涤器等,或者几种洗涤方式组合处理。因尾气中产生的硅胶极易堵塞管道、填料,造成气阻增大,采用除沫、管道喷淋洗涤和空塔喷淋洗涤的组合方式,加强对尾气中氟的吸收处理。中国五环工程有限公司设计的磷酸装置将来自半水反应槽的尾气通过两级洗涤塔,过滤工序的尾气通过一级洗涤塔除氟后 $F \leqslant 9 \text{ mg/m}^3$,符合 GB 16297—1996 二级标准,通过排气筒、高空达标排放。

2)湿法磷酸尾气脱白

尾气除湿脱白的概念最早是出现在我国火电、热力、工业等燃煤锅炉尾气的处理上。燃煤锅炉尾气一般采用湿法脱硫,通过采用低温电除尘器或末端湿式静电除尘器改造,可以实现尾气达标排放,但是如果直接排放湿烟气,这就导致大量含有饱和水蒸气的尾气进入大气中,一定程度上增加了大雾天气。为了实现尾气除湿脱白,一般采用烟气再热器,即 GGH(Gas-Gas Heater),通过湿烟气与干烟气间接换热将其温度升高到 80 ℃ 以上排放。采用 GGH 只设计一组换热器,应用中容易出现堵塞、腐蚀、串烟导致排放超标等一些问题,影响了电厂的正常运行。随后又引进了热媒循环烟气再热器 MGGH(Media Gas-Gas Heater),采用降温和升温两组换热器分离布置,成功解决了串烟问题,腐蚀问题通过采用特殊材质(氟塑料或钛合金材料)的换热器也得到了解决,但设备总造价过高。MGGH 在国产化过程中,有些用户只用降温换热器,用软水或环境空气作为换热介质,升温后回收利用,脱硫后湿烟气直接排放。国外也有用户采用辅助燃烧产生高温干烟气,与脱硫后湿烟气混风 + 升温除雾进行除湿脱白。

（1）电厂尾气脱白技术概述

湿气体的饱和含湿量与湿烟气压力和饱和温度有关,压力、饱和温度越高含湿量就越高。湿法脱硫后的烟气表压为几百帕的微正压,可以近似视为恒定绝对大气压。在恒定大气压力下,湿烟气的饱和含湿量只与饱和烟气温度相关,这在许多相关技术手册中都可以查到,也可以计算。为方便讨论,以 1 Nm³ 的干烟气为基数,将其饱和含湿量与饱和温度的关系列于表4.10。对于湿法脱硫或其他湿法烟气净化工艺,只要排烟达到饱和状态,只需知道测定其饱和温度,就知道了其饱和含湿量,避免含湿量难测定、测不准。引进湿法脱硫技术规范要求排放烟气的水滴含量小于 75 μg/m³,这是饱和烟气冷凝的部分,只占烟气总含湿量的不足 1%,所以各种机械除雾器,包括湿电、旋流、声波等都不能除饱和蒸汽,也就是不能脱白,除非组合采用直接、间接冷凝。用氟塑料、钛合金材料的各种间接冷凝技术,首先能冷凝的程度有限,最主要的是存在投资多、占地多、阻损大、冷凝废水处理多个问题。还可以看出,干法脱硫、除尘不能除去锅炉煤带水、空气带水,排烟含湿量是我国大气平均值的 3 倍,特别是独立焦化厂焦炉烟道气、转炉干法除尘,干法烟气含湿量比湿法更高,也不是脱白方案的正确选项。因此,直接喷淋冷凝是解决我国排烟除湿脱白的唯一可行技术。

表4.10　大气压下湿烟气饱和含湿量与饱和温度的对应关系

湿烟气饱和温度/℃	饱和湿度/(g·N⁻¹·m⁻³)	备　注
0	4.93	
5	6.98	
10	9.86	
15	13.84	大气平均湿度
20	19.1	
25	26	直喷除湿脱白
30	35.2	
35	47.45	干法脱硫
40	63.27	
45	84.1	半干法脱硫
50	111.8	湿电、旋流、声波、GGH
55	148.4	湿法脱硫
60	197.5	转炉湿法除尘
65	264.9	转炉干法除尘
70	359	转炉焖渣
75	498	连铸二冷蒸汽
80	712.5	湿熄焦、高炉水冲渣

将表4.10绘制成图4.20,图中的 O 点就是目前湿法脱硫后放散湿烟气的状态点:平均湿烟气温度约50 ℃、含湿量为 111.8 g/Nm³。在湿烟气饱和含湿量不变的条件下,通过间接换

热方式将烟气温度升高到约 80 ℃,则烟气的相对湿度就从 100% 降低到 16% ,成为干烟气排放,属于升温除湿,见图中 OA 线。采用 GGH、MGGH 等几种国产化改进的升温除湿,尽管分别存在换热器堵塞、腐蚀、串烟、造价高、安装空间紧张、增加阻损导致系统能力不足或电耗增加,但只要企业和有关标准管控部门认同湿烟气除湿脱白对产生雾霾污染的重要相关性,推广升温除湿脱白从技术和操作管理层面是没有问题的,需要增加投资和运行成本也是事实,存在环境治理与经济效益之间的矛盾。取消 GGH、允许排放湿烟气是必须改正的严重错误。

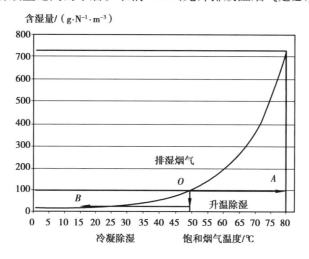

图 4.20　湿烟气饱和含湿量与饱和温度的关系图

随着技术进步,开发符合我国国情新的除湿脱白技术来解决保护环境与经济发展矛盾已经具备条件,并且已经有了初步实践,也就是按相反方向的湿烟气除湿脱白技术途径,就是冷凝除湿为主的混合除湿技术如图 OB 所示。将脱硫后约 50 ℃湿烟气深度冷凝冷却到接近大气温度 25 ℃先除湿,然后再升温或混风脱白效果更好。采用湿烟气混合冷凝除湿脱白技术有以下特点:

①湿烟气的饱和含湿量从 111.8 降低到 26 g/($N \cdot m^3$)以下,与大气含湿量接近,实践证明可以实现除湿脱白,从而有助于解决我国的大气雾霾污染。是否能除雾霾有争议,但对于减少大雾天气不该有疑问,也是十分必要的。再说,水蒸气也属于温室气体之一,从减排温室气体的角度也是应该做的。

②回收湿烟气中的冷凝水,与换热器冷凝只能回收排烟水分的 20% ~30% 不同,直接喷淋冷凝吨煤燃烧排烟水分减少 0.6~0.8 t,喷淋冷凝后排烟温度接近循环水温度。300 MW 机组每小时可回收冷凝水 80 t,年回收 70 万 t 以上。全国脱硫预计年回收超过 40 亿 t 水,脱硫不仅不耗水,还能回收煤中的大部分水分,经过简单处理为脱硫或锅炉提供补充水,是一个新的值得开发非常规水源,特别是对于西北缺水地区。

③湿烟气中含有一定的低温余热,大致相当于燃煤低发热量的 10% 左右,回收用于民用采暖、热水、制冷或低温发电,预期可抵除湿脱白成本,甚至有效益。

④冷凝除湿还有一个重要作用,就是可以将残留的细颗粒粉尘、二氧化硫、酸、重金属等水溶性污染成分大部分冷凝进入排水中,是实现燃煤锅炉放散烟气低成本达标,甚至超低近零排放的可选择技术之一。

湿烟气冷凝除湿脱白技术与升温除湿技术虽然温差变化接近,但冷凝所需的冷量却是升温所需热量的近 6 倍,主要是湿烟气中所含水蒸气的冷凝潜热。同样冷凝除湿从技术层面是没有问题的,并且有多种不同冷凝工艺可供选用,关键是投资多少、是否经济。研究表明,要使冷凝除湿脱白技术经济可行,首先必须解决大量廉价冷源;其次是低温余热和冷凝水最好得到利用,对于燃煤锅炉可以考虑用于燃煤的脱水和加热,现分别讨论如下:

①廉价冷源:要采用冷凝冷却就必须有低于目标温度冷源,仅从除湿脱白角度考虑,应优先选择自然冷源,比如江河海地下水、北方寒冷地区冬季的冷空气,如果自然冷源不足或从回收利用余热的角度,就必须采用人工冷源,比如蒸汽喷射式热泵、吸收式热泵等,在提供 7 ℃ 左右冷水的同时,可以回收低温余热。

②低温余热的用途:电厂、钢厂等低温热源的热量一定是富裕的,应该优先内部利用,但也必须考虑外供社区民用,比如洗浴、医院、学校、酒店、人工游泳池和景观等民用热水是一年四季都需要,但相比余热量,需求量远远不足,而北方民用采暖和南方夏季空调等季节性需求量巨大,而且所需能量品质也低,是低温余热比较适合的用途,采用 20 ~ 120 ℃ 大温差供热输送距离达到 100 km 也比燃煤成本低,而与燃气供热比可以输送 300 km。

③换热器的选择:锅炉空气预热器出口烟气 130 ~ 150 ℃,采用低低温技术的降温换热器冷却到 90 ℃ 左右是合理的,换热器本身存在的腐蚀问题可以通过选择玻璃板、碳化硅陶瓷管等换热器解决,后接干式电除尘器可能存在的腐蚀可以采用在换热器入口增加喷煤粉、石灰粉等增大灰硫比的方法预防。降温换热器应该大力推广,因为不仅回收的余热品质高,更主要的是对于电除尘器实现超低排放、除酸、除二恶英、除重金属等有害成分都有效,而这些有害成分最好在脱硫前去除,以提高脱硫产物的品质。90 ℃ 以下的冷却也要综合比较,优先选择间接换热器冷却,以提高回收余热温度和减少制冷量,可以考虑采用增加喷水的混合冷凝技术,提高换热器换热效率减少换热面积,同时低成本防腐蚀和防结垢。而对于采用换热器不经济的温度区域,可以采用直接喷淋冷凝的方法。

④低温冷却的方式:如前所述,对于 90 ℃ 以下的低温湿烟气,所含余热大部分是水蒸气的冷凝潜热,冷却方式可以比较选择:直接膨胀式热泵蒸发器、低温空调冷水间接换热或喷淋冷却,需要结合用户的冷源种类和余热用途综合优化选择,比较经济快捷的方法是直接喷淋。

⑤与湿式静电除尘除雾器的配合使用:湿式静电除尘器是净化湿烟气的理想终端除尘器,还是顶级除雾器,可以确保实现超低近零排放。目前超低排放设置在脱硫塔机械除雾器后,入口烟气温度在 50 ℃ 左右,设备造价浪费,因为大约 20% 的电场面积是用于处理水蒸气,水蒸气冷凝液 pH 值为 1 ~ 3,产生低温腐蚀是造价高的主要原因,而且是否能长期稳定运行也有疑问,特别是导电玻璃钢湿电,导电膜很薄。将冷凝冷却布置在湿电前对湿烟气进行预处理可以解决许多问题,甚至能不用湿电也能实现超低排放和除湿脱白,结合采用升温、混风干燥脱白,烟囱也不再需要防腐。

因此,湿法磷酸尾气脱白在实际操作中应注意以下 3 点:

①为了彻底根除雾霾污染,火电行业大气污染控制新国标 GB 13223—2011 必须增加排烟温湿度控制指标要求,以实现排放烟气的除湿脱白处理。

②直接喷淋冷凝除湿技术最经济、是唯一符合国情的脱白技术。除湿后烟气温度建议先按 40 ℃、相对湿度 90% 开始,逐步降低,不仅有助于除雾霾,还有节水节能效益。

③前面增加直接喷淋冷凝除湿可以降低采用湿电的设备造价、体积,甚至不用湿电实现超低近零、除湿脱白排放,超低排放有双保险,燃煤可以比天然气更清洁。

（2）湿法磷酸尾气脱白技术探讨

湿法磷酸装置的尾气处理,一般采用多级洗涤脱氟,通过改进洗涤方式,可以将尾气中氟含量降低到不高于 9 mg/Nm³ 的排放标准,实现达标排放,但除氟后的尾气由大量饱和水蒸气组成,当周围环境空气湿度较大时,排放尾气中的饱和水蒸气会立即凝结成水形成白烟,与燃煤锅炉尾气相似,也会造成大气污染。近年来,为应对日益恶化的大气污染形势,我国大气污染防治力度不断加大,虽然现有的大气污染控制指标几乎都没有排放烟气湿度的控制指标。但是,随着人们环保意识的进一步加强,尾气的除湿脱白将会是各企业急需解决的问题。

参考电厂燃煤锅炉尾气除湿脱白的工艺,湿法磷酸尾气的除湿脱白,可以借鉴热媒循环烟气再热器 MGGH 流程或 GGH 流程。

①第一种处理方式:在烟气出喷淋塔进烟囱前的部位加装板式换热器,使水饱和的烟气降温,烟气通过降温后凝结出大量水分,同时水分凝结发出的热量,加热环境的干空气,然后将加热后的干空气与降温后的烟气相混合,降低烟气的绝对湿度,从而降低排空烟气的露点温度,使排空后的烟气短时间内达不到露点,不会凝结出水雾,以达到消除白烟的目的。

②第二种处理方式:可以增加蒸汽换热器,间接加热从喷淋塔出来的饱和湿尾气,通过升温的方式,降低湿度。或者通过换热器加热空气,并入湿尾气,通过混风的方式,降低尾气湿度。

第一种方式,通过将尾气先降温除湿,然后升温的方式,可以很好地解决尾气脱白的问题,主要缺点是设备投资较大。第二种方式,通过一个换热器,直接升温尾气降低湿度,以达到脱白目的,主要缺点是需要消耗新的热源,运行费用较高。

4.3.3　湿法磷酸净化技术

目前,世界上湿法磷酸的产量已占磷酸总产量的 85%～90%。但由于湿法磷酸的生产中,原料磷矿中的杂质,如氟、硫、铁、铝、镁、钙等进入到成品磷酸中,故普遍将湿法制得的磷酸或磷酸盐类用于制取磷复肥,其难以满足食品级、医药级和电子级对高纯磷酸的要求,若要用湿法磷酸制出优质的磷酸盐产品,需对其中的杂质离子进行深度的净化处理。

1)湿法磷酸净化技术原理

导致湿法磷酸纯度不高的原因多种多样,其中硫酸或磷矿原料品质较差、药剂的添加、设备管道的磨蚀及腐蚀等都可能产生杂质。杂质主要包括溶解性和非溶解性两种,其中前者又包括阳离子型、阴离子型,而后者也包括晶体型、交替型两大类。仅依靠单一的净化处理方式根本无法消除湿法磷酸中的多种杂质,在生产过程中需要针对杂质特征和类型,合理的采用物理净化、化学净化方法,才能提高磷酸纯度。

2)湿法磷酸净化方法

从近几年国内外开发的湿法磷酸净化技术来看,主要有以下几种方法:冷却结晶法、离子交换法、吸附法、浓缩法、脱色法、电渗析法、沉淀法或多硫化物沉淀法、浓缩净化法及溶剂萃取法,还包括复合净化法;如有机溶剂萃取-离子交换法、沉淀法-有机溶剂萃取法、有机溶剂萃取-结晶法、陈化-澄清法等。国外有报道:通过净化技术,实验室生产的湿法磷酸可以达到80%的浓度。

（1）陈化-澄清法

湿法磷酸生产出来时除含有固体杂质外,其中的许多溶解性杂质由于贮存条件下处于过饱和状态,因此会有淤渣继续沉淀,即存在"继沉淀"。陈化-澄清净化法就是控制一定的温度和搅拌条件,促进"继沉淀"析出并形成易于分离的结晶,再通过自然澄清,除去湿法磷酸中的固体杂质的方法。这种方法简便易行,但只能使湿法磷酸得到初步净化,满足肥料级商品磷酸的要求。云南三环化工有限公司年15万t/a的粗磷酸-陈化结晶法肥料级商品磷酸生产装置,采用的就是这种方法。

(2)物理吸附法

物理吸附法一般用来脱除湿法磷酸中的有机质。大多采用活性炭作为吸附剂,也有将活性硅、膨润土、活性白土等作为吸附剂。物理吸附法,即利用吸附剂表面质点处于场不平衡状态,具有表面能,可以自动地吸附那些能够降低其表面自由能的物质的性质,来吸附有机质,再经液固分离达到净化湿法磷酸的目的。

(3)浓缩净化法

湿法磷酸被加热到一定程度后,氟大部分呈气态氟化物(四氟化硅、氢氟酸)逸出。若加入活性硅并通入饱和蒸汽,会增加氟逸出量。而杂质多以焦磷酸盐或偏磷酸盐形式沉淀出来。过滤即可除去。浓缩净化法的优点是:既满足了后续加工对高浓度磷酸的要求,又对湿法磷酸进行了脱氟与除杂质的初步净化。但所得磷酸纯度不高,需进一步净化且浓缩过程对设备腐蚀严重,故对设备材质要求高。

(4)离子交换法

离子交换法是指用强酸性离子交换树脂处理湿法磷酸,除去其中大部分阳离子杂质;还有一种方法是将磷矿用过量磷酸分解,滤去不溶物,再将$Ca(H_2PO_4)_2 \cdot 2H_2O$冷却结晶,将结晶分离,洗涤后溶解于水,通入H型阳离子交换树脂塔中,可制得精制磷酸。本办法仅限于粗磷酸中Ca^{2+}、Mg^{2+}、Fe^{3+}、Al^{3+}、As^{3+}、Mn^{2+}等阳离子的脱除,要想只用一种离子交换剂除去粗磷酸中的杂质是难以办到的,必须同时采用其他方法,并且须将磷酸稀释。由于这种方法只能用较稀的磷酸作为原料,所以树脂用量大,所得的酸需进一步浓缩,离子交换树脂需进行再生处理,因此需增设再生设备和消耗一定量的化学药剂。

(5)氧化脱色法

由于低分子有机物不能利用物理方法(如吸附法、溶剂萃取法等)除去,从而导致磷酸溶液浓缩时因高温加热而呈暗褐色。因此,通常采用双氧水、高锰酸钾、重铬酸钾、氯或氯系氧化剂在不同条件下进行氧化分解,较理想的氧化剂是双氧水。

(6)冷却结晶法

冷却结晶法是指控制一定的浓度和温度,并维持适宜的搅拌条件,磷酸会形成易于分离的结晶,可有效脱除某些溶解性的杂质。该法优点是工艺流程短,投资费用较低且操作控制要求不高,但由一次结晶得不到高纯度磷酸,必须进行多次结晶。同时要尽可能使纯的结晶与不纯的母液分离,所以还必须研究不纯母液的利用等。

(7)溶剂沉淀法

溶剂沉淀法的基本原理是在湿法磷酸中,加入与水完全互溶的溶剂(如甲醇、乙醇、丙醇、异丙醇等)以及少量的氨,使所含的杂质离子形成不溶性的金属磷酸铵络合物与氟化物而自液相析出,固液分离后通过蒸馏溶剂可得净化酸。

此类溶剂常用的有甲醇、乙醇、异丙醇和丙酮等。美国TVA开发的流程具有代表性,该法是在湿法磷酸中加入甲醇及少量氨,使所含的金属杂质或金属磷酸铵铬盐,与氟盐一起沉淀析出,分离后将滤液中的甲醇与水蒸馏回收,进一步精馏将甲醇与水分离后再循环使用。

沉淀物则以甲醇洗涤后进行干燥。该法只需简单的溶解操作即可达到较高的收率,废液量少,磷酸盐沉渣可作肥料用。溶剂为通用性,多数价廉。该法的缺点是:磷酸与溶剂的分离需蒸馏、能耗大(以碱进行反萃时例外),且溶剂回收时有一定损失,杂质脱除率不高,磷酸的收率也受一定限制。

(8)溶剂萃取法

溶剂萃取也称为液-液萃取或抽提,是基于磷酸可溶于有机溶剂中,而其他杂质则不被萃出,从而使磷酸与杂质分离而达到净化。其流程见图4.21。

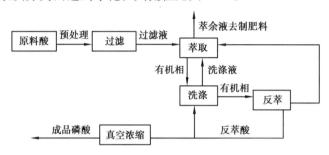

图 4.21 湿法磷酸溶剂萃取法净化工艺流程

溶剂萃取法中的关键是溶剂的选择,可用于湿法磷酸萃取净化的有机溶剂有:脂肪醇、磷酸酯、醚、酮及酯、胺与酰胺等。其中,使用最多的是碳原子数 4～5 的脂肪醇,有代表性的醇有正丁醇、异戊醇等。近年来国内外已应用于工业规模净化湿法磷酸的有机溶剂主要有:甲基-异丁基-(甲)酮、异丙醇、磷酸三丁酯、正丁醇、甲醇等。溶剂萃取法必须采用多级萃取设备和反萃设备,由于有机溶剂挥发性强、易燃、易爆,因此需采取各种安全措施,从而增大了设备投资费用;又因有机溶剂价格较高,因此必须设置收率较高的溶剂回收设备。

溶剂萃取法的优点是所得产品纯度高、生产工艺和设备相对比较简单、能耗低、原料消耗低、生产能力大、分离效果好、回收率高、环境污染少、生产过程易于实现自动化与连续化,而且有利于资源的综合利用等。已工业化的溶剂萃取法净化湿化磷酸的技术见第 2 章表 2.2。

溶剂萃取法的缺点是:粗磷酸中阴离子 SO_4^{2-}、F^-、SiF^{2-} 等不易除去,所得精制酸浓度较低,生成含大量杂质的残渣(占材料的 30%～50%) 等。溶剂萃取法的发展趋势是由一段法发展为二段法,由单一溶剂发展为复合溶剂,对有机溶剂本身的研究,则更重视对磷酸和杂质的选择性以及在溶剂相和水相中的分配率。贵州瓮福公司引进以色列溶剂萃取法净化湿法磷酸生产线,每年可生产 5 万 t 食品级磷酸,这是我国第一条较大规模的湿法磷酸净化生产线。

(9)化学沉淀法

化学沉淀法是指加入一定量的沉淀剂,使杂质沉淀出来,这是湿法稀磷酸脱氟或除去各种有害重金属普遍采用的方法之一。化学沉淀法的优点是:工艺流程比较简单,对操作控制要求也不高,而且投资不大,生产成本较低。但其存在的缺点是:净化深度不够,同时还引入了其他离子,给深度净化带来了新的麻烦。湿法磷酸中需要除去的主要杂质是氟、硫酸根、铁、铝、镁、硅、钙等。

3)净化湿法磷酸工艺流程

有机溶剂萃取工艺技术的原理是相似相溶,主要包括多级萃取和单级萃取两种,进行液-液萃取的过程中需要利用混合设备、分离设备和溶剂回收设备,硫酸溶液通过混合、分离和溶液回收三个过程即可。通过有机溶剂萃取工艺技术生产的磷酸操作简便,减少了成本投入,大大提升了磷酸品质。

　　衡量工艺技术在实际运用方面是否具有广泛意义的重要指标之一就是能耗,由于在生产过程中使用黄磷,会对环境造成严重污染和大量能源的消耗,尽管黄磷在我国的储量丰富,但受上述问题的影响,导致黄磷相关产业的开发和发展具有局限性。相较于热法磷酸技术,在能耗与电耗方面,净化湿法磷酸应用有机溶剂萃取技术,可以节省更多能源,优势突出。在有关部门进行实际考察调研后,建设以湿法磷酸与热法磷酸为支撑的生产体系,并分别监测热法磷酸加工磷矿石原料与有机溶剂萃取技术加工中各自的电耗和能耗,根据实际得出的数据发现:在能耗方面,热法磷酸的消耗在有机溶剂萃取技术的 2 倍之上;而在电耗方面,有机溶剂萃取技术要比热法磷酸节省 10 倍左右。经过以上分析,有机溶剂萃取技术进化磷酸的技术能达到更高效率的能源和电源的节省,带来更加可观的生产效益。

4)净化湿法磷酸设备材料适应性选择

　　根据萃取原理设计加工出来的材质实验设备,挂片在不同液体同种温度条件下,通过机械往复运动而达到实验的目的。各种材质在磷酸中的变化曲线图如图4.22 所示。

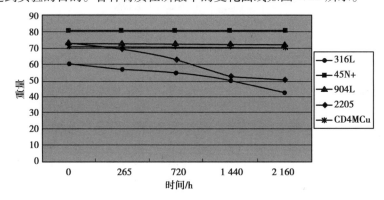

图 4.22　各种材质在有机相中的变化曲线图

　　根据目前用5 种材料的试验情况分析,并通过称量、化验的情况说明:金属材料在液相和气相之间的腐蚀强度大,在介质中的腐蚀性小,但316L、2205 在磷酸中的腐蚀变化要大于其他金属材料,而其他金属材料在介质中的腐蚀弱。5 种金属材料在介质中的腐蚀比值是316L > 2205 > 904L > 45N + > CD4MCu。

5)净化磷酸深度加工

　　在前面已经着重讲述了湿法磷酸的净化过程,得到了含杂质较少的净化湿法磷酸。但是,如果制备精细磷酸盐产品或者是工业磷铵、电子级磷酸等则需要进一步处理。

　　四川大学与中化涪陵共同开发建设有 5 万吨级净化湿法磷酸及其精细磷酸盐的生产线,目前主要产品为精细磷酸盐。通过近几年的技术升级、打通工艺流程,将会新增湿法净化工业磷酸,相比于热法酸的成本至少降低 20%;同时,精细磷酸盐产品成本也大幅降低。

　　(1)净化湿法磷酸生产工业级磷酸

　　湿法磷酸经过浓缩沉降后,进入脱硫脱氟步骤,之后沉降的清酸进入溶剂萃取体系,得到净化湿法磷酸;净化湿法磷酸进一步精脱硫脱氟脱色后浓缩,得到工业级磷酸。具体流程图如图4.23 所示。

　　通过湿法技术生产工业级磷酸,工艺流程涉及的步骤较多,基本都是为了去除各种阴阳离子的杂质。

①净化磷酸脱硫氟:在萃取后的酸中加入钡盐和钠盐,可以通过沉淀法进一步脱除酸中的硫酸根和氟。通过溶剂萃取后,想要使净化磷酸中氟含量达到 ppm 级的指标,通过化学法是无法做到的。根据磷酸中氟平衡分压,采用浓缩净化法可以使净化浓缩磷酸中氟含量降到 10 mg/L 的水平。

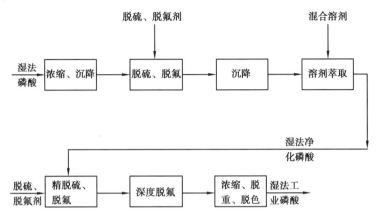

图 4.23　净化磷酸生产湿法工业磷酸

②净化磷酸脱色:湿法磷酸脱色原理是活性炭及碳纤维是一种多孔径物质,有极其丰富的孔径结构和很大的比表面,具有良好的吸附特性。其主要原理是活性炭及碳纤维的吸附作用具有选择性,非极性物质比极性物质更易于被吸附。其表面存在着对吸附作用产生重要影响的多种官能团,主要是含氧官能团和含氮官能团,这些官能团通过与湿法磷酸中的有色金属离子、有机物分子发生交换吸附,从而起到脱色的作用。过氧化氢,是一种氧化能力较强的物质,能产生强氧化羟基自由基,从而达到分解有机物的目的。

国外主要采用化学絮凝法或光氧化法,并与吸附法活性炭等其他处理技术复合成多级处理工艺,脱色效果显著,但初期投资大,处理运行费用也较高。例如,日本的一发明专利是将湿法磷酸置于高压釜中加热到 150～250 ℃,从而使有机物几乎全部炭化,再以活性炭吸附脱除。也有的方法是针对低分子量有机杂质,用高锰酸钾、重铬酸钾、氯或氯系氧化剂等进行分解脱色。国内目前主要采用生化法或化学法处理,但实际脱色效果并不理想。

吸附法进行磷酸脱除有机杂质时,通常采用的吸附剂有酸性白土、活性炭、分子筛和硅胶等。它们的共同特点是具有发达的孔隙、比表面积较大、孔径分布合理,从而达到较好的脱色效果。这些吸附剂中应用最广泛的是活性炭,因为它来源广泛、生产技术简单、价格低廉、比表面积大、选择性高。

浓缩湿法磷酸由于颜色较深,不能满足溶剂萃取法净化工艺的要求,因此有必要对其进行脱色处理。使用活性炭和过氧化氢对浓缩湿法磷酸进行脱色,四川大学研究了脱色温度、脱色时间和脱色剂用量对脱色效果的影响,结果表明:在 70 ℃下加入 1.5% 的活性炭和0.3% 的过氧化氢脱色 1 h,脱色效果良好,脱色酸的色度小于 30 黑曾。

为了研究有机溶剂在湿法磷酸脱色的效果,湖北大峪口化工有限公司以黑色的湿法磷酸为原料,分别使用四氯化碳、氯仿、柴油对湿法磷酸进行预脱色,再用活性炭对预脱色后的酸进行脱色,实验结果表明:柴油的预脱色效果最明显;最佳脱色条件为:湿法浓磷酸和柴油的质量比为 5∶1、萃取分离时间 1 h、活性炭的用量为湿法磷酸质量的 1.5%、活性炭脱色时的温度为 60 ℃、脱色时间为 30 min,采用目测法观察,湿法磷酸从黑色基本变成无色;湿法稀磷酸和柴油的质量比为 13∶1、萃取分离时间为 20 min,活性炭的用量为湿法磷酸质量的 0.25%、活性炭脱色温度为 60 ℃、脱色时间为 30 min,湿法稀磷酸从黑色变成无色。

(2)湿法磷酸制备精细磷酸盐

目前,很多厂家仍然采用热法酸来制备精细磷酸盐,但其生产成本高。拥有湿法净化磷酸技术的厂家,采用溶剂萃取净化后的磷酸来生产精细磷酸盐产品,纯度完全可以达到热法酸为原料制备出的产品标准。

①湿法磷酸制备工业磷酸一铵:磷酸一铵又称为磷酸二氢铵,全水溶磷酸二氢铵(MAP)是一种高浓度的速效肥料,适用于各种作物和土壤,具有广阔的市场。目前国内全水溶 MAP/工业 MAP 主要还是以热法磷酸和气氨反应得到,生产过程简单,但成本很高。近年来,四川大学开发了以湿法磷酸为原料生产全水溶 MAP/工业 MAP 的工艺。用湿法磷酸来生产全水溶 MAP/工业级 MAP 时,由于湿法磷酸中含有大量杂质,如 Fe^{3+}、Al^{3+}、MgO、SO_4^{2-}、SiF_6^{2-} 等,必须采用适当的分离除杂手段除去这些离子,方能制得合格的产品。通常的做法是用中和法来除去金属阳离子,利用中和过程中溶液 pH 值的提高使金属阳离子水解得以除去,但在生产酸式磷酸盐时,溶液 pH 值往往只能中和到 4.0 ~ 4.5,在此 pH 值下,绝大部分金属阳离子都被除去了,但仍有一部分金属阳离子在后续的浓缩、冷却结晶过程中形成水不溶物,造成产品水不溶物超标。同时残留的少量金属阳离子对 MAP 结晶形态也有影响,往往出现针状结晶或者导致结晶不易长大,得到粉状晶体,不利于磷酸二氢铵产品的储存、运输。

为了生产出与热法磷酸为原料相当品质的工业 MAP,在深度除杂方面还要采取一些特殊手段才行,根据工业 MAP 的质量等级及工业化规模有以下几种方法,现分述如下。

a. 传统化学法制工业磷酸一铵:传统化学法制工业 MAP(图 4.24)主要工艺过程为:湿法稀磷酸先经脱硫、脱氟,过滤除去硫酸钙、氟硅酸钠后,用气氨中和至 pH 值 4.0 ~ 4.5,经过滤后去多效浓缩、冷却结晶、干燥得到工业 MAP,母液返回去脱硫脱氟。

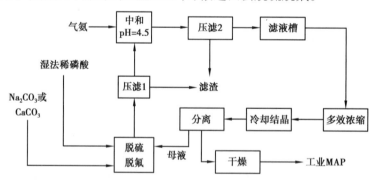

图 4.24 传统化学法制工业 MAP 流程

b. 化学-溶剂萃取法制工业磷酸一铵:化学-溶剂萃取法(图 4.25)与改进化学法制工业 MAP 的主要区别在于采用了深度除杂质工序,在过滤工序同样添加了助滤剂,产品质量比改进化学法制工业 MAP 更好,产品晶体呈颗粒状,产品(N + P_2O_5)达到 73%。

c. 湿法磷酸净化制工业磷酸一铵:湿法磷酸净化制工业 MAP 工艺的特点在于首先获得与热法磷酸质量相当的净化精制磷酸,然后用气氨中和精制磷酸,经多效浓缩,冷却结晶,得到高品质的工业 MAP,工艺路线如图 4.26 所示。该工艺已用在安徽六国化工股份有限公司 3 万吨工业磷酸二氢铵装置上,目前运行良好。

d. 化学净化与溶剂萃取技术相结合生产工业磷铵:该路线(图 4.27)一部分为湿法磷酸

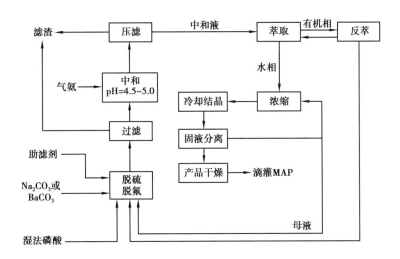

图 4.25　化学-溶剂萃取法除杂质流程

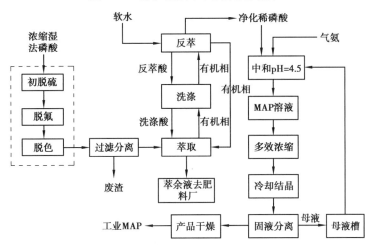

图 4.26　湿法磷酸净化制工业磷铵流程

净化流程;另一部分为化学净化流程,只是在中和除杂时将 pH 提高到 6 以上,使湿法磷酸中的杂质除去更彻底,然后再用净化磷酸将 pH 调回至 4 左右。此工艺已用在重庆中化涪陵有限公司 3 万吨级工业磷酸二氢铵装置上。

　　e. 萃取盐酸法制工业磷酸一铵:本工艺与前面几种工艺稍有不同,湿法磷酸首先经脱氟脱硫后与氢铵反应,然后用萃取剂萃取盐酸,得到磷酸二氢铵溶液,萃取有机相经洗涤后用气氨反萃,反萃后的萃取剂循环使用,反萃得到的氯化铵溶液再返回与预处理后的湿法磷酸反应,工艺流程如图 4.28 所示。该工艺尚未有工业化的装置。

　　由于湿法磷酸中含有各种有机、无机杂质,化学法工艺中,前处理加工过程不可能把杂质完全除去,滤液经浓缩结晶后,会出现一些水不溶物,导致产品水不溶物不合格,无法用于工业或滴灌喷施肥。四川大学开发的后三种工艺完全消除了原料湿法磷酸中各种杂质对磷酸二氢铵结晶的影响,在专用结晶器中制得了大颗粒磷酸二氢铵晶体,保证了产品的纯度及水不溶物不超标。产品质量达到了用热法磷酸生产的工业 MAP。厂方具体采取哪种工艺路线,取决于该厂的具体情况,如果对总养分要求不高,则可不脱硫,工艺过程还可简化。

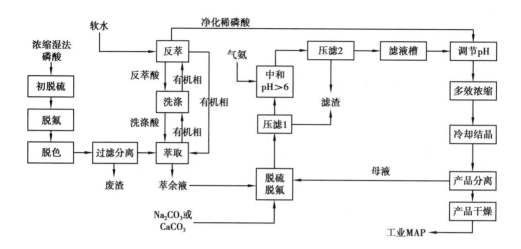

图 4.27　化学净化与溶剂萃取技术结合生产工业 MAP 流程

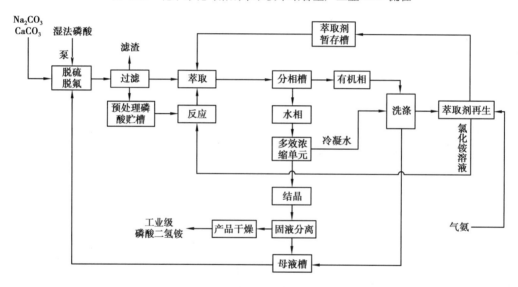

图 4.28　萃取盐酸法制工业 MAP 流程

②湿法磷酸制备全水溶磷酸二氢钾:磷酸二氢钾作为一种高浓度的高级无氯磷钾复肥,具有显著增产、抗旱、耐寒作用,而且对防治作物病虫害也有特殊作用。同时,磷酸二氢钾作为无机类磷酸盐,广泛应用于医药、化学化工、食品等行业,因而近年来得到了迅速的发展和广泛的应用。中国磷酸二氢钾的生产现状主要存在生产规模小、生产成本高等弱势。目前,磷酸二氢钾主要通过热法磷酸和钾碱的中和反应制备,该方法工艺技术成熟,约占全国磷酸二氢钾总生产能力的90%以上,但其生产成本高。湿法磷酸是由硫酸与磷矿石反应得到的粗磷酸,价格低廉但含有大量杂质。以湿法磷酸为原料制备磷酸二氢钾主要有两种途径:湿法磷酸净化后通过复分解或其他反应方式生产磷酸二氢钾或湿法磷酸直接反应生成磷酸二氢钾。

a.电解法:20 世纪70 年代,国外就开发了以湿法磷酸和明矾石为原料制备磷酸二氢钾的方法。明矾石焙烧处理后分离出硫酸钾,在外界电场作用下,借助离子交换膜电解湿法磷酸和硫酸钾的混合溶液,$H_2PO_4^-$或 K^+ 分别选择性地穿过阴离子和阳离子交换膜,在中和室中形成磷酸二氢钾。该方法工艺流程短,环境污染小,但仍处于小试阶段,需要进一步探索放大条件。

b. 离子交换法:据美国专利报道明矾石焙烧处理后分离出的硫酸钾和湿法磷酸还可以直接通过阴/阳离子型交换树脂制备纯度较高的磷酸二氢钾。国内在 20 世纪 80 年代也逐渐展开了湿法磷酸离子交换法制备磷酸二氢钾的研究。湖北省化学研究所无机室以 KCl 和湿法磷酸为原料,利用国产 001 型强酸性苯乙烯系阳离子交换树脂来进行铵、钾交换,制取 KH_2PO_4。通过扩试、中试证明该法技术可行,经济合理,据报道与中和法相比,成本降低三分之一。江苏海水综合利用研究所采用国产 D301 弱碱性苯乙烯系阴离子交换树脂(OH 型树脂),吸附湿法磷酸后转变成 H_2PO_4 型树脂,氯化钾溶液淋洗,得到磷酸二氢钾,氨水将树脂转化为 OH 型树脂。所得产品质量达到了工业一级品标准。但离子交换树脂本身存在交换容量小的缺点,且交换溶液浓度较低,对后续蒸发造成较大压力,同时设备及成本投资大,因此本方法适用于小规模生产工业和医药级产品。

c. 复分解法:美国专利公开了一种湿法磷酸直接和氯化钾高温下反应生成氯化氢和磷酸二氢钾的方法,通过一级或多级结晶得到氯质量分数在 0.1% 以下的磷酸二氢钾产品。该方法能耗大,对设备腐蚀严重。中国专利公开一种湿法磷酸先经过超声波处理,脱除沉淀后的滤液与钾碱或钾的碳酸盐／碳酸氢盐中和至一定 pH 值,滤去不溶物,滤液浓缩结晶生产磷酸盐类的方法,该方法原料价格较高。利用湿法磷酸、硫酸钾和石灰石 3 种原料同时反应制取磷酸二氢钾也有报道,产品纯度在 95% 以上,但磷损失率较高。

d. 多步法:随着对以湿法磷酸为原料制备磷酸二氢钾方法的不断研究,该领域逐渐出现了一种在反应过程中脱除杂质的方法,通过生成中间产物生成品质较高的磷酸二氢钾,将湿法磷酸的净化过程与磷酸二氢钾的生产过程结合为一体,能够达到循环利用原料、深度净化或副产其他产物的目的。

雷武报道了湿法磷酸用氨中和,当中和至 pH 值为 4.4 时过滤除去不溶物,处理后的 001×7 氢型树脂用氯化钾转化成钾型树脂后,通过交替上铵-水洗及上钾-水洗,得到磷酸二氢钾产品质量达到工业一级品的要求。后续其又报道了用石灰乳(或碳酸钙粉)中和粗磷酸,在一定的条件下除去大量杂质,得磷酸二氢钙清液,磷酸二氢钙清液与硫酸钾溶液混合,便生成磷酸二氢钾和难溶性的硫酸钙沉淀。该法指出以磷酸二氢钙为中间盐的方法较湿法磷酸经氨中和后与氯化钾的复分解反应更具有较好的经济效益,但该方法磷损失率在 15% 左右。

e. 溶剂萃取法:湿法稀磷酸用矿浆粗脱硫、碳酸钡处理后,用复合萃取剂萃取磷酸;在负载磷酸的有机相中加入氯化钾溶液进行萃取反应,得到的 MKP 水溶液进一步除杂、浓缩得产品。具体工艺路线如图 4.29 所示。

对湿法稀磷酸脱硫预处理后,用复合萃取剂负载磷酸、之后再与氯化钾溶液进行萃取反应;萃取后用氢氧化钾和净化磷酸调磷酸二氢钾粗溶液 pH,最后浓缩干燥得磷酸二氢钾产品;萃取后的有机相用氨反萃,得氯化钾粗溶液(含有一定的磷和钾,浓缩后可做高氮的水溶肥产品或原料),有机相为复合萃取剂(回收循环使用)。该法制备的磷酸二氢钾产品达到工业级一等品的质量要求。

以湿法磷酸为原料制备磷酸二氢钾能大大降低生产成本。开发成本低、能实现物料综合利用的磷酸二氢钾生产方法对提高该产品在国际市场上的竞争力有重要作用。

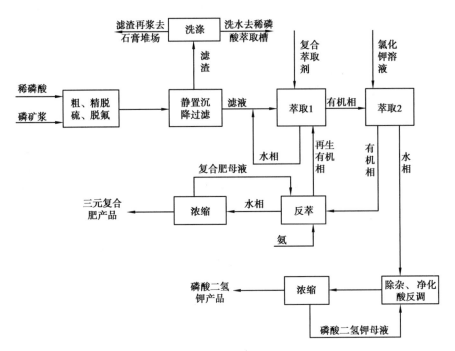

图 4.29　湿法稀酸直接生产磷酸二氢钾工艺技术路线

4.4　磷石膏无害化处置及资源化利用

4.4.1　磷石膏中的杂质及其影响

磷石膏中所含的杂质按溶解性不同分为可溶性和不溶性两种。可溶性杂质主要为水溶性 P_2O_5，溶解度较低的氟化物和硫酸盐。不溶性杂质从总体上分两大种：一种是在磷矿里本身含有，而且在磷矿酸解时，其本身含有不反应的硅砂、未反应的矿物和有机质；另一种是磷矿酸解时与硫酸钙共同反应结晶形成的磷酸二钙，以及其他不溶性磷酸盐、氟化物等。根据杂质的影响，可把磷石膏中的杂质分为以下四类。

1)磷类杂质

磷是磷石膏中主要的有害杂质，若磷石膏的颗粒大，磷的杂质含量就大，反之，则小。在众多杂质中，磷对磷石膏的性能影响最显著。磷石膏中的磷主要以可溶性磷、共晶磷、难溶性磷 3 种形式存在，其中以可溶性磷对磷石膏性能影响最大。可溶性磷是由磷酸在水溶液中电离产生的 H_3PO_4、$H_2PO_4^-$、HPO_4^{2-}、PO_4^{3-} 4 种形态存在，由于体系中的 PO_4^{3-} 很低，故磷石膏的可溶性磷主要以 H_3PO_4、$H_2PO_4^-$、HPO_4^{2-} 3 种形式存在，且一般被表面力吸附在石膏晶体表面上。这些磷在炒制过程中不挥发，会生成焦磷酸或其他磷酸盐，当石膏水化时，可溶性磷会与活性强的 Ca^{2+} 反应生成 $Ca_3(PO_4)_2$，这些难溶物覆盖在磷石膏表面，阻碍石膏继续溶出和水化，从而延长磷石膏及其制品的凝结硬化时间、降低水泥早期强度和降低石膏制品的强度，并且会使水化产物晶体粗化，结构疏松。共晶磷是由一些 HPO_4^{2-} 代替硫酸根离子进入晶格内形成的，并以 $CaSO_4 \cdot 2H_2O$，$CaHPO_4 \cdot H_2O$ 的共结晶体形式存在，其质量分数随磷石膏粒度增加而减少。在应用时,磷石膏会水化,共晶磷将从晶格中溶出,与溶液中的 Ca^{2+} 生成难溶的 $Ca_3(PO_4)_2$,然后共晶磷会以 $Ca_3(PO_4)_2$ 形式存在,阻碍磷石膏水化。此时,溶液 pH 值降低,凝结时间延缓,硬化体强度降低,这同样会导致水化产物晶体粗化,结构疏松。共晶磷的影响规律类似于可溶性磷,但影响程度弱于可溶性磷。难溶性磷存在于少量未反应的磷石灰粉中,组分为 $Ca_3(PO_4)_2$、$FePO_4$ 等。作为一种惰性组分,难溶性磷存在于磷石膏的粗颗粒中,对磷石膏基本没有不良的影响。磷杂质不仅对磷石膏在建材应用中有影响,而且对用于磷石膏制备硫酸钙晶须时也有影响,磷的存在会对结晶过程起抑制作用,结果不能生成均匀的晶须。

2)氟类杂质

磷石膏中的氟来源于磷矿石,磷矿石经硫酸分解时,磷矿石中的氟有质量分数为 20% ~ 40% 留在了磷石膏中,其存在形式以可溶氟(NaF)和难溶氟(CaF_2、Na_2SiF_6、Na_3AlF_6)两种。可溶性氟是影响磷石膏性能的主要形式,它有促凝作用,若可溶性氟含量较低时,其对磷石膏的性能影响较小,但当它的质量分数超过 0.3% 时,可溶性氟会使水化产物晶体粗化,晶体间分子力削弱,结构疏松,从而降低磷石膏的强度。难溶性氟有惰性,可以作为惰性填料对磷石膏基本不产生影响,若以同结晶络合物存在,则会有很大的活性和热不稳定性。磷石膏中的氟会对环境造成危害。

3)有机类杂质

磷石膏中的有机物来源于磷矿石中的有机杂质,以及在一些工艺生产中所加的有机添加剂,其杂质组分主要是乙二醇甲醚乙酸酯、异硫氰甲烷、3-甲氧基正戊烷等。有机物一般呈现絮状,它们分布在二水石膏晶体表面,其质量分数随磷石膏粒度的增大而增加。若磷石膏作为胶凝材料使用时,该杂质的存在会明显地增加需水量,同时又会减弱二水石膏晶体间的接合,削弱晶体间的分子力,使硬化体结构疏松,强度降低。

4)其他杂质

磷石膏中还含有碱金属盐、硅、铁、铝、镁等杂质,另外也有金属与磷酸盐形成的络合物,以及一些放射性元素,如铀、镭、镉、铅、铜等元素。碱金属主要以碳酸盐、硫酸盐、磷酸盐、氟化物等可溶性盐形式存在。碱金属盐带来的主要危害是当磷石膏制品受潮时,碱金属离子会沿硬化体孔隙移出表面,它会等水分蒸发后在表面析晶,产生粉化和泛霜。磷石膏的硅以石英形态为主,少量和 F^- 络合成 Na_2SiF_6。硅具有惰性,对磷石膏的强度没有影响。一些络合物杂质一般有惰性,对磷石膏性能影响不大。磷石膏中的放射性元素来源于磷矿石,因此磷石膏也带有一定的放射性,会危害人体健康。目前,国内外还没有找到一种处理放射性元素的方法。但如果按国家标准控制放射元素的辐射量,其杂质不会阻碍磷石膏的利用。

4.4.2　磷石膏的无害化处理方法

1)化学处理方法

磷石膏的化学处理是将磷石膏中加入一定的化学物质,使杂质完全转化为其他沉淀物质或化合物,可以用来处理品质较稳定、有机质含量较低的磷石膏。例如加入生石灰、熟石灰等碱性物质,或者酸类物质,改变磷石膏体系内的酸碱度,消除残留酸对其性能的影响,同时与可溶的 P_2O_5 生成难溶物,使可溶物变成惰性物,降低对磷石膏性能的不利影响。但利用石灰中和不能消除有机质对胶结性能的影响。若用柠檬酸进行净化处理,可以把磷、氟杂质转化为可以水洗的柠檬酸盐、铝酸盐以及铁酸盐。由于国内的磷石膏品质一般波动较大,采用化学处理工艺时,必须对磷石膏进行预均化处理。

杨敏等人采用了不同浓度石灰溶液、氨水和柠檬酸溶液预处理磷石膏。实验表明,将处理过的磷石膏掺入水泥做缓凝剂时,以用柠檬酸去除杂质后的磷石膏制得的缓凝剂效果较好。石灰溶液中和法虽是经常推荐的使用方法,但与柠檬酸溶液预处理法相比,石灰中和磷石膏作缓凝剂的效果并不理想。白有仙等人为了得到较高品质的磷石膏,研究了用硫酸浸取磷石膏的反应条件。实验表明,在硫酸质量分数为 35%,反应温度为 60 ℃,液固体积质量比为 3 mL/g,反应时间为 4.5 h 的条件下,磷石膏中的酸不溶 P_2O_5 的质量分数能够降低到 0.01% 以下。

2)物理处理方法

物理处理是一种去除可溶性杂质和有机物的方法,该法可用于处理杂质含量高、波动大的磷石膏。物理去除杂质的方法包括水洗法、浮选法、球磨法、筛分法、陈化法等。在物理除杂法中,水洗是最有效的方法。水洗法能去除大部分杂质,但就环境方面来说,洗涤后的污水必须经过处理才能排放或者再利用,否则会造成二次污染。浮选法实质是一种湿法处理,是让水和磷石膏以一定的配比放入浮选设备,经搅拌、静置后,就可去除有机物和部分杂质。该法不像水洗法那样显著,但所用水可以循环使用,如果和其他工艺配合使用,效果会很好。球磨是改变磷石膏结构的有效方法,能使磷石膏的颗粒形貌呈柱状、板状、粒状等多样化,并使颗粒从正态分布变为漫散分布,因而从根本上改善硬化体孔隙率高、结构疏松的缺陷,但是球磨法没有消除杂质的不利影响,如果它能和其他除杂方法结合效果会更好。此外,物理方法还有陈化法、筛分法等,这些方法一般不常用。陈化法是很简单的处理方法,就是堆积磷石膏,通过自然风吹拂,让易挥发性的物质自然挥发。若短期陈化,效果会不明显,只有延长时间,陈化效果才会乐观,但会污染周围环境。筛分法只有当杂质在较小范围内含量特别高时才采用,且筛分后还要针对不同粒度磷石膏的杂质含量,对其分别采用相应的预处理方式或资源化方式。

Veerendra Singh 等人研究了用湿筛旋流对磷石膏进行除杂,其工艺是在湿筛法的基础上,使用水力旋流器,使磷石膏通过 300 μm 的筛子。实验表明,粒度为 10 ~ 15 μm 的磷石膏都能被溶解,所含的有机物、氟化物以及晶格中的磷酸盐也先后被冲洗,此工艺使磷石膏得到净化。

文明书以云南磷石膏为原料,用浮选法对磷石膏进行除杂实验研究。实验表明,此法较好除去了水溶性的 P_2O_5 和 F,并且 SiO_2 的脱除率达到 80%,同时还脱除了油质和有机物杂质,更好地优化了磷石膏。彭家惠等人对磷石膏的不同预处理方法进行了系统研究。结果表明,就除杂而言,水洗是最有效的方式。缺点是水洗工艺一次投资大,能耗高,要解决二次污染问题。当磷石膏年利用量达 10 万 ~ 15 万 t 时,该工艺才具有竞争力。

3)热处理方法

热处理就是对磷石膏进行高温煅烧,传统的加热温度要达 800 ℃才可以消除无机物的影响,此时共晶磷的含量会为零。对于处理有机物和共晶磷含量高的磷石膏,煅烧是可行的途径。经过煅烧,可溶磷和共晶磷能转化为惰性的焦磷酸盐,有机物会挥发。闪烧是新型处理方式,在中温煅烧就能脱水。相对于传统的加热方式,微波加热,速度很快,加热均匀,反应灵敏。若经过石灰中和,其性能和品位会更好,因此热处理是有效处理磷石膏的方式之一。但传统的加热能耗成本较大,且生成物为无水石膏,活性很小,应用会受到很大限制。

段庆奎等人对磷石膏采用了闪烧法,通过高温煅烧,把磷石膏中有机磷和无机磷以及磷酸等有害的成分去掉或者变成了无害成分,这项工艺在除杂方面取得了成功,并申请了专利。胡旭东等人采用微波加热处理方式净化磷石膏。实验结果表明,微波可以煅烧磷石膏中的游离水、有机物等杂质,使之很快除去。该工艺比传统的热处理方式节省能源,是一种新型的无污染的热处理方式。

经过除杂处理后,不仅可将净化的磷石膏应用于建材领域,而且可把磷石膏应用于生产高附加值的无机化工材料方面上,如应用除杂后的磷石膏制备硫酸钙晶须或粉体材料。硫酸钙晶须是一种廉价的无机环保材料,具有很好的市场开发应用前景。目前利用磷石膏来制备硫酸钙晶须的关键是如何消除磷石膏中杂质对晶须生长的影响,如能先除掉磷石膏中的有害杂质,再用于制备高附加值的石膏材料制品,则可提升磷石膏的利用价值,为副产石膏的综合利用提供一条有效的途径。

4)磷石膏净化处理方法

磷石膏中的主要成分是二水硫酸钙,其在一定的反应条件下可以发生晶相的转化,生成半水硫酸钙或无水硫酸钙,其晶相转化图如图4.30所示。天然石膏因杂质含量少、品质高,是目前建材行业的主要原料来源。目前以磷石膏为原料制备建筑原料的情况主要以生产纸面石膏板、砌块为主,均是以β-半水石膏(建筑石膏)或者复合胶凝材料为基础材料,其强度和耐水性能较差,附加值较低。

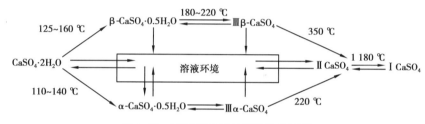

图4.30 不同硫酸钙晶相转化关系图

因此,若能通过磷石膏制备出高纯度、高白度的无水硫酸钙产品,在一定程度上能够缓解磷石膏所带来的环境问题,对于磷化工行业污染固废排放的处理、生态环境的保护将具有长远意义,同时能够减少天然石膏的开采、消耗,促进生态可持续发展。可以看出,磷石膏具有杂质多、处理量大等特征,为消耗掉大量的堆积磷石膏,同时提高磷石膏产品的附加值。

中科院过程工程研究所、中化化肥成都研究中心与中化重庆涪陵化工有限公司研究了在硫酸溶液体系条件下溶液中的磷石膏转晶生产无水硫酸钙产物的规律,包含了对不同种类杂质对磷石膏的影响,研究了不同反应条件如:浸取温度、硫酸浓度、液固比和稀释剂的加入量对磷石膏净化的影响,研究了不同反应条件下净化磷石膏产品的白度和粒度分布。研究了磷石膏在硫酸体系下的溶解动力学行为。研究的主要内容有:

①对磷石膏进行水洗、酸洗法除杂,考察磷石膏中杂质分布规律,寻求磷石膏净化的最佳方法,除去磷石膏中的杂质,提高磷石膏的白度,寻找磷石膏中二水硫酸钙转晶生成无水硫酸钙的规律。

②选取硫酸溶液作为转晶体系,确定最佳的反应温度,最优的硫酸浓度,适宜的液固比以及稀释剂的加入量对净化磷石膏产品的影响,通过白度仪考察产物的白度,通过粒度仪分析反应对产物粒径的影响,得到产物的XRD图谱并进行分析与讨论。

③同时测定反应中固、液两相组成随时间的变化得到了磷石膏在不同盐溶液组成的反应液当中的转晶速率。

(1)磷石膏性质研究

磷石膏中杂质种类复杂,不同品级或地区的磷石膏之间差异较大,这些问题的存在对磷石膏的应用造成很大阻碍,如何除去磷石膏中的杂质,需要对磷石膏原料中的杂质组成进行分析,选择合适的方案。

本研究考察酸洗、水洗对磷石膏中杂质的去除效果,对比不同工艺条件下的杂质脱除效果,对不同粒度下的磷石膏中的杂质进行分析,考察影响磷石膏白度的原因。

本研究的磷石膏原料为取自中化云龙有限公司的磷石膏,对其组分含量分析结果如表4.11所示。

表 4.11　原料磷石膏组成

单位:wt%

名称	P_2O_5	CaO	SO_3	Al_2O_3	F	SiO_2	有机物	水分	其他
样品	0.707	24.45	32.52	0.149	0.201	3.557	1.72	28.54	7.88

由表4.11可知,磷石膏中的主要成分为二水硫酸钙,此外还含有部分游离水、石英、磷、氟化合物和金属离子杂质以及有机质。其中有机质对磷石膏白度有较大影响。

①水洗浸取除杂:采用去离子水,在恒温水槽中经过过滤洗涤干燥,对样品的组成进行分析。产物中杂质去除率以及 CaO、SO_3的增加百分比如图 4.31 所示。

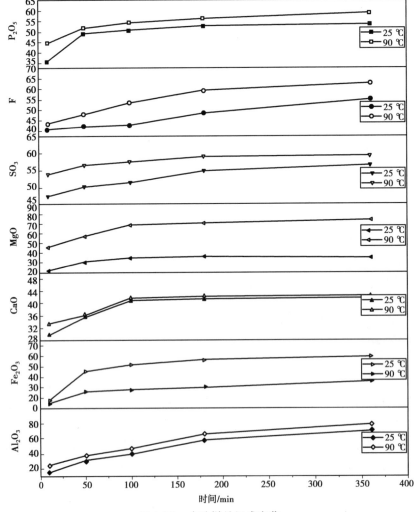

图 4.31　水洗样品组成变化

　　水洗对磷石膏中的杂质有一定的去除效果,25 ℃条件下的除杂效果相对较差,90 ℃条件下,脱除效果相对较好,但是杂质脱除率仍较低;水洗过程无法将磷石膏中二水硫酸钙结晶中的杂质溶解出来,只能溶解除去石膏表面的杂质,导致除杂效果不明显。其中 Fe_2O_3、Al_2O_3、MgO、P_2O_5、F 等杂质的去除率仅仅达到 60% 左右,对杂质的去除效果不佳。CaO、SO_3 随反应时间在产物中的含量不断有所上升,但是由于水洗条件下无法完全去除磷石膏中的杂质,同时在水洗条件下,磷石膏中的二水硫酸钙仍然保持二水的状态,所以反应到 200 min 之后,磷石膏中的 CaO、SO_3 含量基本不发生变化。

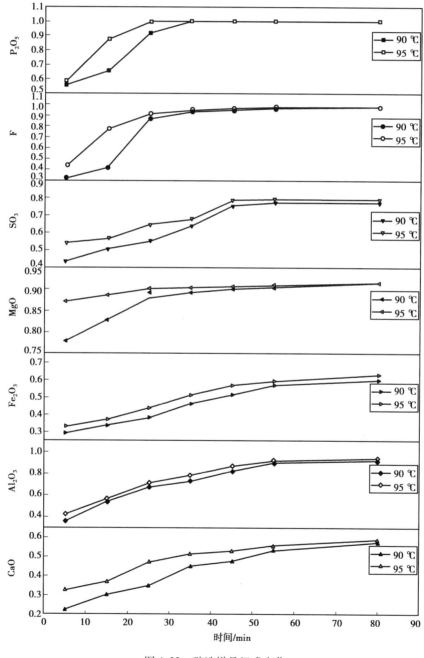

图 4.32　酸洗样品组成变化

105

②酸洗浸取除杂:在 30% 硫酸浓度下,考察浸取温度分别为 90 ℃、95 ℃ 条件下,对磷石膏浸取样品中组成的变化,从图 4.32 中可以看出,酸洗条件对磷石膏中的杂质具有良好的去除效果,通过酸洗 90 min,两个温度条件下石膏中的 P_2O_5 无法检测出,90 ℃ 条件下 F 可以去除 97%,95 ℃ 条件下可以除去 98.1%,其他杂质的脱除率都在 90% 以上;酸洗去除磷石膏中杂质效果优异,分析其原因,在该条件下可将石膏中的二水硫酸钙转晶生成无水硫酸钙,夹杂于磷石膏二水硫酸钙晶体中的杂质可以被溶解析出,其中的离子杂质进入溶液中,从而达到除杂目的。

③不同粒径的磷石膏组成:采用筛分法考察不同目数范围磷石膏的相对含量,首先将磷石膏于 40 ℃ 条件下干燥去除游离水,之后进行筛分,粒径分布结果如图 4.33 所示,同时对不同目数磷石膏中 CaO、SO_3 含量进行分析,对不同目数磷石膏杂质进行含量分析。

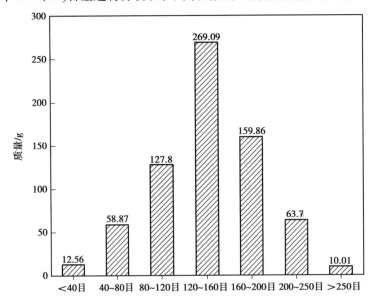

图 4.33　磷石膏筛分分布

从图 4.33 可以发现,磷石膏中不同粒径的组成呈正态分布,其中 80 ~ 200 目范围内的颗粒占较大部分,占比达到 79.32%,说明磷石膏的粒径分布比较集中。

对筛分得到的不同目数下的磷石膏样品进行分析可以发现,在 80 ~ 250 目范围内的磷石膏 CaO、SO_3 含量较高(图 4.34),同时由图 4.35、图 4.36 可以发现在该范围内,磷石膏的杂质含量较少,磷石膏中二水硫酸钙纯度高,利用筛分的方法在一定程度上可以分离纯度较高的磷石膏,但是小于 80 目,大于 250 目的磷石膏占比为 11.6%,比例较小。而且进行磷石膏筛分时,需要将磷石膏进行干燥,除去其中的游离水,因此该方法意义不大。

④磷石膏白度的影响因素:磷石膏中含有一定量的有机质和无机碳化物,磷石膏的白度主要受这两种物质的影响。由图 4.37 可以看出,直接对磷石膏进行干燥之后其白度由 3.81% 上升至 45.92%,通过四氯化碳除去磷石膏中的有机质之后,其白度仅仅上升了约 3 个百分点,在 800 ℃ 马弗炉中煅烧,除去磷石膏中的含碳化合物,其白度上升至 86.14%,说明磷石膏中的无机碳化物对磷石膏白度的影响远远大于有机质对磷石膏白度的影响,想要有效提高磷石膏的白度,需要想办法除去磷石膏中的无机碳化物。

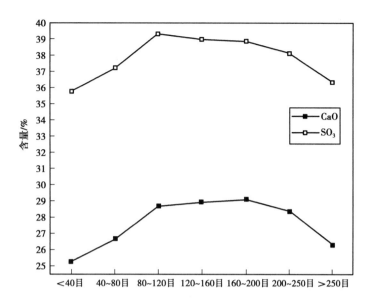

图 4.34 不同粒径磷石膏中硫、钙含量

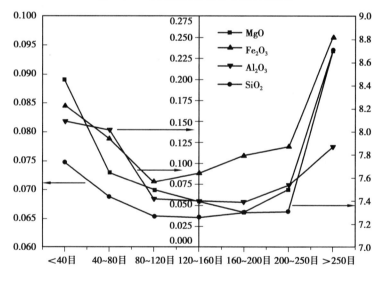

图 4.35 不同粒径磷石膏中铁铝镁硅含量

（2）有机萃取法净化磷石膏工艺研究

磷石膏，白度 3.81，取自中化云龙有限公司，其 X 射线衍射如图 4.38 所示，从图中可以看出磷石膏原料中主要成分为二水硫酸钙，且结晶度较好，其特征衍射峰对应的 2θ 分别为 11.6°、20.7°、23.4°、29.1°、31.1°、33.4°。此外在 $2\theta = 26.6°$ 处出现二氧化硅衍射峰，但峰强较弱，说明磷石膏含有少量二氧化硅。磷酸三丁酯取自中化重庆涪陵有限公司，含量 >98.5%；硫酸、环己烷为分析纯，购自成都市科龙化工试剂厂。

研究采用带恒速搅拌器的 500 mL 三口烧瓶作为反应器，配备直形冷凝管进行冷凝回流。取原料磷石膏 200 g，将硫酸溶液和磷石膏按一定液固比加入三口烧瓶，同时加入 60 mL 磷酸三丁酯，通过油浴进行加热，硫酸溶液浓度分别有 20%、35%、50%、65%；浸取温度分别有 80 ℃、90 ℃、95 ℃、100 ℃、105 ℃；液固比分别有 1.0∶1、1.4∶1、1.8∶1、2.2∶1、2.6∶1。待

107

反应达到指定温度并保持恒定,搅拌速率 300 r/min,反应 30 min。反应结束之后降温并加入一定量环己烷,继续搅拌 10 min,环己烷加入量分别有 25 mL、40 mL、55 mL、70 mL、85 mL。反应结束之后把料浆移入分液漏斗,震荡静置,下层为净化磷石膏和硫酸水溶液组成的液固混合相,上层为含有杂质的有机相。分液得到净化石膏,通过抽滤、洗涤、干燥得到净化石膏产物,进一步测定其组成、粒径分布和白度。

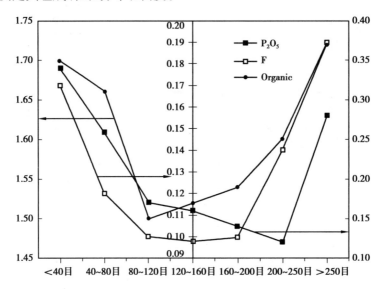

图 4.36 不同粒径磷石膏磷氟有机质含量

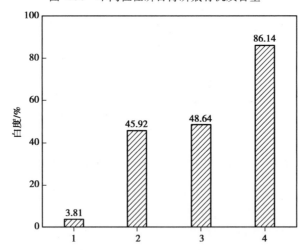

图 4.37 不同处理方式后的磷石膏白度

1—磷石膏原料白度;2—磷石膏干燥之后白度;

3—磷石膏除去有机质之后白度;4—磷石膏去除无机碳化物的白度

①浸取温度对净化磷石膏产物的影响:本研究为单因素实验,硫酸浓度 35%,液固比 1.4∶1,环己烷 25 mL,不同浸取温度条件下对产物的组成以及粒度分布进行检测,净化磷石膏产物的主要杂质及白度的检测结果见表 4.12,原料磷石膏以及不同浸取温度条件下产物的粒度分布图如图 4.39 所示。

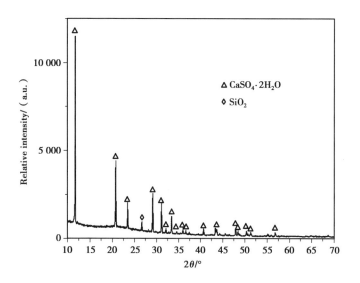

图 4.38　磷石膏 XRD

表 4.12　不同浸取温度磷石膏产物分析数据

单位:wt%

浸取温度	P_2O_5	CaO	Al_2O_3	F	SiO_2	白　度
80 ℃	0.62	35.41	0.11	0.087	0.68	82.39
90 ℃	0.51	37.15	0.091	0.044	0.49	83.80
95 ℃	—	39.34	0.083	0.013	0.17	88.66
100 ℃	—	39.53	0.079	0.009	0.11	89.81
105 ℃	—	39.67	0.062	0.005 3	0.075	86.74

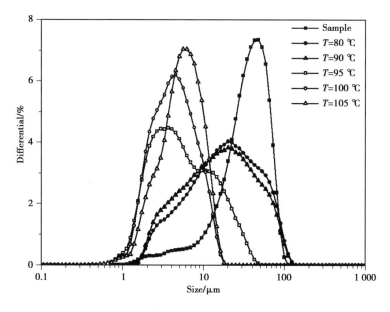

图 4.39　不同浸取温度磷石膏产品的粒度分布

通过产物组分分析可以发现,随着浸取温度上升,杂质含量呈下降趋势。浸取温度为80 ℃、90 ℃时,粒度分布曲线与磷石膏原料的分布曲线有大部分重合,且净化磷石膏产物的CaO含量较95 ℃、100 ℃、105 ℃条件下偏低,杂质含量较高,表明低温条件下磷石膏中二水硫酸钙晶体未完全分解,夹杂于石膏结晶中的杂质无法完全析出。随着温度的上升,粒径分布整体呈现减小趋势,但在浸取温度105 ℃条件下产物粒径增大;浸取温度80～105 ℃,各产物的中位径依次为18.16、15.88、4.785、4.149 和5.334 μm与粒度分布曲线一致,所以105 ℃浸取温度下,磷石膏原料在短时间内溶解结晶之后出现了晶粒生长的过程。但是在105 ℃浸取温度下,净化磷石膏产物白度开始下降,较高的浸取温度导致磷酸三丁酯和原料中有机质碳化,夹杂于产物中,使得产物白度有所下降。

②硫酸浓度对净化磷石膏产物的影响:浸取温度100 ℃,液固比1.4∶1,环己烷25 mL,不同硫酸浓度条件下净化磷石膏产物的粒度分布进行检测,得到净化磷石膏产物中主要杂质含量如表4.13 所示,原料以及产物的粒径分布图如图4.40 所示。

表4.13　不同硫酸浓度磷石膏产品分析数据

单位:wt%

硫酸浓度	P_2O_5	CaO	Al_2O_3	F	SiO_2	白　度
20%	0.037	37.27	0.13	0.09	0.42	80.90
35%	—	39.15	0.11	0.008 3	0.10	88.66
50%	—	39.23	0.093	0.003 9	0.15	79.67
65%	—	39.19	0.079	0.003 2	0.40	69.92

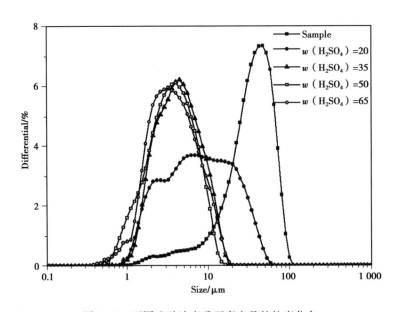

图4.40　不同硫酸浓度磷石膏产品的粒度分布

表4.13 可以看出,随硫酸浓度的升高,P_2O_5、Al_2O_3、F 含量呈现下降趋势,在硫酸浓度20% 时,杂质含量较高且CaO 含量最低,结合粒度分布曲线分析,该条件下磷石膏反应物中二水硫酸钙未完全分解,导致存在于晶体内部的杂质无法完全析出,净化磷石膏产物中杂质含

量高。当硫酸浓度达到50%、65%时，SiO_2含量上升，同时净化磷石膏产物白度大幅度下降，表明随着硫酸浓度的增加，磷酸三丁酯出现碳化，导致其除杂效果下降，并引入碳化物，导致白度下降；且净化磷石膏产物的粒径逐渐变小，其中位径随硫酸浓度增加依次为7.555、4.153、3.872和3.684 μm，产物粒径变小，导致分离过程中产物更容易夹杂杂质使得净化磷石膏产物的品质下降。

③液固比对净化磷石膏产物的影响：浸取温度100 ℃、硫酸浓度35%、环己烷25 mL，考察不同液固比条件下对磷石膏的净化效果，该组反应产物主要杂质含量如表4.14所示，产物粒径分布如图4.41所示。

表4.14　不同液固比磷石膏产品分析数据

单位:wt%

液固比	P_2O_5	CaO	Al_2O_3	F	SiO_2	白度
1.0∶1.0	—	39.71	0.032	0.015	0.26	80.90
1.4∶1.0	—	39.78	0.060	0.010	0.11	89.32
1.8∶1.0	—	39.77	0.081	0.011	0.12	90.7
2.2∶1.0	—	39.79	0.087	0.013	0.14	89.71
2.6∶1.0	—	39.81	0.083	0.012	0.15	88.30

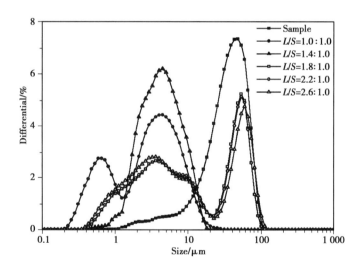

图4.41　不同液固比磷石膏产品的粒度分布

改变液固比对于净化磷石膏产物的组分含量以及粒径分布图与前面两组实验存在明显差异，在液固比1.0∶1.0反应条件下，液量较少，使得萃取过程中不易分离；同时由于溶液量少，导致无水硫酸钙结晶快速大量析出，使得粒径分布图在0.2～1 μm出现了一个峰，产物中位径为3.089 μm，产物颗粒细小容易夹带有机相，则该条件下产物品质低。液固比1.8∶1.0、2.2∶1.0、2.6∶1.0比液固比1.4∶1.0所得产物Al_2O_3、F、SiO_2含量略高，且粒度分布曲线显示产物在20～100 μm出现峰值，而产物中CaO含量超过39%，说明液固比大于1.8∶1.0时，由于保持搅拌速率恒定，二水硫酸钙晶体在较低的搅拌强度下，直接脱水生成无水硫酸钙，导致二水硫酸钙晶体内部杂质无法析出，但对产物白度及杂质去除效果无较大影响。

④环己烷加入量对净化磷石膏产物的影响：浸取温度110 ℃、硫酸浓度35%、液固比1.8∶1,考察不同环己烷加入量对净化磷石膏产物的影响,该组反应得到净化磷石膏产物组分含量如表4.15所示。

表4.15　不同环己烷加入量磷石膏产品分析数据

单位:wt%

环己烷/mL	P_2O_5	CaO	Al_2O_3	F	SiO_2	白　度
25	—	39.64	0.039	0.010	0.11	89.81
40	—	39.66	0.04	0.011	0.12	91.94
55	—	39.63	0.031	0.012	0.095	92.84
70	—	39.71	0.033	0.010	0.094	91.49
85	—	39.65	0.030	0.011	0.11	91.42

从表4.15可以看出,改变反萃取剂环己烷的加入量对杂质去除效果无较大影响;当环己烷的加入量达到40 mL以上,磷石膏白度达到90%以上,且相差不大;改变环己烷的加入量对净化磷石膏产物的粒度分布无影响。随环己烷加入量的增加,中位径依次为7.821、6.459、6.631、7.112和6.559 μm与液固比条件下1.8∶1、2.2∶1、2.6∶1条件下3组实验的中位径7.821 μm、7.939 μm、7.071 μm相差不大。说明改变环己烷的加入量对产品粒度分布及杂质含量影响较小,但是适当增加环己烷的量可以提高产物白度。

(3)磷石膏净化流程

磷石膏净化流程如图4.42所示。

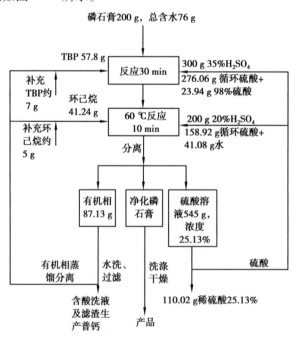

图4.42　磷石膏净化流程图

由图 4.42 可知,每次循环需添加 98% 硫酸 23.94 g,水 41.08 g,TBP 7 g,环己烷 5 g,同时产出滤渣及 110 g 25.13% 硫酸。由于缺乏萃取剂的检测手段,所以无法准确计算萃取剂的消耗。萃取剂的消耗,很大程度上是磷石膏固体吸附造成的。项目固含量比较大,会吸附 TBP 从而加大萃取剂损耗;而萃取过程温度较高,萃取剂的老化和挥发加剧,进一步增大了萃取剂的消耗。实验过程中循环一次有机相从 99.04 g 减少到 87.13 g,TBP 较环己烷更易损失,因此估算补充 TBP 7 g、环己烷 5 g。

实际工业生产过程中,物料损失相对实验室会减少很多,TBP 损耗以 1% 进行计算,环己烷不易损耗,以 0.1% 进行计算,则净化 1 t 磷石膏需消耗 0.118 t 98% 硫酸、0.205 t 水,并产生 0.55 t 25.13% 的稀硫酸,该稀硫酸可以进入生产普钙或进入磷矿萃取流程。总价格 0.042 7($0.01 \times 3 + 0.118 \times 0.1 + 0.001 \times 0.9$)万元,所产无水硫酸钙产品纯度 96.3%,接近实验室用化学纯无水硫酸钙纯度 97%,可带来较高经济收益。(TBP 3 万元/t、环己烷 0.9 万元/t、98% 硫酸 0.1 万元/t)

(4)磷石膏萃取过程中硫酸溶液及有机相滤渣中的杂质分布

磷石膏萃取所得溶液及有机相滤渣成分分析见表 4.16。通过对净化磷石膏反应结束得到的硫酸溶液进行分析,可以发现 F 主要分布在硫酸溶液中,在有机相洗涤得到的滤渣中没有检测到 F 离子的存在,Fe_2O_3、Al_2O_3、MgO、P_2O_5 在溶液和滤渣中均有分布,净化磷石膏得到的上层有机相呈黑色,经过过滤之后滤液呈淡黄色,滤渣呈黑色。对滤渣进行分析可以发现其中 SiO_2 含量极高,则磷石膏净化过程中,原料中的 SiO_2 和碳化物可以通过磷酸三丁酯分离到有机相中。

表 4.16　磷石膏萃取所得溶液及有机相滤渣成分分析

单位:wt%

滤渣成分	P_2O_5	CaO	MgO	Fe_2O_3	Al_2O_3	F	SiO_2
磷石膏	1.12	22.46	0.014	0.058	0.11	0.14	4.67
硫酸溶液	0.092	—	0.009	0.009	0.025	0.047	—
滤渣	0.67	1	0.18	0.64	0.42	—	74.56

(5)硫酸对磷石膏中二水硫酸钙转晶分析

研究中向三口烧瓶中加入硫酸加热达到指定温度后加入磷石膏(50 g/L)。按照一定时间间隔取溶液测溶液中钙离子浓度(针管吸入一定量反应溶液,用微型过滤器过滤,加入一定质量的去离子水,测定钙离子含量)。反应到达一定时间后停止反应。将反应固体进行过滤,用 90 ℃ 水进行洗涤之后用乙醇洗涤,40 ℃ 干燥并进行检测。

①硫酸钙溶解度含量测试:无水硫酸钙在不同硫酸浓度下的溶解度与文献结果对比如图 4.43 所示。由图可知,在实验条件下,无水硫酸钙的溶解度与文献数据基本一致,仅略微低一点。

②硫酸钙溶解度分析:在一定酸碱度溶液体系当中,存在下列可逆过程:

$$SO_4^{2-} + H^+ \rightleftharpoons HSO_4^-$$

$$Ca^{2+} + 2OH^- \rightleftharpoons Ca(OH)_2$$

在酸性环境中,由于溶液中 H^+ 含量高,生成 HSO_4^- 的反应为主要反应,溶液中的 H^+ 和 SO_4^{2-} 将结合生成 HSO_4^-,增加溶液中 SO_4^{2-} 的浓度,提高硫酸过饱和度,促进晶体析出。

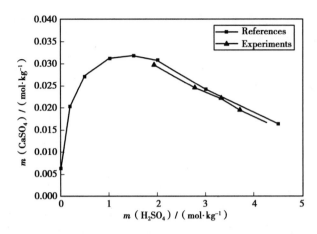

图4.43　无水硫酸钙在不同硫酸浓度下的溶解度与文献结果对比

　　a.不同硫酸浓度下二水硫酸钙溶解度:二水硫酸钙在不同硫酸浓度下的溶解度如图4.44所示。由图4.45可以看出,在反应5 min后,随着硫酸浓度的增加,二水硫酸钙的溶解度逐渐降低。

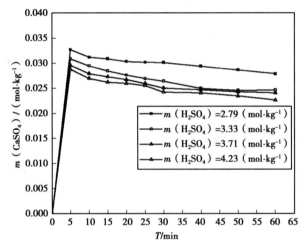

图4.44　二水硫酸钙在不同硫酸浓度下的溶解度

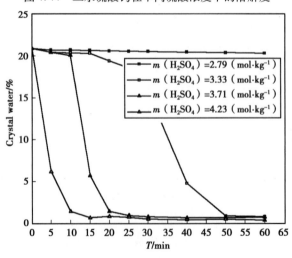

图4.45　不同硫酸浓度下二水硫酸钙的结晶水含量随反应时间的变化

b. 不同硫酸浓度下磷石膏溶解度:磷石膏在不同硫酸浓度下的溶解度如图 4.46 所示。由图 4.47 可以看出,随着硫酸浓度的增加,磷石膏的溶解度逐渐降低。

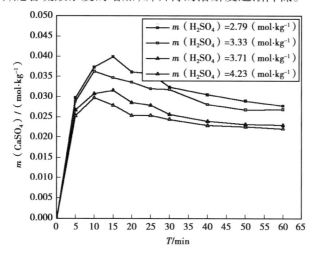

图 4.46　磷石膏在不同硫酸浓度下的溶解度

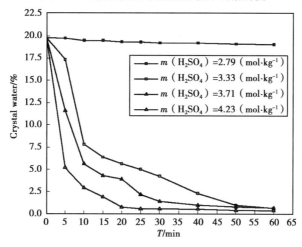

图 4.47　不同硫酸浓度下磷石膏的结晶水含量随反应时间的变化

对二水硫酸钙和磷石膏在不同硫酸浓度条件下的溶解度以及固相磷石膏结晶水含量的分析可以发现,相同实验条件下,磷石膏比分析纯二水硫酸钙更容易失水转晶生成无水硫酸钙,主要原因是磷石膏含有较多杂质,使得磷石膏中的二水硫酸钙晶体存在缺陷,在一定温度和硫酸浓度的条件下更容易发生溶解沉淀反应,使得磷石膏中二水硫酸钙反应生成无水硫酸钙的时间更短。同时可以发现随着硫酸浓度的增加,固相中的结晶水含量下降速度加快,发现随着硫酸浓度的增加,得到的净化磷石膏粒径分布不断变小。硫酸浓度的增加使得溶解进入溶液中的并迅速生成粒径更加细小的无水硫酸钙晶体。

c. 不同温度下磷石膏溶解度:磷石膏在不同温度下的溶解度如图 4.48 所示,其结晶水含量如图 4.49 所示。

在硫酸浓度为 40% 条件下,对磷石膏加到硫酸溶液中的溶解度和固相中结晶水含量进行分析可以发现,随着温度的升高,二水硫酸钙的溶解结晶和固相中二水硫酸钙失水的速度明显加快。说明升高温度与增加反应过程中硫酸的浓度都可以加快磷石膏中二水硫酸钙转晶失水,但温度过高或者硫酸浓度过高会导致净化磷石膏产物中的无水硫酸钙晶体粒径较小。

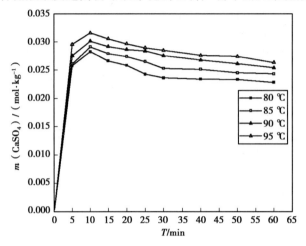

图4.48　磷石膏在硫酸溶液中不同温度下的溶解度

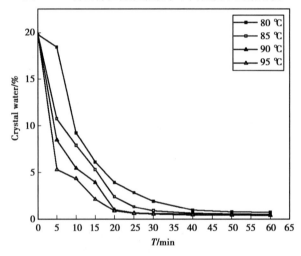

图4.49　硫酸溶液中不同温度下产物的
结晶水含量随反应时间的变化

(6)不同工艺条件对预处理磷石膏白度的影响

a.酸解温度的影响:在硫酸质量浓度30%、液固比(硫酸溶液/磷石膏)10:1、有机相/磷石膏5:1和反应时间250 min的条件下,通过改变温度从25℃到125℃,考察酸解温度对磷石膏白度的影响,结果如图4.50所示。

从图4.50中可以看出,随着酸解温度的升高,净化磷石膏的白度显著增加。在25℃时,净化磷石膏的蓝光白度只有71.61%;当温度上升到75℃时,净化磷石膏的蓝光白度上升到91.81%。再进一步升高温度,白度增长开始变得缓慢,即使酸解温度增加到125℃,净化磷石膏的蓝光白度也只有93.61%。

不同酸解温度条件下所得净化石膏的形貌如图4.51所示。在25℃时,与磷石膏原料相比,净化磷石膏的形貌基本上没有发生变化,结合25℃时的晶型仍是二水硫酸钙,说明25℃不能使磷石膏发生分解和晶型转化。当温度上升到50℃时,净化磷石膏的形貌发生了很大变化,磷石膏解离为粒径细小的微粒,结合50℃时的晶型以二水硫酸钙为主并伴有少量无水硫酸钙,说明此温度下,磷石膏主要发生分解,由于二水硫酸钙向无水硫酸钙的转化推动力不足,只能部分发生晶型转化过程。当温度升高到 75 ℃ 和 100 ℃ 时,磷石膏转化为更加细小的短棒状晶体,结合 75 ℃ 和 100 ℃ 时的晶型为无水硫酸钙,说明 75 ℃ 和 100 ℃ 能使磷石膏同时发生分解和晶型转化。

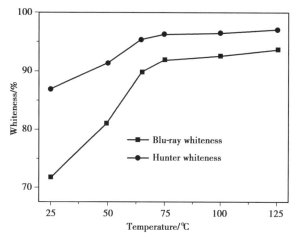

图 4.50　酸解温度对净化磷石膏白度的影响

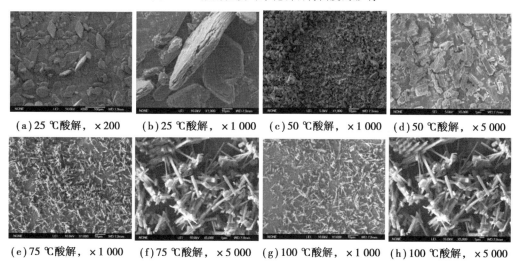

(a) 25 ℃酸解,×200　　(b) 25 ℃酸解,×1 000　　(c) 50 ℃酸解,×1 000　　(d) 50 ℃酸解,×5 000

(e) 75 ℃酸解,×1 000　　(f) 75 ℃酸解,×5 000　　(g) 100 ℃酸解,×1 000　　(h) 100 ℃酸解,×5 000

图 4.51　不同酸解温度时净化磷石膏的扫描电镜图

b. 硫酸浓度的影响:在酸解温度 75 ℃、液固比(硫酸溶液/磷石膏)10∶1、有机相/磷石膏 5∶1 和反应时间 250 min 的条件下,通过改变硫酸质量浓度从 0% 到 45%,考察硫酸浓度对磷石膏白度的影响,结果如图 4.52 所示。

从图 4.52 中可以看出,硫酸质量浓度从 0% 增加到 15% 时,净化磷石膏的白度增加缓慢,硫酸质量浓度为 15% 时的净化磷石膏蓝光白度只有 71.53%;硫酸质量浓度从 15% 增加到 30% 时,净化磷石膏的白度增加迅速,硫酸质量浓度为 30% 时的净化磷石膏蓝光白度高达 91.56%;硫酸质量浓度在 30% ~35% 时,净化磷石膏的白度几乎保持不变;当硫酸质量浓度大于 35% 之后,净化磷石膏的白度又开始降低,硫酸质量浓度为 45% 时的净化磷石膏蓝光白度为 87.7%。

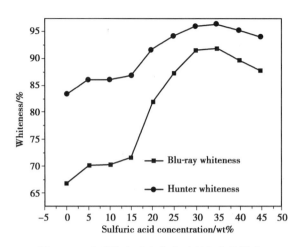

图 4.52　硫酸浓度对净化磷石膏白度的影响

不同硫酸浓度条件下所得净化磷石膏的形貌如图 4.53 所示。在硫酸质量浓度为 10%时,净化磷石膏的形貌与原料磷石膏相似,结合 10%硫酸浓度时的晶型仍是二水硫酸钙,说明硫酸质量浓度为 10%时,磷石膏不能发生分解,内部包裹的杂质也不能暴露出来;当硫酸质量浓度为 20%时,净化磷石膏已经解离为细小的微粒,结合 20%硫酸浓度时的晶型以二水硫酸钙为主并伴有少量无水硫酸钙,说明硫酸质量浓度为 20%时,磷石膏已经开始分解并少量转化为无水硫酸钙。尽管磷石膏发生了部分分解,但其表面和内部包裹的杂质并不能充分暴露出来。当硫酸质量浓度增加 30%时,磷石膏完全分解为更加细小的短棒状晶体,结合 30%硫酸浓度时的晶型为无水硫酸钙,说明硫酸质量浓度为 30%时,磷石膏能彻底分解并转化为无水硫酸钙,杂质也能更充分地暴露出来。当硫酸质量浓度进一步提高到 45%时,净化磷石膏的晶体开始变得分解不完全,结合 45%硫酸浓度时的晶型开始出现微弱的二水硫酸钙特征峰,说明由于硫酸浓度偏高,抑制了磷石膏中二水硫酸钙向无水硫酸钙的晶型转化。因此,硫酸溶液在一定浓度范围也能强化磷石膏的分解以及二水硫酸钙向无水硫酸钙的晶型转化,其最佳硫酸质量浓度范围为 30% ~35%。

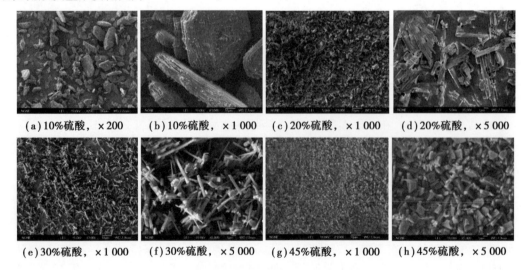

（a）10%硫酸,×200　　（b）10%硫酸,×1 000　　（c）20%硫酸,×1 000　　（d）20%硫酸,×5 000

（e）30%硫酸,×1 000　　（f）30%硫酸,×5 000　　（g）45%硫酸,×1 000　　（h）45%硫酸,×5 000

图 4.53　不同硫酸浓度时净化磷石膏的扫描电镜图

c.液固比的影响:降低液固比可以相应地减少能耗,并且可以在一定容积的反应器中增加磷石膏的处理量,因此有必要考察液固比对磷石膏净化除杂的影响。在酸解温度 75 ℃、反应时间 250 min、有机相/磷石膏 5:1 和硫酸质量浓度 30% 的条件下,通过改变硫酸溶液的质量来改变液固比从 1:1 到 20:1,考察液固比对磷石膏白度的影响,结果如图 4.54 所示。

从图 4.54 中可以看出,液固比对净化磷石膏的白度几乎没有影响。在液固比 1:1 时,净化磷石膏的蓝光白度和亨特白度分别为 90.74% 和 95.56%;液固比为 20:1 时,净化磷石膏的蓝光白度和亨特白度也分别只有 91.35% 和 95.58%。然而在液固比 1:1 时,磷石膏浆料有些黏稠,流动性较差,根据经验应选择 1.5:1 以上的液固比。由于液固比对磷石膏净化除杂效果几乎没有影响,考虑到能耗成本,优选液固比 1.5:1。

d. 反应时间的影响:增加酸解温度能加大二水硫酸钙与无水硫酸钙之间的溶度积差距,因此能加快二水硫酸钙向无水硫酸钙的晶型转化过程,最终缩短硫酸酸解耦合溶剂萃取深度净化磷石膏的反应时间。在硫酸质量浓度 30%、液固比(硫酸溶液/磷石膏)1.5:1 和有机相/磷石膏 5:1 的条件下,通过改变酸解温度分别为 75 ℃、80 ℃ 和 90 ℃,考察了不同酸解温度下,反应时间对磷石膏白度的影响,结果如图 4.55 所示。

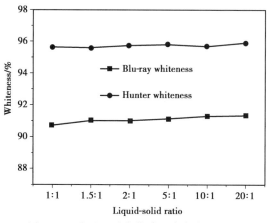

图 4.54　液固比对净化磷石膏白度的影响

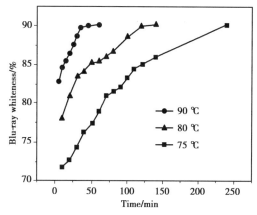

图 4.55　不同温度下磷石膏白度随时间的变化

从图 4.55 中可以看出,提高酸解温度能显著地缩短磷石膏净化过程所需的反应时间。75 ℃ 时,需要 240 min 以上的反应时间,才能使净化磷石膏的白度达到最大,80 ℃ 时需要大约 120 min,而 90 ℃ 时只需要大约 35 min。其原因主要是提高酸解温度能显著增加二水硫酸钙和无水硫酸钙之间溶解度的差距,使磷石膏的分解以及二水硫酸钙向无水硫酸钙的晶型转化更快、更彻底。由于优选的硫酸质量浓度为 30% ~ 35%,当酸解温度为 90 ℃ 所需的反应时间约为 35 min。

e. 酸解萃取耦合磷石膏深度净化效果:为了进一步检测磷石膏的净化效果,也对其做了元素组成分析,见表 4.17。

表 4.17　净化石膏(A)和萃取杂质(B)的元素组成

wt%	CaO	SO_3	SiO_2	Al_2O_3	F	Fe_2O_3	P_2O_5
A	35.94	63.71	0.12	0.02	n. d. *	0.02	0.01
B	1.37	4.48	71.73	6.27	8.99	3.11	0.29
wt%	Na_2O	MgO	K_2O	TiO_2	SrO	BaO	Inorganic carbon
A	n. d. *	n. d. *	n. d. *	0.05	0.05	0.4	0.005
B	0.07	0.69	1.64	0.46	0.07	0.10	0.67

* n. d. ,not detect

从表 4.17 中可以看出，经过磷酸三丁酯萃取净化后，所得净化石膏中杂质含量明显降低，其中硅和磷的含量分别降低到 0.12% 和 0.01%，氟含量低于检测线。此外，从萃取出杂质的组成可以看出 SiO_2 的含量高达 71.73%，由此说明萃取出来的杂质主要是磷石膏中含有的杂质石英。此外，经过磷酸三丁酯萃取后，净化石膏中无机碳的含量大幅降低到 0.005%，而萃取杂质中无机碳含量增加到 0.67%，由此说明无机碳也得到有效脱除。

f. 磷石膏净化前后碳化产物的对比：分别以磷石膏和净化石膏为原料，在 CO_2 分压为 0.8 MPa、液固比为 2∶1、氨过量系数为 1.2、搅拌转速为 300 r/min、初始温度为 80 ℃ 和反应时间为 60 min 的条件下进行加压碳酸化反应，对所得碳酸钙产品进行组成、白度和平均粒径的表征分析，结果见表 4.18。

表 4.18　磷石膏和净化石膏碳酸化反应的转化率以及产品碳酸钙的纯度、白度和粒径对比

检测项目	磷石膏组	净化石膏组
Conversion ratio/%	97.5	99.5
Purity/%	86.5	99.1
Blu-ray whiteness/%	47.8	91.9
Particle size/μm	17.0	6.2

从表 4.18 中可以看出，由于净化消除了杂质的影响，碳酸化转化率从 97.5% 增加到 99.5%，净化石膏加压碳酸化后所得碳酸钙产品纯度和蓝光白度分别高达 99.1% 和 91.9%，而磷石膏加压碳酸化后所得碳酸钙产品纯度和蓝光白度分别只有 86.5% 和 47.8%，此外碳酸钙的平均粒径也从 17.0 μm 降低至 6.2 μm。由此说明通过深度净化脱除磷石膏中几乎所有的杂质后，产品碳酸钙的品质大幅提升，可广泛用作填料使用，具有更高的附加值。

由不同工艺条件对磷石膏预处理的实验研究，可以看出：

● 针对磷石膏中含有的多种杂质不仅降低了磷石膏矿化反应效率，而且严重影响所得产品碳酸钙的品质等问题。在磷石膏硫酸酸洗预处理的基础上，提出了硫酸酸解耦合溶剂萃取磷石膏深度净化技术。采用硫酸酸解与有机溶剂萃取相结合的技术手段，将磷石膏中包裹及黏附的石英及无机碳等不可溶杂质有效萃取脱除掉，由此获得纯度大于 99%，白度大于 90% 的无水硫酸钙中间产品。相比于传统液-液萃取过程，由于采用有机溶剂通过液-液-固萃取不可溶杂质，其溶剂损失率非常小。

● 经深度净化的磷石膏在氨介质体系中与高浓度 CO_2 气体在加压条件下发生碳酸化反应，可实现在 5～10 min 内获得 99% 以上的转化率，所得碳酸钙产品纯度大于 99%，白度大于 92%，平均粒径也缩小为 6.2 μm，可作为附加值更高的高白轻质碳酸钙产品利用。

4.4.3　磷石膏含水率控制技术

研究表明，磷石膏含水率为 20%～30%，其含水率高，黏性强，在装载、提升、输送过程中极易黏附在各种设备上，造成积料堵塞，影响生产过程的正常进行。国内磷石膏还没有特别好的利用途径，大多堆存处理，既占用土地，又浪费资源，含有的酸性及其他有害物质可能对周边环境造成污染；同时，加重了企业的运输成本。为此探索磷石膏含水率的控制方法是一项具有重要现实意义的课题。

磷石膏含水率的调控就是磷石膏晶形及颗粒尺寸的调控。$CaSO_4 \cdot 2H_2O$ 作为磷石膏的主要成分,硫酸钙晶体的晶体形状和颗粒大小直接影响料浆过滤性能的好坏和晶间磷损失的多少。在二水物湿法磷酸流程中,可以改善二水硫酸钙结晶形态的物质很多,如活性炭、活性硅、硫酸铝,无机盐类如硝酸盐、磷酸盐和聚磷酸盐等。还有一些聚合物、磷酸盐、杂质离子、羧酸盐、明胶等也有改良结晶的作用,另外一些有机添加剂也有改善结晶的作用。

但多数研究表面活性剂改善二水硫酸钙结晶的实验仅限于无杂质的情况,即使用纯化学药品来模拟二水物湿法磷酸生产,忽略了 Mg^{2+}、Al^{3+}、Fe^{3+}、SiO_2 等杂质对磷酸生产过程的影响。但磷矿中杂质的作用不容忽视,此外很少有研究从界面化学的角度分析湿法磷酸体系中表面活性剂对磷石膏分形生长行为的影响及表面活性剂调控磷石膏含水率的作用机理。本节探究了表面活性剂对磷石膏含水率的调控,并从界面化学的角度阐述了表面活性剂控制磷石膏含水率的作用机理。

1）实验过程

磷石膏含水率控制技术研究的实验流程如下:

①配制某厂矿浆 20.0 kg 加入双层三斜叶刚柔组合搅拌体系,保持体系液固比为 2.5∶1,调节 H_2O 和 H_2SO_4 来控制液相 SO_4^{2-} 的浓度。

②先将配制好的液相加入双层三斜叶刚柔组合搅拌装置中,开启搅拌,搅拌转速为 200 r/min,升温至设定温度(80 ℃),再将矿酸比设为 1.3∶1,并将过量 3% 的 98% 浓硫酸匀速加到双层三斜叶刚柔组合搅拌体系,反应 4 h 后,再加入 10 mg/L 的表面活性剂,养晶 2 h,对料浆进行过滤洗涤(真空度 0.09 MPa),并记录过滤洗涤所用时间。

③将得到的磷石膏放入 45 ℃ 恒温烘箱中烘干至恒重,然后按重量法计算磷石膏含水率和技术表征。

④实验采用磷钼酸喹啉重量法及容量法测定液相 P_2O_5 含量及固相磷石膏中的水溶性磷和非水溶性磷含量,并以此计算磷矿转化率和磷石膏洗涤率。

⑤计算磷石膏的含水率。

实验的流程图如 4.56 所示,实验中所用表面活性剂的种类、用量及矿浆量、固液比、反应时间、反应温度等如表 4.19 所示。

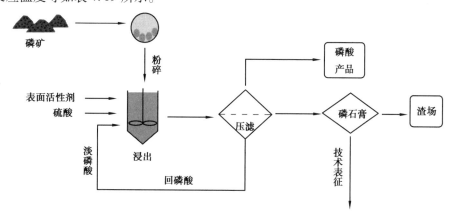

图 4.56　磷石膏含水率控制技术研究的实验流程图

表 4.19　磷石膏含水率控制技术研究的实验方案

序号	矿浆/kg	固液比 /(kg·L⁻¹)	矿酸比 /(kg·kg⁻¹)	表面活性剂种类	用量 /(mg·L⁻¹)	反应时间 /min	温度/℃
1	20.0	1:2~1:3	1.3:1	空白(Blank)	10	120	80~85
2	20.0	1:2~1:3	1.3:1	聚二甲基硅氧烷(PDMS)	10	120	80~85
3	20.0	1:2~1:3	1.3:1	十二烷基硫酸钠(SDS)	10	120	80~85
4	20.0	1:2~1:3	1.3:1	聚乙烯醇(PVA)	10	120	80~85
5	20.0	1:2~1:3	1.3:1	十六烷基三甲基氯化铵(CTAC)	10	120	80~85
6	20.0	1:2~1:3	1.3:1	柠檬酸钠(SC)	10	120	80~85
7	20.0	1:2~1:3	1.3:1	烯丙基磺酸钠(ALS)	10	120	80~85
8	20.0	1:2~1:3	1.3:1	聚乙二醇(PEG)	10	120	80~85
9	20.0	1:2~1:3	1.3:1	D-山梨醇(D-G)	10	120	80~85
10	20.0	1:2~1:3	1.3:1	吐温80(TW80)	10	120	80~85
11	20.0	1:2~1:3	1.3:1	十二烷基苯磺酸钠(SDBS)	10	120	80~85

2)单一表面活性剂对磷石膏含水率的调控

表面活性剂是一类加入少量即可显著降低液相界面张力的具有亲水、亲油两亲特性的物质,它可以改变体系的界面状态,从而产生润湿、增溶、乳化和破乳、起泡以及消泡、分散和凝聚、洗涤去污、抗静电和杀菌等效果。表面活性剂主要分为阴离子、阳离子、两性离子、非离子表面活性剂和其他特种表面活性剂和功能性表面活性剂。表面活性剂在结晶过程中的应用研究开展得较迟,它对晶核形成、晶体成长、晶体形态均有重要影响。实验中主要考察了 D-山梨醇、十二烷基苯磺酸钠、聚二甲基硅氧烷、十二烷基硫酸钠、聚乙烯醇、十六烷基三甲基氯化铵、烯丙基磺酸钠、柠檬酸钠等单一表面活性剂对磷石膏的含水率和过滤速率等的影响。

(1)表面活性剂对溶液接触角的影响

接触角(Contact angle)是指在气、液、固三相交点处所作的气-液界面的切线,此切线在液体一方的与固-液交界线之间的夹角 θ,是润湿程度的量度。若 $\theta < 90°$,则固体表面是亲水性的,即液体较易润湿固体,其角越小,表示润湿性越好;若 $\theta > 90°$,则固体表面是疏水性的,即液体不容易润湿固体,容易在表面上移动。在磷矿浸出体系中,溶液接触角的大小影响着磷石膏的过滤、磷矿浸出率等。表面活性剂能够有效地调控溶液的接触角,实验中,分别研究了离子型表面活性剂、非离子型表面活性剂对磷矿浸出体系中溶浸液接触角的影响。非离子型表面活性剂对溶浸液接触角的影响如图 4.57 所示。空白组溶浸液的接触角为 77.6°。PEG、TW80 表面活性剂使溶浸液的接触角有所减小,其接触角分别为 77.5°、76.1°。PDMS、PVA 及 D-G 表面活性剂使溶浸液的接触角增大,其接触角分别为 81.9°、80.5°、84.9°。离子型表面活性剂对溶浸液接触角的影响如图 4.58 所示。离子型表面活性剂均使溶浸液的接触角较空白组增大。SDBS 实验组中溶浸液的接触角最大,接触角为 86.3°。图 4.57 与图 4.58 对比发现,离子表面活性剂对溶浸液接触角的影响较非离子型表面活性剂对溶浸液的影响大。

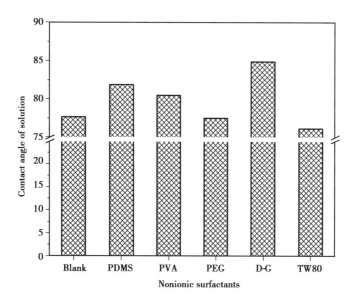

图 4.57　非离子型表面活性剂对溶浸液接触角的影响

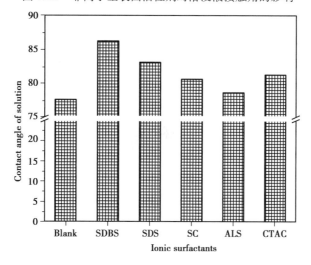

图 4.58　离子型表面活性剂对溶浸液接触角的影响

（2）表面活性剂对磷石膏晶体形貌的影响

表面活性剂能够改变磷矿浸出体系中界面化学,影响 Ca^{2+}、SO_4^{2-} 的传质过程,进而影响磷石膏的晶体形貌。添加非离子型表面活性剂后磷石膏晶体形貌如图 4.59 所示。图 4.59（a）为不加表面活性剂时,磷石膏晶体的 SEM 图谱。不加表面活性剂时,磷石膏的晶体形貌呈短小棒状或薄板状,错乱重叠在一起。图 4.59（b）为加入 PDMS 表面活性剂后磷石膏晶体的 SEM 图,PDMS 改性的磷石膏晶形貌呈粗大棒状或薄板状,并有团聚成大颗粒团的趋势。图 4.59（c）是加入 PVA 表面活性剂后磷石膏的 SEM 图,可见 PVA 的加入使磷石膏晶体从短小棒状、薄板状逐渐长大成粗大棒状晶体。图 4.59（d）是加入 PEG 表面活性剂后磷石膏的晶体形貌图,PVA 的加入,使磷石膏晶体长大成长宽比不一的板状。D-G 表面活性剂的加入,使磷石膏晶体长大成 20～30 μm 的板状颗粒,SEM 图如图 4.59（e）所示。图 4.59（f）是加入 TW80 表面活性剂的 SEM 图,从图谱可见,TW80 的加入,使磷石膏的晶体尺寸变得更加细碎。

非离子表面活性剂是在磷矿浸出体系的溶液中不电离,其亲水基主要是由一定数量的含氧基团(醚基和羟基)构成。非离子表面活性剂不易受强电解质无机盐类存在的影响,也不易受pH值的影响。因此,大部分非离子表面活性剂能够使磷石膏颗粒尺寸增大。

$$(a) Blank \qquad (b) 加入PDMS \qquad (c) 加入PVA$$

$$(d) 加入PEG \qquad (e) 加入D-G \qquad (f) 加入TW80$$

图 4.59 非离子型表面活性剂对磷石膏晶体形貌的影响

离子型表面活性剂对磷石膏晶体形貌的影响,如图 4.60 所示。离子型表面活性剂分为阴离子表面活性剂、阳离子表面活性剂两大类。阴离子表面活性剂在水中能生成憎水性的阴离子,从而影响 Ca^{2+}、SO_4^{2-} 的传质、磷石膏颗粒尺寸。SDBS、SDS、SC、ALS 阴离子表面活性剂使磷石膏晶体形貌从短小棒状向粗大的板状、粗大柱状转化,如图 4.60(b)—(e)所示。阳离子表面活性剂主要是含氮的有机胺衍生物,由于其分子中的氮原子含有孤对电子,故能以氢键与酸分子中的氢结合,使氨基带上正电荷。它们在磷矿浸出体系中具有良好的表面活性。阳离子表面活性剂 CTAC 对磷石膏晶体形貌的影响如图 4.60(f)所示,CTAC 阳离子表面活性剂改善了体系固-液界面张力,增加 Ca^{2+} 和 SO_4^{2-} 的扩散速度,提高晶体生长速率,形成较大的磷石膏颗粒。

(3)表面活性剂对磷石膏含水率的影响

表面活性剂能够改变磷矿浸出体系的界面张力、接触角,影响体系物质的传递,进一步影响磷石膏晶体的形貌、尺寸及磷矿的浸出率,从而影响磷石膏的含水率。非离子型表面活性剂对磷石膏含水率的影响如图 4.61 所示。不加表面活性剂得到的磷石膏的含水率为 26.8% ,添加非离子型表面活性剂 TW80 后得到的磷石膏的含水率为 27.5%,较空白组磷石膏含水率增加了0.7%。添加 PDMS、PVA、PEG、D-G 非离子型表面活性剂后,得到的磷石膏的含水率分别为25.4%、26.2%、26.6%、24.8%,较空白组磷石膏含水率降低了 1.4%、0.6%、0.2%、2.0%。

离子型表面活性剂对磷石膏含水率的影响如图 4.62 所示。SDBS、SDS、SC、ALS 及 CTAC离子型表面活性剂均使磷石膏的含水率降低了。其中,SDBS 表面活性剂降低磷石膏含水率的效果优于 SDS、SC、ALS 及 CTAC 表面活性剂对磷石膏含水率的调控。SDBS 表面活性剂使磷石膏含水率降低了 8.9% ,SDS 表面活性剂使磷石膏含水率降低了 5.97% ,SC 表面活性剂使磷石膏含水率降低了 2.24% ,ALS 表面活性剂使磷石膏含水率降低了 1.12% ,CTAC 表面活性剂使磷石膏含水率降低了 3.73%。

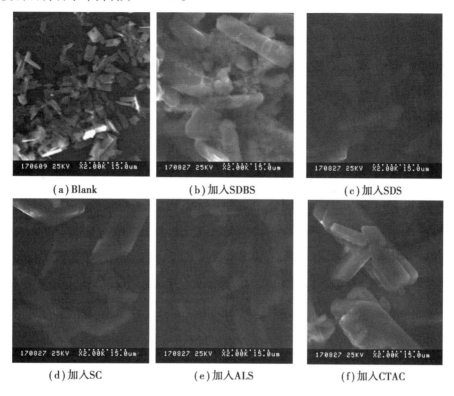

（a）Blank　　　　　（b）加入 SDBS　　　　　（c）加入 SDS

（d）加入 SC　　　　　（e）加入 ALS　　　　　（f）加入 CTAC

图 4.60　离子型表面活性剂对磷石膏晶体形貌的影响

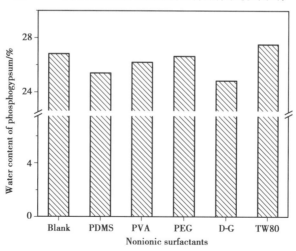

图 4.61　非离子型表面活性剂对磷石膏含水率的影响

对比图 4.61 和图 4.62 可知,非离子型表面活性剂 TW80 不利于磷石膏含水率的降低。SDBS 阴离子表面活性剂对磷石膏含水率降低的效果优于实验中的其他阴离子表面活性剂、阳离子表面活性剂、非离子型表面活性剂对磷石膏含水率降低效果。SDBS 是同时具有亲水基和亲油基的阴离子表面活性剂,其分子中十二烷基部分具有疏水性。在磷矿浸出中,SDBS表面活性剂的加入显著降低了磷矿浸出体系中液相的表面张力、接触角,在浸出结束后便于固、液相的分离;此外,表面活性剂改性后,磷石膏颗粒尺寸变大,从而增加磷石膏的过滤速率,降低磷石膏的含水率。

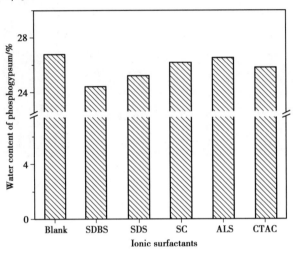

图 4.62　离子型表面活性剂对磷石膏含水率的影响

3) 复配型表面活性剂对磷石膏含水率的调控

表面活性剂相互间或与其他化合物的配合使用称为复配。表面活性剂复配的目的是达到增加和增效作用,即协同效应。把不同类型的表面活性剂人为地进行混合,得到的混合物性能比原来单一组分的性能更加优良,也就是通常所说的"1+1>2"的效果。实验中,采用二元复配型表面活性剂对磷石膏进行改性。其中,二元复配型表面活性剂的配比为 1∶1,每种表面活性剂的量为 5 mg/L。实验中,考察了二元复配型表面活性剂对磷矿浸出率、磷石膏晶体形貌、磷石膏过滤速率、磷石膏含水率等参数的影响。

(1)复配型表面活性剂对磷矿浸出体系界面性质的影响

实验中用阴离子表面活性剂十二烷基苯磺酸钠(SDBS)分别与十二烷基硫酸钠(SDS)、聚二甲基硅氧烷(PDMS)、硬脂酸(SR)、D-山梨醇(D-G)进行质量比为 1∶1 的二元复配。二元复配型表面活性剂对溶浸液表面张力的影响,如图 4.63 所示。由图 4.63 可知,在磷矿浸出体系中加入二元复配型表面活性剂后,溶浸液的表面张力显著下降了。其中,二元复配型表面活性剂 SDBS+SR 的加入,使磷矿浸出体系的表面张力较 SDBS+SDS、SDBS+PDMS、SDBS+D-G 实验组更低。图 4.64 所示为添加二元复配型表面活性剂对溶液与磷矿表面接触角的影响,由图 4.64 可知,SDBS+SR、SDBS+SDS、SDBS+PDMS、SDBS+D-G 二元复配型表面活性剂的加入,使溶浸液的接触角较空白实验组(空白组接触角为 77.6°)明显增大,其接触角分别为 81.1°、87.2°、88.3°、86.8°。二元复配型表面活性剂的加入,使溶浸液不易润湿磷石膏固体表面,即容易在磷石膏表面移动,同时,磷石膏的疏水性也增加了,便于后续过滤,利于磷石膏含水率的控制。

(2)改性磷石膏晶体形貌

利用扫描电子显微镜拍摄了添加二元复配型表面活性剂条件下磷石膏晶体表面形貌的SEM 图,实验结果如图 4.65 所示。图 4.65 中,在磷矿浸出体系中加入 SDBS+PDMS 二元复配型表面活性剂后磷石膏晶体主要是粗大板状型晶体,颗粒尺寸为 25 ~ 30 μm;SDBS + SDS 二元复配型表面活性剂改性后的磷石膏晶体主要是长宽比较大的板状,颗粒尺寸为 20 ~ 25 μm;加入二元复配型表面活性剂 SDBS + D-G 后,磷石膏晶体主要是粗大的棒状,颗粒尺寸为 30 ~ 35 μm。加入 SDBS + SR 组合的复配型表面活性剂后,磷石膏晶体主要是短小板状,并有聚集成晶体群的趋势,晶体群尺寸为 40 ~ 60 μm。

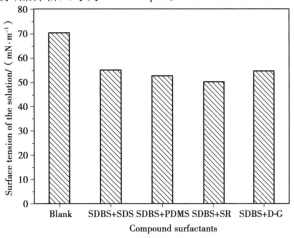

图 4.63 二元复配型表面活性剂对溶浸液表面张力的影响

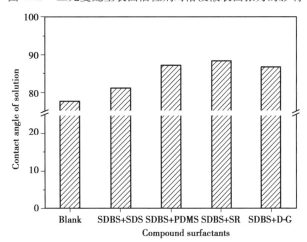

图 4.64 二元复配型表面活性剂对溶浸液接触角的影响

表面活性剂不仅能够降低溶浸液的表面张力,增加溶浸液的接触角,改变磷矿浸出体系的润湿性质,还能够获得较大尺寸的磷石膏颗粒。图 4.66 所示为二元复配型表面活性剂对磷石膏过滤速率提高效率的影响。不加表面活性剂得到的磷石膏过滤速率为 1 071.0 kg/(m² · h),添加二元复配型表面活性剂后使磷石膏的晶形有了显著改变,影响磷石膏的过滤性能。由图 4.26 可知,SDBS + SDS 二元复配型表面活性剂的加入,使磷石膏过滤速率提高了 30.46%;SDBS + PDMS 二元复配型表面活性剂的加入,使磷石膏的过滤速率提高了 34.78%;SDBS + SR 二元复配型表面活性剂使磷石膏的过滤速率提高了 37.41%;而 SDBS + D-G 二元复配型表面活性剂的加入,对磷石膏的过滤速率提高了 31.43%。二元复配型 SDBS + SDS、SDBS + SR、SDBS + PDMS、SDBS + D-G 表面活性剂的加入,使晶体的成核位垒提高,不易形成晶核,避免了晶核多而晶体小的现象。同时,表面活性剂的加入提高了晶体生长速率,从而得到了较大的磷石膏晶体,进而提高了磷石膏的过滤速率。

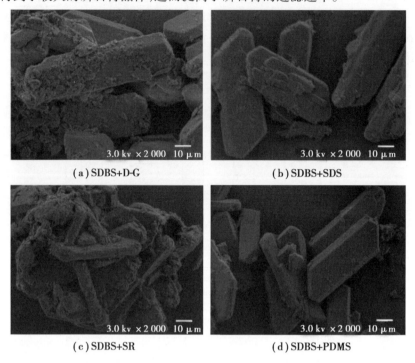

(a)SDBS+D-G   (b)SDBS+SDS

(c)SDBS+SR   (d)SDBS+PDMS

图 4.65　二元复配型表面活性剂对磷石膏形貌的影响

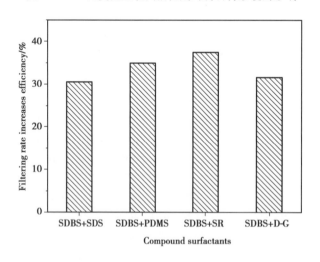

图 4.66　改性磷石膏过滤速率提升效率

（3）改性磷石膏含水率

二元复配型表面活性剂对磷石膏含水率的影响如图 4.67 所示。添加 SDBS + SDS(1∶1)表面活性剂后磷石膏含水率为 24.5%;添加 SDBS + SR(1∶1)表面活性剂后磷石膏含水率为23.2%;添加 SDBS + PDMS(1∶1)表面活性剂后磷石膏含水率为23.7%;添加 SDBS + D-G(1∶1)表面活性剂后磷石膏含水率为24.1%。SDBS + SDS(1∶1)、SDBS + SR(1∶1)、SDBS +PDMS(1∶1)、SDBS + D-G(1∶1)二元复配型表面活性剂分别使磷石膏含水率降低了2.3%、

3.6%、3.1%、2.7%。单一型表面活性剂 SDBS 使磷石膏含水率降低了 2.5%。从图 4.67 可知,二元复配型表面活性剂较空白实验组能有效降低磷石膏含水率;对于磷石膏含水率的调控,SDS 对 SDBS 有抑制作用,D-G 对 SDBS 的协同效应不明显,PDMS 对 SDBS 具有协同效应,SR 对 SDBS 具有明显的协同效应。

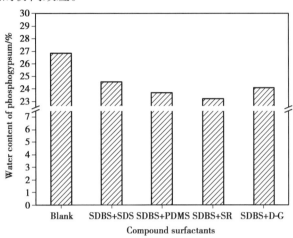

图 4.67　二元复配型表面活性剂对磷石膏含水率的影响

　　SDS、SDBS 具有相同的疏水基,十二烷基疏水基,按照质量比为 1∶1 进行复配,在总质量不变时,有效基团的摩尔量减少了,故 SDS、SDBS 二元复配表现为抑制作用。SDBS 具有一定的发泡性,硬水性较差,而 SR 具有一定的消泡性,两者复配时,可表现出互补的性质。此外,在磷矿浸出过程中,SR、SDBS 生成了络合物(图 4.68),克服了 SDBS 硬水性较差的缺点。因此,对于磷石膏水率的调控,SR 对 SDBS 具有明显的协同效应。SDBS、SR 都是阴离子表面活性剂,同类型表面活性剂的复配是复配体系中常见的复配形式。在同类型表面活性剂的复配体系中,表面活性剂分子结构十分相似,具有相同的亲水基,憎水基也只有链长的差别,因此混合溶液比较理想,形成的混合胶束性质也接近理想溶液。同类型表面活性剂复配体系的一些物理性质常常介于各单一表面活性剂之间,如胶束形成及表面吸附性质。在低表面活性的表面活性剂中,只要加入少量表面活性较高的表面活性剂,即可得到表面活性较高的混合体系;在表面活性较高的表面活性剂中,加入相当量较低的表面活性剂也不致明显降低其表面活性。

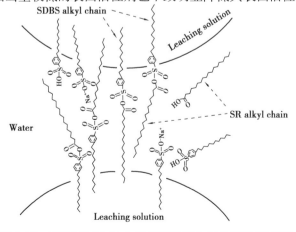

图 4.68　SDBS 与 SR 在水-浸出液界面上复合物形成示意图

4)表面活性剂调控磷石膏含水率作用机理分析

表面活性剂分子是具有疏水基和亲水基的两亲结构,它活跃于表面和界面上,可显著地改变界面的物理化学性质,如降低相界面张力、接触角,进而产生润湿、增溶等作用(图4.69)。在湿法磷酸浸出过程中表面活性剂主要通过以下几个方面促进磷矿地浸出、磷石膏含水率的控制。

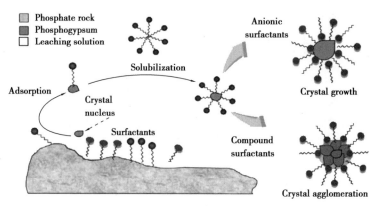

图4.69　磷矿浸出体系表面活性剂作用过程示意图

(1)表面活性剂降低表面和界面张力

在磷矿浸出过程中,表面活性剂的加入,不仅减小了溶浸液与矿粉之间的界面自由能,还通过疏水基团破坏水分子之间的氢键并使水分子结构重排,水分子键角增大,降低溶浸液的界面张力,增大溶浸液与磷矿粉接触面积,加快传质速率,提高磷矿浸出率,同时,浸出结束后,固、液分离更容易,提高磷石膏过滤速率,降低磷石膏含水率。

(2)表面活性剂对磷矿润湿过程的影响

润湿过程一般可以划分为3类:铺展润湿、沾湿、浸湿。磷矿浸出过程中主要存在浸湿,即原先没有和溶浸液接触的矿粉被溶浸液完全浸没(图4.70),浸湿时,单位面积的界面自由能为:

$$- \Delta G_a^w = \gamma_{SA} - \gamma_{SL} \tag{4.5}$$

$\gamma_{SA} - \lambda_{SL}$是浸湿现象的驱动力,当矿粉在溶浸液中的接触角 $\theta > 0$ 时,

$$\gamma_{SA} - \gamma_{SL} = \gamma_{LA} \cos \theta \quad (\text{Young 方程}) \tag{4.6}$$

实验结果显示,接触角 θ 均大于0,同时,表面活性剂的加入使 θ 值变大。浸湿过程中,磷矿浸出体系界面自由能较不加表面活性剂时小,有利于溶浸液在矿粉表面、间隙铺展浸润,减小了反应体系的传质、传热阻力,使矿粉反应更彻底。此外,还减小磷石膏结晶诱导的时间,提高了晶体生长速率,得到了均匀粗大的石膏颗粒,降低磷石膏含水率。

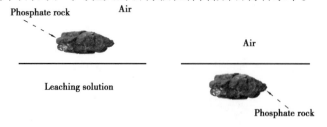

(a)Before immersion in the solution　　(b)After immersion in the solution

图4.70　浸湿过程示意图

（3）表面活性剂对磷石膏结晶过程的影响

表面活性剂降低磷矿颗粒附近 Ca^{2+}、SO_4^{2-} 的过饱和度，从而减少磷矿颗粒附近初级均相成核的概率，避免生成的细晶在磷矿颗粒表面沉积，增加磷矿颗粒表面固态膜的通透性。同时，表面活性剂改变 $CaSO_4 \cdot nH_2O$ 晶体表面的性质，影响 $CaSO_4 \cdot nH_2O$ 晶体中 P_2O_5 的取代现象，减少晶间磷损失，提高磷矿的浸出率。此外，表面活性剂增加了 $CaSO_4 \cdot nH_2O$ 晶体界面的表面能，使晶体成核位垒提高，抑制成核过程，成核速率降低，减少细晶的生成。同时，表面活性剂改善固-液界面张力，增加 Ca^{2+}、SO_4^{2-} 的扩散速度，使晶体稳定成长，从而得到粗大均一的磷石膏晶体，提高过滤速率，降低磷石膏含水率。

4.4.4　磷石膏资源化利用

目前，全世界磷石膏的有效利用率仅为 4.5% 左右，也就是说全世界每年得到综合利用的磷石膏只有 12.6 Mt。日本、韩国和德国等发达国家磷石膏的利用率相对高一些。以日本为例，由于日本国内缺乏天然石膏资源，磷石膏有效利用率达到 90% 以上，其中的 75% 左右用于生产熟石膏粉和石膏板。其他不发达国家磷石膏的利用率相对很低，一般以直接排放（抛弃）为主。目前，我国磷石膏的有效利用率不足 40%，距国家"十一五"规划工业固体废物综合利用率达到 60% 的目标尚有较大差距。磷石膏在我国产生的历史较长，其综合利用技术开发的时间已有近 40 年。

1）磷石膏在水泥行业的应用

（1）磷石膏制硫酸联产水泥

利用磷石膏作为硫资源制硫酸并联产水泥，被认为是磷石膏综合利用的有效途径之一。利用磷石膏生产硫酸联产水泥主要是将磷石膏与焦炭、黏土等混合，经高温分解生成 SO_2 和主要含 CaO 的物料，其中 SO_2 经处理后制成硫酸，主要含 CaO 的物料煅烧之后生成水泥熟料。20 世纪 90 年代，我国在大力发展磷复肥的同时，建成了多套磷石膏制硫酸联产水泥装置，但由于技术及设备问题未得到有效解决，先后有多套磷石膏制硫酸装置停产或被拆除，仅有山东鲁北化工集团的磷石膏制硫酸联产水泥装置至今仍在生产，由于磷石膏制硫酸联产水泥工艺在我国进展缓慢，近几年，国内多家研究机构致力于研究磷石膏热分解特性，以寻找最优分解条件，为磷石膏分解制硫酸联产水泥工业化的推广应用提供技术支撑。

（2）磷石膏作水泥缓凝剂

在水泥生产中，通常将天然石膏作为缓凝剂加入水泥熟料里，以调节水泥的凝结过程。从化学组成来看，磷石膏中硫酸钙含量与天然石膏相当，可以替代天然石膏作为水泥缓凝剂；但是由于磷石膏呈酸性，含有 P_2O_5、F 及少量有机杂质，对水泥强度有一定的影响，需处理后才能加入水泥熟料中。经加工处理后的磷石膏可按水泥质量的 4%～6% 加入水泥中作为水泥缓凝剂，所生产的水泥的强度甚至优于使用天然石膏的水泥强度，制成的水泥产品性能可满足环保要求，大幅度降低水泥生产成本，提高企业经济效益。现在国内已有多家企业利用磷石膏生产水泥缓凝剂，规模最大的是铜陵化工集团磷石膏综合开发公司的年产 100 kt 水泥缓凝剂装置。

（3）磷石膏作水泥矿化剂

在水泥生产中，一般加入硫酸钙和氟化钙作为矿化剂，通过活化二氧化硅来降低液相的形成温度，最终改善熟料的矿物组成。磷石膏中含有少量 P_2O_5 和氟化物，无须处理即可作为水泥矿化剂使用。研究表明,在提高水泥熟料质量、降低熟料烧成温度方面,磷石膏略优于天然石膏,同时,磷石膏中的 P_2O_5 能适当促进水泥熟料中硅酸三钙(C_3S)的形成。

2)磷石膏在建材行业的应用

(1)熟石膏粉

熟石膏粉又分为 α 型熟石膏粉和 β 型熟石膏粉两种,主要用于生产装饰材料。磷石膏需要先预处理,将一定比例的生石灰与磷石膏原料拌和再在高温高湿条件下煅烧,此工艺可大大降低可溶磷和氟,然后用改性磨将煅烧石膏磨细,提高白度、黏度、强度,最后再利用改性后的磷石膏生产熟石膏粉。该技术国内比较成熟,已广泛应用于首饰模具、医疗卫生、精密铸造和陶瓷工业等特殊领域。

(2)纸面石膏板

经预处理煅烧后的磷石膏符合纸面石膏板原料的质量标准,可生产纸面石膏板。以熟石膏为原料,加入纤维和其他添加剂混合均匀后搅拌成料浆,铺在护面纸之间构成芯材,制成规定尺寸的板材。由于它的生产成本低、价格低廉,且具有耐火、质轻、保温、隔声性能好的优点,已成为我国非承重墙体材料生产的主要原材料之一,普遍用作民用建筑的内隔墙和天花板吊顶。

(3)纤维石膏板

纤维石膏板以煅烧磷石膏为原料,掺入适量木质刨花或纸纤维及其他添加剂作为增强、填充材料,加水一起搅拌成均匀的浆料,采用半干法浇注成型干燥而成。纤维石膏板具备一定的防火、防潮及抗冲击性能,用其设计制作的隔墙具有较低的价格。因此,纤维石膏板具有较大的发展潜力。

(4)石膏空心条板

石膏空心条板以磷石膏煅烧成的 β 型半水石膏为原料,形状似混凝土空心楼板,经加水搅拌、浇注成型和干燥后制成的板状轻质墙体材料。其优点是可代替传统的黏土砖用于内隔墙,并较好地解决了普通轻质墙板的防火、耐水、开裂、隔音等问题。

(5)石膏胶凝材料

将除杂预处理后的磷石膏煅烧成无水石膏,掺入多种外加剂如缓凝剂、矿渣等改性后,可制得无水石膏胶凝材料。该无水石膏胶凝材料具有轻质、高强、耐水等特点,适用于生产轻质墙体和建筑砂浆。

(6)石膏陶瓷饰面砖

用磷石膏、高炉矿渣和平板碎玻璃等为原料,掺入少量其他添加剂,在温度 800 ~ 1 100 ℃条件下烧制面砖。该石膏陶瓷饰面砖有强度大,抗寒性强、热稳定性高等特点,并能用生产陶瓷饰面砖的生产线进行工业化生产。

(7)石膏砌块

石膏砌块是以除杂煅烧后的 β 型半水磷石膏为主要原料,掺入其他添加剂如轻集料、填充料、纤维增强材料、发泡剂等辅助材料后加水搅拌,浇筑成型,自然干燥后即为制品。石膏砌块防火性能好,并且具有保温隔热、墙体轻、抗震性好的特点,还可钉、可锯、可刨,加工处理十分方便。此外,石膏砌块还具有呼吸功能,可调节室内小气候。

(8)磷石膏砖

磷石膏砖有两类,即磷石膏烧结砖和磷石膏免烧砖。磷石膏烧结砖是以磷石膏为主要原料,先煅烧成 β 型半水磷石膏后掺入其他添加剂,经混合后在低压下压制成砖;磷石膏免烧砖是以磷石膏为主要原料,直接与其他原料如水泥等黏结剂混合后,经高压成型、养护后得到。也有以磷石膏为主料,铁渣、黄磷渣、炉渣等为辅料,经混合制砖得到磷石膏免烧砖。磷石膏免烧砖具有轻质高强的特点,可调节室内小气候,利用前景较好。

(9)粉刷石膏

将改性处理后的磷石膏,掺入集料、填充剂及添加剂等可制成粉刷石膏,按使用性质可分为底层型、面层型和保温型粉刷石膏。作为粉刷抹灰材料,粉刷石膏既有建筑石膏早强、快硬、质轻、保温、隔热、安全、防火等优点,又有施工和易性好、黏结强度高、不易空鼓和开裂的特点,其具有的呼吸功能,可调节室内空气湿度,改善居室环境。

(10)仿瓷涂料

将磷石膏、复合激发剂和改良剂混合均匀,其中磷石膏 85% ~95%,激发剂 2% ~5%,改良剂 3% ~10%,混合均匀后烘干至水分低于 8%,烘干温度 100 ~110 ℃,进入煅烧炉 250 ~300 ℃,煅烧 0.5 ~1 h,自然冷却,制得改性磷石膏粉。再按一定配比与重质碳酸钙、硅酸钠、玻璃纤维、粉煤灰、涂料胶粉制得仿瓷涂料,该涂料具有硬度高、耐擦拭、不脱落、成本低的特点。

(11)磷石膏生产空腔模盒技术

重庆市涪陵页岩气环保研发与技术服务中心联合中化重庆涪陵化工有限公司作了相关选择性技术研究。

①原材料:改性磷石膏来自湖北宜化某企业煅烧磷石膏后半水石膏粉,灰白色,粉状颗粒中径在 42 μm 左右;聚丙烯纤维来自重庆某公司;速凝剂是 Na_2SO_4,来自重庆某公司;拌和用水为普通自来水。

②配合比:基于前期的研究优选出了以下模盒产品的配合比,主要为 50% ~70% 的改性磷石膏、0.5% 的聚丙烯纤维、0.5% 的速凝剂及 40% 的水。

③模盒制备方法:因磷石膏晶体形态呈规则性片状,故其颗粒尺寸是天然石膏的好几倍。所以,须对磷石膏进行改性处理,即在 800 ℃温度下煅烧 2 ~3 h 成为半水石膏。改性磷石膏、聚丙烯纤维、速凝剂和部分水逐个移入搅拌机中预搅拌 30 s 左右,再将剩余水完全倒入搅拌机中继续搅拌 1 min 左右,再将其移入 580 mm ×580 mm ×100 mm 的空腔钢模中成型,然后将脱模后的产品移至堆场中自然养护至规定龄期,整个产品制备工艺流程图如图 4.71 所示。

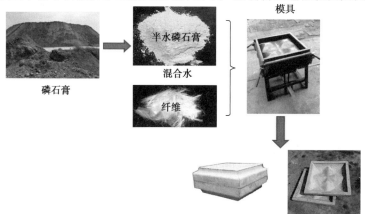

图 4.71　石膏模盒的制备工艺

④改性空腔模盒检测结果:改性磷石膏空腔模盒的实测结果与标准要求对比、环境安全性能测试,见表4.20和表4.21。

表4.20　改性磷石膏空腔模盒的实测结果与标准要求对比

性能指标	测试结果	标准要求	评 判
外观质量	良好	无缺棱少角	√
力学性能/kN	1.5	≥1.0	√
吸水率/%	3.9	≤5	√
未贯穿或产生裂缝	未贯穿或产生裂缝	未贯穿或产生裂缝	√
表观密度/(kg·m^{-3})	381.0	15.0～500.0	√
内照射指数	0.1	≤1.0	√
外照射指数	0.2	≤1.0	√

表4.21　改性磷石膏空腔模盒浸出液中的重金属浓度

单位:mg/L

项　目	Cu	Zn	Cd	Ni	As	Cr	Hg	Pb	Ba	P
标准值	0.5	2.0	0.1	1.0	0.5	1.5	0.05	1.0	—	0.50
实测值	N.D.	N.D.	N.D.	N.D.	N.D.	N.D.	N.D.	N.D.	0.04	0.5

注:N.D.表示未检出。

由表4.21可见,改性磷石膏空腔模盒一般浸出液中的重金属Cu、Zn、Pb、Cd、As、Hg、Cr、Ni均未检出,只有Ba和P的检测值分为0.04 mg/L和0.51 mg/L。由前面磷石膏原料重金属测试结果可知,其中P含量很高,但通过800 ℃左右的煅烧改性处理后,其P的浸出浓度为0.51 mg/L,同时Ba的浓度为0.04 mg/L;而改性磷石膏空腔模盒产品的使用场景进行了分析:其长期被封存于水泥混凝土的楼盖板中,完全与空气中的水汽隔离,不存在被雨水长期浸泡。所以,改性磷石膏空腔模盒的产品环境安全可靠。

⑤改性磷石膏模盒的实际生产与施工:改性磷石膏模盒的实际生产与施工图示如图4.72所示,可见整个生产制备过程比较简单,容易实现推广;并且将所制备的模盒置于钢筋笼中,再浇筑混凝土,使其完全复合于钢筋混凝土中,能使其与外界空气水分的隔绝,保证了产品的长期耐久性能。

⑥改性磷石膏填充箱成本分析:由表4.22可知,改性磷石膏空腔模盒和商品混凝土(不含钢筋)的成本价分别为4.76元和6.61元,并且二者同体积重量分别为50 kg和90 kg。很显然,改性磷石膏空腔模盒的价格和重量远低于同体积的钢筋混凝土产品,故改性磷石膏空腔模盒的市场应用前景非常好。

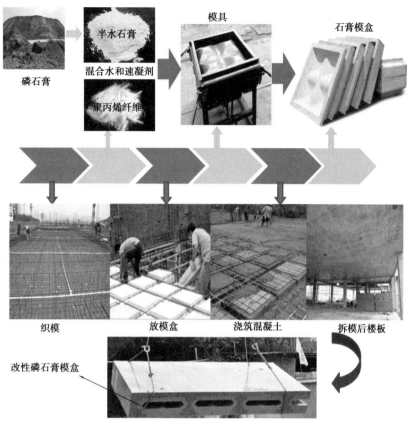

图 4.72　改性磷石膏模盒的实际生产与施工图示

表 4.22　改性磷石膏填充箱成本和商品钢筋混凝土成本对比

材　料	配比/(t·块$^{-1}$)	单价/(元·t^{-1})	石膏模盒材料价格/(元·t^{-1})
改性磷石膏	0.3	280	84
聚丙烯纤维	0.005	11 000	55
速凝剂	0.005	10 000	50
水	0.69	2.5	1.725
总价/(元·t^{-1})	190.725		
总价格/(元·单块$^{-1}$)	190.725×0.025＝4.768		
石膏模盒质量/(kg·单块$^{-1}$)	50		
材　料	配比/m³	单价/(元·m^{-3})	商品混凝土材料价格/(元·m^{-3})
水泥(P.O 42.5)	12.1%	550	66.55
粗骨料	48%	120	57.6
砂	29.1%	150	43.65
粉煤灰	2.8%	160	4.48
外加剂	1.2%	2 000	24
水	6.8%	2.5	0.17

续表

总价格/(元·m⁻³)	196.45
同体积钢筋混凝土总价/(元·单块⁻¹)	196.45 × 0.033 64(0.58 × 0.58 × 0.1m³) = 6.61(不含钢筋)
同体积钢混重量/(kg·单块⁻¹)	90

⑦应用实例:图4.73—图4.78是磷石膏空腔模盒在项目施工中使用的现场图。

图4.73　重庆大学B区操场兼公共停车库现场

图4.74　涪陵翔正丽湾独立停车库施工现场

图 4.75　渝中区中兴路"熊猫公馆"项目现场

图 4.76　南岸迎龙医药城

图 4.77 巴南界石宁辉创业园

图 4.78 南岸弹子石(CBD)总部基地大厦

3)磷石膏在新型材料领域的应用

（1）石膏基导电材料

在净化处理后的磷石膏中掺入导电物质(如导电聚合物、石墨等)制成石膏基导电材料,可作为屏蔽电磁波、电热材料和耐热导电材料,以及用于建筑材料的光电转换、工业防静电、发热体、传导材料及隐身材料等。

（2）石膏基磁性材料

采用特殊工艺将磁化粒子（如铁氧体类）复合于净化处理过的磷石膏中，使得磁化粒子在制品中定向排列，从而制成石膏基磁性材料。这些材料的应用将使建筑物具有自动传感、自控调节及其他特殊功能，从而使建筑物较容易实现智能化和多功能化。

4）磷石膏在化工行业的应用

（1）磷石膏回收硫

据中国化工矿业协会预测，到 2020 年硫的需求量将达到 21.0 Mt。根据需求预测并考虑选矿损失，国内现有硫铁矿和伴生硫保有储量的保证年限仅为 16 年，在国内硫资源紧缺的情况下，磷石膏回收硫是个不错的选择。从磷石膏中回收硫是利用生物还原工艺，先将硫酸盐还原成硫化物，然后再在一定条件下加入微生物作用部分还原成元素硫。能够将硫化物还原成单质硫的微生物有丝状硫细菌、光合硫细菌和无色硫细菌。

（2）利用磷石膏生产硫酸铵

硫酸铵是最早的氮肥品种，早在 1918 年德国化学家就利用硫酸钙和碳酸氢铵进行复分解制取硫酸铵，并实现了工业化生产，其化学反应式如下：

$$CaSO_4 \cdot 2H_2O + 2NH_4HCO_3 \longrightarrow (NH_4)_2SO_4 + CaCO_3 + CO_2 \uparrow + 3H_2O$$

磷石膏主要成分是二水硫酸钙，可用来生产硫酸铵。近年来，国内外学者深入研究了磷石膏生产硫酸铵的工艺条件，但是众多的研究侧重于基于液固反应的湿法转化法，该法不仅耗时长，而且存在工序多、能耗高、效率低等缺点，不利于大规模的工业生产，所以仍需对磷石膏生产硫酸铵工艺进行深入思考和探讨。

（3）磷石膏制硫酸钾

磷石膏制硫酸钾有一步法和二步法之分。由于一步法的副产物为氯化钙，难处理并易导致环境污染，故应用受限；二步法中首先将磷石膏制硫酸铵，然后将反应生成物分离出碳酸钙后的母液与氯化钾进行复分解反应。反应时加入某种有机溶剂，可降低硫酸钾在体系中的溶解度，提高回收率。分离出硫酸钾经洗涤、干燥可得产品硫酸钾；滤液经蒸发、分离可得副产品氯化铵，有机溶剂可返回系统循环使用。

（4）利用磷石膏替代硫酸调控磷酸二铵（DAP）及复合肥养分含量

在 DAP 及复合肥生产中，当总养分过高时，往往在原料磷酸中加入适量硫酸来降低磷含量，以达到降低产品成本目的。但随着硫酸成本的不断攀升，继续使用硫酸来调节 DAP 及复合肥养分，生产成本将大幅度上升。针对这一情况，可用磷石膏替代硫酸调控 DAP 及复合肥养分，既有效利用了磷石膏中的硫资源，也降低了 DAP 及复合肥的生产成本。

（5）磷石膏制硫脲

磷石膏制硫脲工艺主要分四步：一是煤与磷石膏一起在高温炉中焙烧生成硫化钙；二是用硫化钙、水及硫化氢进行浸取，浸得 20% 的硫氢化钙溶液；三是将一部分硫氢化钙溶液通过二氧化碳碳化，得到硫化氢和碳酸钙，过滤得到轻质碳酸钙，产生的硫化氢和滤液返回浸取工序；四是在另一部分硫氢化钙溶液中加入石灰氮，过滤，滤液冷却结晶合成硫脲。该工艺可回收利用钙、硫资源达 95% 以上。

（6）磷石膏制晶须

以柠檬酸钠为添加剂，以磷石膏和尿素分别作为钙源和碳酸根源采用水热法可合成出大小均匀、长径比高、分散性较好的文石型碳酸钙晶须。磷石膏晶须具有强烈的吸附性，它通过大量吸附带正电荷的电解质,与带负电荷的纤维形成桥联作用,从而使石膏晶须附着在纸纤维上,能和木质纤维很好地结合在一起,制造出性能优良的纸张。

硫酸钙晶须是一种单晶短纤维材料,具有强度高、韧性好、绝缘性高、耐酸碱、抗腐蚀、红外线反射性良好无毒等特点,可用于塑料、橡胶、涂料、造纸、沥青、摩擦和密封材料中作为补强增韧剂或功能型填料。根据结晶水的不同,硫酸钙晶须可分为水、无水硫酸钙晶须。二水硫酸钙晶须分解温度较低,应用较少;半水及无水可溶硫酸钙晶须与水接触后可发生水化反应而导致其晶体结构和性能的破坏,必须对其进行稳定化处理。无水硫酸钙晶须不存在水化问题,其结构中 Ca 的配位数多,原子间距短而紧密,结构中不存在孔道,遇水不发生反应,性质稳定。

生成硫酸钙晶须有两种理论:一是结晶理论(或称溶解沉淀理论);二是胶体理论(或称局部化学反应理论)。虽然这两种理论都得到很多学者的支持,但新近的研究者多数支持前者,结晶理论认为硫酸钙晶须的制备实质上是颗粒状的 $CaSO_4 \cdot 2H_2O$ 向纤维的半水或无水 $CaSO_4$ 转化的过程,生成过程本质是一个"溶解—结晶—脱水"的过程,表示为:

$$CaSO_4 \cdot 2H_2O(颗粒状) \longrightarrow Ca^{2+} + SO_4^{2-} + 2H_2O$$

$$Ca^{2+} + SO_4^{2-} + 2H_2O \longrightarrow CaSO_4 \cdot 2H_2O(纤维状)$$

$$Ca^{2+} + SO_4^{2-} + 0.5H_2O \longrightarrow CaSO_4 \cdot 0.5H_2O(纤维状)$$

$$CaSO_4 \cdot 0.5H_2O(纤维状) \longrightarrow CaSO_4(纤维状) + 0.5H_2O$$

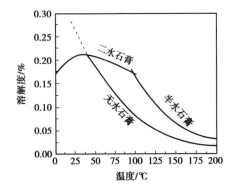

图 4.79 水中硫酸钙溶解度曲线

硫酸钙晶须制备过程中研究其不同相(二水、半水、无水)之间溶解度与温度的关系是必要的。硫酸钙的溶解度与温度变化之间的关系如图 4.79 所示。

根据硫酸钙的溶解度与温度变化之间关系,二水硫酸钙与半水硫酸钙的溶解度在 100 ℃ 左右时相交,当温度高于 100 ℃ 时,半水硫酸钙的溶解度随温度的升高下降更快,在合成硫酸钙晶须的过程中,随着二水硫酸钙晶须的不断溶解,溶液中钙离子浓度不断增大,远大于半水硫酸钙晶须在该温度下平衡时的溶解度,因此体系一直趋向处于过饱和状态,这样有利于硫酸钙晶须的结晶析出,直至结晶过程结束。

硫酸钙晶须的生长符合溶液系统中晶体生长规律,即晶体生长分为过饱和态的建立晶核的形成和晶核的长大;但是作为一种特殊晶体,硫酸钙晶须生长又有特定的生长规律,它的形成过程包括溶液介质达到过饱和、晶体成核、位错成核和增殖、位错延伸(晶须生长)等阶段。实际生长过程中,晶核形成后,在晶型助长剂氯化镁的作用下,使得晶核某些表面的表面能增大,在此表面上晶核吸收的晶体较多,从而使晶体沿着晶核的固定方向生长,最终形成纤维状的晶体,即硫酸钙晶须。

磷石膏制备硫酸钙晶须的方法主要有水热合成法和常压酸化法。

①水热合成法制备硫酸钙晶须:指将质量分数约4%左右的生石膏悬浮液加到水压热容器中,在饱和蒸汽压下生石膏转变为细小针状的半水石膏,再经晶型稳定化处理,得到硫酸钙晶须。水热条件下,水作为化学组分起作用并参与反应,既是溶剂又是膨化促进剂,同时还可

以作为压力传递介质;通过加速渗析反应和控制其过程的物理化学因素实现晶须的形成和改性。在水热条件下,既可制备单组分的微小单晶体,又可制备双组分或多组分的特殊化合物粉末,克服某些高温条件下不可克服的晶型转变、分解、挥发等不足。水热条件下,晶体生长是在非受迫情况下进行的,反应温度、升温速率、压力、介质 pH、添加剂种类及数量等都会对晶体的成核、生长以及晶体各面族生长速率产生影响很明显地表现在晶体形貌的变化上。中国科学院青海盐湖研究所以 $MgCl_2 \cdot 6H_2O$ 为形貌控制剂,控制镁/钙摩尔比 $n(MgCl_2 \cdot 6H_2O)/n(CaSO_4 \cdot 2H_2O)$ 为 2.5,在 180 ℃下水热反应 2 h,制备出长度为 20 ~ 40 μm、直径 0.5 ~ 2 μm 的无水硫酸钙晶须。

②常压酸化法制备硫酸钙晶须:指在一定温度下,高浓度生石膏悬浮液在酸性溶液中,可转变成针状或纤维状的硫酸钙晶须。与水热合成法相比,常压酸化法不需要高压釜,且原料质量分数比较高,理论上产品成本可大幅降低,易于工业化生产。中国科学院青海盐湖研究所采用一步常压酸化法制备出无水硫酸钙晶须:反应温度为 70 ℃,反应时间为 4 h、浓盐酸和水体积比为 4∶1。一步常压酸化法制备无水硫酸钙晶须生成过程经历了片状 $CaSO_4 \cdot 2H_2O$→棒状 $CaSO_4 \cdot 0.5H_2O$→簇状 $CaSO_4$ 过程,属于溶解—结晶过程。无水硫酸钙晶须成核与生长主要由过饱和度决定,在高浓度盐酸溶液中,硫酸钙溶解度降低及硫酸氢根的形成减少了游离硫酸根浓度,降低了无水硫酸钙过饱和度,生成一维晶须形貌。

对硫酸钙晶须形貌调控的主要因素有杂质、预处理工艺和晶形助长剂等。

①磷石膏中杂质对硫酸钙晶须形貌影响:磷石膏中含有磷、氟有机物等杂质,在制备过程中,这些杂质必然会对硫酸钙晶须的生长产生不同程度的影响。

掺有不同杂质的硫酸钙晶须 XRD 分析结果见图 4.80。由图 4.80 曲线 1 可见,用水洗磷石膏制备的硫酸钙晶须的矿物组成主要是半水硫酸钙相 $CaSO_4 \cdot 0.5H_2O$。由图 4.80 中曲线 2 可见,掺入 1.5% H_3PO_4 后,所制得的半水硫酸钙晶须晶面(020)衍射峰强度明显大于品面(400)和晶面(200),表明 H_3PO_4 改变了半水硫酸钙晶体各晶面的相对生长速率;晶面(200)与晶面(400)的衍射峰强度较弱,这表明 H_3PO_4 延缓了半水硫酸钙晶须在这两面的叠加生长速率,使晶须沿 c 轴的生长速率降低,最终形成短柱状或片状的硫酸钙晶体。另外,矿物组成中出现了新相 $CaHPO_4 \cdot 2H_2O$,这表明磷酸与溶液中的 Ca^{2+} 发生了化学反应。

由图 4.80 中曲线 3 可见,当磷石膏料浆中掺入 0.2% HF 后,所制备硫酸钙晶须的矿物组成依然是半水硫酸钙相,相比于曲线 1,其所对应的衍射峰顺序没有发生变化,但其强度明显增强,这表明所对应的衍射面结晶度好,即衍射面发育程度好。但是,原本硫酸钙晶须衍射峰强度较小的晶面(204)其衍射峰强度却得到明显增大,这也就说明 HF 的掺入可以增加晶须的直径。同样,掺入 HF 后,样品中矿物组成出现了新相 CaF_2。

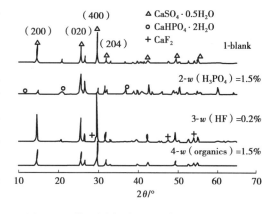

图 4.80　掺不同杂质对硫酸钙晶须 XRD 图谱

由图 4.80 中曲线 4 可见,溶液中掺入有机物后,半水硫酸钙晶须(400)面衍射峰强度最大,其次是(200)和(020)面,与未掺杂质的水溶液体系相比,可以看出其特征峰的晶面衍射峰强度明显减小,说明有机物的存在也明显改变了半水硫酸钙晶体各晶面的相对生长速率,生长基元往(200)和(020)面上叠合,最终生成了细长晶须。与掺 HF 的样品比较,可以看出该样品的特征峰(204)晶面衍射峰强度较小,这表明有机物对硫酸钙晶须直径的影响作用小于氟化氢。

磷石膏在不同的杂质溶液环境下可形成不同形貌的硫酸钙晶体,其生长过程经历了二水硫酸钙相溶解、半水硫酸钙晶核形成以及晶须生长等 3 个重要阶段。但无论硫酸钙晶体的最终形态如何,其(020)面始终为显露面,表明硫酸钙晶体具有沿平行于(020)面方向(c 轴)生长的结晶习性。当生长环境条件改变时,溶液体系中的 Ca^{2+},SO_4^{2-},Ca^{2+}/SO_4^{2-} 以及过饱和度 S 都将发生相应变化,从而导致生长基元 Ca^{2+},SO_4^{2-} 除了沿 c 轴方向叠加外,在其他方向(a 轴及 b 轴)上的叠加速率也相应加快,最终使晶体变粗或变细。

磷酸对硫酸钙晶须的生成具有明显的抑制作用,然而氟化氢对硫酸钙晶须具有粗化作用。随着料浆中氟化氢掺量的增大,硫酸钙晶须的直径变大,长径比减小。有机物能降低硫酸钙晶须的直径与长径比,但其影响作用小于氟化氢。有机物掺量越高,硫酸钙晶须的白度越小。

②磷石膏预处理工艺对硫酸钙晶须形貌影响:磷石膏及磷石膏经不同预处理工艺改性后制备的硫酸钙晶须的 SEM 照片如图 4.81 所示。

图 4.81　不同预处理方式生成的硫酸钙晶须的 SEM 图

图 4.81 中显示,未经预处理的磷石膏制备的硫酸钙晶须表面粗糙,而经过预处理工艺制备的晶须形貌都有不同程度的改善,且晶须直径明显减小,表明磷石膏中杂质对硫酸钙晶须的形貌、直径有较大的影响。

比较磷石膏经不同预处理后制成的硫酸钙晶须的形貌可知,水洗磷石膏制成的硫酸钙晶须形貌规则,表面光滑;石灰中和后制成的晶须形貌较规则,但是有一些颗粒状物质附着在晶须表面上;球磨后制成的晶须形貌不规则,但与未处理之前相比,晶须直径有明显减小;筛分后制成的晶须表面较为光滑,但直径分布较宽;浮选制成的硫酸钙晶须表面光滑度较差。上述结果表明磷石膏中不同种类的杂质对硫酸钙晶须形貌的影响存在较大差异。有机物对硫酸钙晶须形貌的影响不显著,如图 4.81(b)和(c)所示。可溶性 P_2O_5、F^- 对硫酸钙晶须形貌的影响较为显著,如图 4.81(b)(c)与图 4.81(d)(e)(f)所示。

根据上述分析,水洗和石灰中和预处理工艺都能有效去除或掩蔽可溶性 P_2O_5、F^- 对硫酸钙晶须形貌的影响。但是磷石膏中颗粒粒径分布范围较宽,溶解速率存在差异,不利于硫酸钙晶须生长的均匀性,导致晶须的长径比范围变宽。为了降低颗粒粒径对硫酸钙晶须形貌的影响,在水洗和石灰中和预处理工艺的基础上进行球磨,结果如图 4.81(g)和(h)。水洗球磨后制成的硫酸钙晶须形貌规则表面光滑,与未经球磨相比,球磨后制备的硫酸钙晶须直径更小;石灰中和球磨后制成的硫酸钙晶须形貌规则,与只经过石灰中和制成的晶须相比,表面颗粒少,光滑度高。

③晶形助长剂对硫酸钙晶须形貌影响:为制备出晶形较好的硫酸钙晶须,通常需要向反应体系中掺入晶形助长剂,以促使硫酸钙晶体按一维方向生长。对于硫酸钙晶须,晶形助长剂作用主要体现在改变硫酸钙的过饱和度以及对硫酸钙晶须的生长产生影响,$CaSO_4 \cdot 2H_2O$ 属于单斜晶系,在晶须的生长过程中,Ca^{2+} 主要在(111)晶面,SO_4^{2-} 主要集中在(110)晶面,两种离子在晶形助长剂的作用下按照螺旋位错的方式生长,最终形成硫酸钙晶须。

对于阴离子型的晶形助长剂,与晶核表面的阳离子发生络合反应后吸附在晶核表面上,其较大的空间位阻碍了晶核在某个方向上的生长速率,从而导致晶体的生长形态发生变化,当十二烷基磺酸钠、EDTA 和柠檬酸钠作为晶形助长剂时,其中的阴离子与硫酸钙晶核(111)晶面上的 Ca^{2+} 络合,改变了(111)晶面的生长速率,导致硫酸钙晶须形貌发生变化。其中,柠檬酸钠的掺入使硫酸钙的过饱和度迅速增大,形成大量的硫酸钙晶核,过多晶核的产生导致硫酸钙晶须的表面光滑度下降。EDTA 和十二烷基磺酸钠对二水硫酸钙的过饱和度也存在一定的影响,溶液中形成的硫酸钙晶核数量增多,但是 EDTA 和十二烷基磺酸钠本身具有结构较复杂的阴离子,硫酸钙晶核的生长过程中高能面生长不会太快,使硫酸钙晶须的形貌向好的方向发展;另外,十二烷基磺酸钠属于表面活性剂,它除了能和 Ca^{2+} 发生络合以外还可以改变晶体和水接触的界面,从而对硫酸钙晶须产生影响。

阳离子型的晶形助长剂的阳离子可以与晶核表面的阴离子发生反应,吸附在晶核表面;另外,阳离子与晶核表面的阳离子相互排斥,使晶核表面与游离离子的接触点发生偏移,导致晶核生长的变化,最终导致晶体形貌发生一定的改变。硫酸铝作晶形助长剂时,Al^{3+} 的电负性大于 Ca^{2+},更易与电子结合形成价键。Al^{3+} 会强烈地吸附(110)面的 SO_4^{2-},使 Ca^{2+} 与 SO_4^{2-} 的接触点减少,破坏了硫酸钙晶须的结构,导致硫酸钙晶须长径比下降;另外,掺入硫酸铝之后,硫酸钙的过饱和度迅速增大,导致硫酸钙晶核过量产生,在硫酸钙晶须生长过程中晶核之间相互碰撞交联,影响了硫酸钙晶须的形貌,最终导致硫酸钙晶须形貌不规则,长径比较小。而氯化镁作晶形助长剂时,首先,氯化镁溶于水后,反应体系中 Mg^{2+} 含量增加,Mg^{2+} 可以吸附在(110)晶面,抑制了(110)晶面的生长,减小了硫酸钙晶须的直径,提高硫酸钙晶须的长径比;另外,当添加 $MgCl_2$ 后,磷石膏料浆的过饱和度增长程度不大,硫酸钙晶须生长过程中晶核相互碰撞程度没有添加 $Al_2(SO_4)_3$ 时大,故形貌比添加 $Al_2(SO_4)_3$ 时好。

图 4.82 为添加不同晶形助长剂(掺量为磷石膏质量的 1%)制成的硫酸钙晶须的 SEM 图。由图 4.82 可以看出,氯化镁作为晶形助长剂时生成的硫酸钙晶须直径分布均匀、表面光滑,平均直径为 $3 \sim 5~\mu m$。以 EDTA、十二烷基磺酸钠、柠檬酸钠、硫酸铝为晶形助长剂生成的硫酸钙晶须,形貌较差、表面粗糙、直径分布宽,其中以硫酸铝为晶形助长剂时,晶须的形貌最差。

图 4.82　不同晶型助长剂的硫酸钙晶型 SEM 图

（7）磷石膏制无水 Ⅱ 型硫酸钙

Ⅱ 型无水石膏是二水石膏经 600～900 ℃煅烧所得，又称难溶无水石膏，其强度与耐水性均大大优于建筑石膏。国外大量采用无水石膏，β 半水石膏复相石膏胶结材，以改善建筑石膏性能。但 Ⅱ 型无水石膏凝结硬化缓慢，不能直接应用，必须进行活性激发或改性。国外多采用无机活性材改性或改性与激发相结合的技术路线，国内则一般采用硫酸盐激发其活性。

①技术原理：通过二水石膏煅烧后得到无水石膏，再以矿渣、粉煤灰等活性材对 Ⅱ 型无水石膏改性，配制出强度较高，耐水性好的复合胶结材。

②工艺流程：磷石膏制无水 Ⅱ 型硫酸钙的工艺流程如图 4.83 所示。

```
二水石膏 → 破碎 → 煅烧 → 陈化 → 加入激发剂混磨 → 包装
```

图 4.83　磷石膏制无水 Ⅱ 型硫酸钙工艺流程

③主要设备：破碎机、回转窑、陈化室、搅拌机等。

④影响因素：煅烧温度：Ⅱ 型无水石膏适宜的煅烧温度为 800 ℃；煅烧时间：恒温时间与物料粒度相匹配，煅烧粉料时恒温 3 h，粒度为 30～50 mm 时为 5 h，煅烧块状料优于粉状料；冷却方式：熟料应采取速冷却；陈化时间：陈化时间为 10 d；激发剂（改性剂）：硫酸钾激发剂效果最好，适宜掺量为 2%；其次是煅烧明矾，建筑石膏作为廉价的促凝剂也是可行的。

⑤成品应用：依据硅铝制活性材与石膏相互作用的改性原理，进行了矿渣改性石膏的试验，在此基础上掺入了防水剂配制出耐水性石膏胶结材，配合比为：Ⅱ 型无水石膏：矿渣 =70：30，外掺水泥熟料 5%，石膏 1%，复合外加剂 1.75%。经综合改性的胶结材强度和耐水性大大优于 Ⅱ 型无水石膏。

5）磷石膏在农业上的应用

（1）磷石膏应用于农业生产

①磷石膏在植物栽培中的应用：磷石膏含有作物必需的 S、P 等元素，可直接应用于植物栽培中，为作物提供必需的养分，提高作物的产量。

②磷石膏作家禽饲料：有研究表明，在蛋鸡饲料中添加磷石膏作为矿物质添加剂，可为蛋鸡有效提供钙和硫等矿物质。

③堆肥中加入磷石膏可降低氨的挥发:堆肥过程中的有机氮会转化为氨气,为降低氨挥发,研究者在堆肥中加入磷石膏,结果表明,肥料 pH、电导率,以及 CH_4 和 N_2O 的排放量显著降低。

(2)磷石膏用来改良土壤

①酸性土壤的修复:酸性土壤中 Al^{3+} 含量较高,需通过降低 Al^{3+} 浓度来对土壤进行改良。研究表明,磷石膏中的钙能交换土壤中的铝,SO_4^{2-} 与 OH^- 发生了离子交换,从而能为植物提供更多的钙和硫,促进作物根系的生长。

②延缓土壤退化:施用磷石膏能在一定程度上防止土壤退化和水土流失,主要是因为磷石膏能够提高土壤表层电解质溶液的浓度,促进土壤颗粒絮凝,加强土壤成团效果,防止了土壤板结。

③降低土壤金属污染:Fe、Cu、Zn、Al、Mn、Ni 等金属易在酸性土壤中聚集,造成污染。磷石膏中含有一定量的氟,能与金属形成金属-F 络合物,可降低金属对土壤的污染。

6) 磷石膏在充填矿坑与筑路方面的应用

(1)充填矿坑

通过利用粗、细粉煤灰及适量的活化剂对磷石膏进行改性后作为充填矿坑的骨料,这一技术为磷石膏综合利用开辟了一种新的途径。目前,磷石膏充填采矿技术在贵州开阳磷矿沙坝矿段的应用已取得成功。

(2)筑路

以磷石膏为主要原料,适量加入水泥、石灰、粉煤灰拌和之后用于加固软土地基,地基增强效果明显,具有较好的抗裂性能,大量节省了水泥用量,降低了工程造价。另外,将磷石膏和土的混合料用于公路路基,也取得了良好的效果。

7) 磷矿浮选尾矿资源化利用

磷矿资源是一种不可再生的重要矿产资源,磷矿的开发利用日益广泛,应用领域不断扩大,在我国国民经济体系中占有越来越重要的地位。从基础农业角度来看,磷元素是农作物生长必不可少的要素,在整个农业中的作用不可替代,因此,磷矿行业对于农业的意义重大。长期以来,我国一直都是消费磷肥的大国,对磷肥的需求量一直以来都比较大且稳定,消费总量占世界的比重约 28%,但我国现实却面临着严峻的形势,我国有近 70% 的土地缺磷或者严重缺磷,由于我国磷矿丰而不富,缺少高品位的磷矿,我国每年都从国外进口相当数量的高浓度磷肥,这为我国基础农业的安全埋下了隐患。

从磷矿石的特点和储量角度来看,磷矿石具有不可再生的特点,磷矿资源成因年代久远,成矿条件极其复杂,因而磷矿的再生性几乎不可能,磷矿资源一经开发利用,磷素会随着各下游加工产品的消费分散到自然界中,由于磷资源的稀缺性和不可再生性,许多国家已经将磷矿资源列为战略资源。目前,世界磷矿资源已逐步贫化,我国同样面临着严峻的形势,我国磷矿石现有折标磷矿储量仅能维持我国再使用 70 年,另外,我国列入国家统计的磷矿石储量 133 亿 t,大多数磷矿难选难冶,富矿石(P_2O_5 含量大于 30%)约占 10%,中低品位磷矿石(P_2O_5 含量低于 30%)约占 90%,其中,低品位磷矿石(P_2O_5 含量低于 26%)约占 50%,中低品位的矿石含大量杂质,采用常规工艺,很难得到有效利用,我国磷矿资源储量丰而不富,形势严峻。磷矿矿石品级划分见表 4.23。

表 4.23 磷矿矿石品级划分

矿石品级	P_2O_5含量/%	选矿
I	> 30	不需选矿
II	25 ~ 30	不需选矿或简单选矿
III	12 ~ 25	需选矿

从磷化工利用角度来看,磷矿资源是一种重要的不可再生的自然资源,它是一种重要的化工矿物原料,其用途非常广泛,可用于医药、食品、日化等许多领域,主要产品有黄磷、磷酸以及其他的磷化工产品。随着磷矿开发利用技术的进步,磷制品的种类不断增多,应用领域日益宽广,但随之而来的也有一些亟待改善和消除的负面影响,一方面,磷矿领域依然存在未能充分利用的问题,仍有提高磷矿石资源利用效率的空间;另一方面,随着磷矿资源的利用规模不断扩大,在利用过程中,对环境的污染也不断增大,一定程度上制约了磷化工企业的可持续发展。按照循环经济要义,提高资源的利用效率的同时,减少环境污染的发生,对保持磷化工行业可持续发展意义重大。选矿过程中大量磷尾矿的产生不仅给生态环境带来极大危害,并且会造成潜在矿物资源的浪费。磷尾矿的堆积占用大量土地,其中的有害成分进入土壤,将破坏土壤结构,危害植被及农作物的生长,造成严重的环境污染。为了对磷尾矿重新加以利用,减轻资源短缺的压力,降低磷尾矿带来的危害,广大科研人员正在积极探索磷尾矿的综合利用方法。目前磷尾矿的综合利用方向主要有充填矿山采空区、生产含磷有机肥料、对磷尾矿进行再选、制备钙系与镁系等产品、制备建筑材料等。

8)反浮选磷尾矿综合利用及制备活性氧化镁

(1)磷尾矿的产生与危害

我国磷矿资源虽然丰富,但是普遍品位不高,大约90%以上为中低品位磷矿石,这些资源都要经过选矿富集以后才能更经济地加以利用。脉石矿物以碳酸盐为主,磷矿石中的碳酸盐(主要是白云石)均不同程度地与磷矿物共生,由于碳酸盐矿物和胶磷矿有着同样的阳离子Ca^{2+},所以矿物之间表面性质的差异较小,嵌布粒度非常细,选别很困难。而且由于磷矿石中还含有多种杂质,其中镁是主要杂质之一,通常以MgO的含量来计算。在工业湿法磷酸生产中,镁的生产危害最大,主要表现为:首先,碳酸镁较容易和液相中的氢离子反应,使得液相中的氢离子活性大大降低,从而影响磷矿的分解率;其次,碳酸镁反应后增加了物料的黏度,对产品的过滤和产率有不利的影响;再次,产品的物理性质也会因为产品的吸湿性受到影响。所以在湿法处理磷矿的过程中,对其含量有严格的限制,必须通过选矿将大部分的镁除去。MgO主要以白云石($CaCO_3 \cdot MgCO_3$)的形态存在于沉积型磷块岩中,也有少部分以单独的$MgCO_3$存在。工业上通常采用直接浮选、反浮选、正反浮选等工艺除去其中的镁,但是化学浮选过程中将产生大量的磷尾矿,其中$w(P_2O_5) < 10\%$、$w(MgO) > 15\%$。目前这部分尾矿作为工业废弃物丢弃于尾矿库,不但占据大量的农田、林用土地,造成尾矿附近地区土地资源失衡,而且对周围的生态环境也造成了严重的影响:大部分尾矿都是磷块岩经硫酸酸解后的副产物,在受雨水冲洗时会有大量酸性较强的水流淌至附近的土地和农田中,破坏生态平衡,而且尾矿中某些可迁移元素发生化学迁移时,也会对大气和水土造成严重的污染,并导致土地退化,植被破坏。

（2）磷尾矿的利用途径

①尾矿再选:尾矿中有用组分的回收利用是提高资源综合利用率的重要途径之一,约占尾矿利用总量的 30% 。磷尾矿再选回收技术的研究比较充分,在磷尾矿再选回收利用理论研究方面已取得很大的进展。在美国,对富含白云石的磷尾矿来说,直接采用浮选的方法就可以回收磷尾矿中的磷酸盐对促进磷尾矿资源的综合利用具有重要的意义。

②露天采坑或采空区回填:利用企业在矿山开采过程中产生的尾矿充填采空区及露天采坑,可省去扩建、增建尾矿库的费用,是尾矿利用最便捷、有效的措施之一。目前矿山采空区（露天采坑）充填约占尾矿利用总量的 53% ,应用范围较为广泛,但其附加经济价值很低。对矿山采空区回填比较成熟的方法主要是胶结充填采矿法,运用该方法可使地下采矿回采率提高 20% ~50% ,使以前开采难度较大的矿体能够被开采出来,例如位于水体、道路以及居民区下面的矿体。合理地运用胶结充填采矿法可以避免破坏地下水平衡和发生地表塌陷。

③磷尾矿用于制备建筑材料:根据磷尾矿的性质特点制作适用的材料是磷尾矿资源二次利用的一个重要途径。将尾矿与适量的废渣或无机非金属矿配制成水泥熟料并烧成助剂,该助剂中挥发分较少,对设备腐蚀和环境污染也较低。利用这种助剂并适当调整配料方案,在正常条件下可烧成高强度水泥熟料运用 SEM、显微镜和 XRD 对烧成的熟料进行形貌和物理性能分析,结果表明,这种助剂利用一些废渣及渣和磷尾矿中某些元素的助熔作用,改善了水泥熟料质量,使其具有较高的强度尾矿也可用于制造建筑用砖。研究表明由矿渣、钢渣、石灰石和磷石膏组成的胶凝材料与磷尾矿砂生产矿渣磷尾矿免烧砖技术是有效可行的,在实验室条件下,当胶凝材料与尾矿砂的胶砂比为 3∶7,含水量为 9.5% 时,矿渣尾矿砖抗压强度可达 20 MPa 以上,表现出较好的抗压性能。

④磷尾矿用于生产含磷有机肥料:尾矿中含有多种微量元素,这些元素有利于植物的生长,可生产用于改良土的微量元素肥料,起到变废为宝的效果,促进对尾矿的综合利用。采用尾矿粉作为肥料中磷的来源,以氯化钾和尿素作为钾和氮的来源,并且在肥料的生产过程中加入自制的保水剂,制备出具有一定保水性能的新型复合肥,这为利用磷尾矿生产含磷有机生物肥料提供了理论依据,但在一定程度上还需继续深入研究及在生产过程中实践,以实现尾矿资源综合利用效率最大化。

⑤生产微晶玻璃:生产微晶玻璃是目前磷尾矿综合利用研究领域的热点之一,利用磷尾矿生产微晶玻璃具有高工业附加值、高性能及低污染等优点。微晶玻璃生产技术按照原料种类及对玻璃性能的要求有不同的制备方法,磷尾矿废渣生产微晶玻璃的技术方法主要为熔融法和烧结法。

（3）磷尾矿制备活性氧化镁

活性氧化镁,分子式 MgO,相对分子质量 40.30。其化学组成、物理形态等指标与普通氧化镁没有太大的区别,但活性氧化镁的部分指标与普通氧化镁要求不同:如要有适宜的粒度分布,平均粒径 <2 μm;微观形态为不规则颗粒或近球形颗粒或片状晶体;用柠檬酸(CAA 值)表示的活性为 12 ~25 s(数值越小活性越高);用吸碘值表示的活性为 80 ~120 $(MgI_2/100 \text{ gMgO})$;比表面 5 ~20 m^3/g,视比容 6 ~8.5 mL/g,活性氧化镁的技术要求见表 4.24。此外,由于这种氧化镁的活性较高,容易吸水,有时需要进行化学处理加以保护。在某些方面表现出常规材料所不具备的特殊性质,因此作为一种新型材料被广泛应用。

表 4.24 活性氧化镁技术要求

HG/T 3928—2012

项 目	活性-180				活性-150	活性-120		活性-80		活性-60	活性-40
	一等品	合格品	脱色用	橡胶用	一等品	合格品	一等品	合格品	一等品	合格品	活性-60	活性-40

项 目	活性-180				活性-150		活性-120		活性-80		活性-60	活性-40
	一等品	合格品	脱色用	橡胶用	一等品	合格品	一等品	合格品	一等品	合格品		
氧化镁(MgO)w/% ≥	88.0	88.0	88.0	88.0	88.0	88.0	92.0	90.0	92.0		92.0	
氧化钙(CaO)w/% ≤	0.3	0.3	0.8	0.5	1.0	1.0	1.0	1.0	1.2		1.2	
盐酸不溶物 w/% ≤	0.10	0.20	0.20	0.10	0.10	0.20	0.10	0.15	0.10		0.10	
筛余物(75 μm 试验筛) w/% ≤	0.03	0.03	0.05	0.05	0.05	0.05	0.10	0.10	0.10		0.10	
铁(Fe)w/% ≤	0.05	0.05	0.20	0.05	0.05	0.05	0.05	0.05	0.05		0.05	
锰(Mn)w/% ≤	0.003	0.003	0.003	0.003	0.003	0.003	0.003	0.003	0.003		0.003	
氯化物 (以 Cl 计)w/% ≤	0.05	0.20	0.05	0.20	0.15	0.20	0.10	0.20	0.10		0.10	
灼烧失重 w/% ≤	11.0	11.0	10.0	10.5	10.0	10.0	6.0	8.0	6.0		6.0	
堆积密度/(g/mL) ≤	0.25											
吸碘值/(mgI₂/gMgO)	>180.0				150.1～180.0		120.1～150.0		80.1～120.0		60.1～80.0	40.1～60.0

活性氧化镁常见生产方法:

①卤水-碳酸铵法:将碳酸铵溶液掺加至卤水中,经加热、沉化生成碱式碳酸镁沉积,沉积经过滤、洗刷、枯燥、破坏、煅烧分化,制得活性氧化镁。

②白云石碳化法:将白云石($xMgCO_3 \cdot yCaCO_3$)或菱镁矿($MgCO_3$)煅烧,加水消化制得 $Mg(OH)_2$ 及 $Ca(OH)_2$,用 CO_2 碳化得到碳酸氢镁和副产物碳酸钙。除掉碳酸钙后母液(重镁水),再经热解,得到碱式碳酸镁,再经 800 ℃煅烧 1～2 h,可制得活性氧化镁。

③卤水-氨法:经过通入氨气,将卤水中的镁盐生成氢氧化镁沉积,氢氧化镁经过滤、洗刷、破坏、枯燥后,转移到旋转煅烧炉内煅烧,制得活性氧化镁。煅烧时温度宜控制在 500 ℃,时间为 2 h。

采用磷尾矿制备活性氧化镁方法有:

①高温煅烧-碳化法:磷尾矿水分含量约为 70%～80%,经脱水后得到水分含量约 15% 的磷尾矿,进入回转窑进行煅烧,高温煅烧后的熟料加水消化混合均匀后,通入二氧化碳气体进行碳化反应后过滤,滤渣主要成分为碳酸钙可以作为混凝土掺合料,滤液经消化浓缩、冷却后过滤,滤饼干燥得碱式碳酸镁。再经 800 ℃煅烧 1～2 h,可制得活性氧化镁,其生产流程如图 4.84 所示。

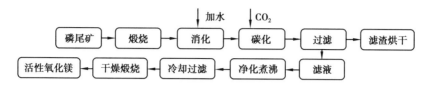

图4.84 高温煅烧-碳化法流程

②高温煅烧-铵盐法:将磷尾矿置干燥箱中干燥研磨,于特定温度的马弗炉中煅烧一段时间后密闭冷却备用。称取一定量的烧后熟料,加入一定量的铵盐,置于烧杯中后加入一定量的水,在特定温度下搅拌消化一定的时间,冷却至室温后过滤,滤饼用于下一道浸出工序,滤液净化后用CO_2气体碳化得到轻质碳酸钙沉淀,再经过滤、洗涤、干燥后得到轻质碳酸钙粉末。将上一步得到的滤饼转入烧杯,加入一定量的水,加热至特定温度搅拌一定的时间,转入碳化装置中碳化一定的时间,冷却至室温后过滤,滤饼即可作为磷精矿用于二次浮选。滤液置于电炉上加热至沸腾,沸腾一定的时间后冷却后经过滤、洗涤、干燥后即得到轻质碳酸镁粉末,经800 ℃煅烧1~2 h,可制得活性氧化镁,其生产流程如图4.85所示。

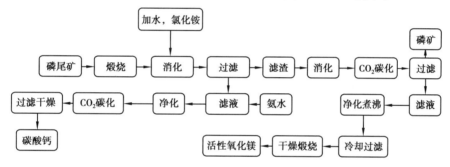

图4.85 高温煅烧-铵盐法流程

③酸法处理:利用硫酸、盐酸、硝酸对高镁磷尾矿进行酸解反应,反应后进行过滤,滤液是含有硫酸镁或氯化镁、硝酸镁的溶液。以硫酸对磷尾矿酸解反应制取活性氧化镁为例:采用石灰中和硫酸酸解液至pH值为7以上,得到氢氧化镁溶液,氢氧化镁溶液采用二氧化碳进行微压碳化得到碳酸氢镁溶液,碳酸氢镁溶液经热解得到碱式碳酸镁沉淀,沉淀物经过滤、洗涤、烘干、焙烧得到活性氧化镁。

a. 石灰中和工序:石灰中和有两个作用,一是使溶液中的金属离子生成氢氧化物,如氢氧化镁、氢氧化铁、氢氧化铝等;二是中和溶液中的游离酸,调节废液pH值。除少数碱金属氢氧化物如氢氧化镁以外,大多数金属氢氧化物都属于难溶化合物,如Fe^{3+}、Al^{3+}、Fe^{2+},都可在不同pH值范围水解为氢氧化物沉淀。因此,调节pH值到一定范围,可以除去铁、铝等杂质,得到较为纯净的氢氧化镁溶液。除三价铁可以在较低pH值范围沉淀完全外,其他金属离子如镁、二价铁需在较高pH值范围才能沉淀完全。因此,为了制备高纯度的活性氧化镁,石灰中和工序加入的石灰必须中和到pH值在7.3以上。相关反应式如下:

$$MgSO_4 + CaO + 3H_2O \longrightarrow Mg(OH)_2 + CaSO_4 \cdot 2H_2O$$

$$Al_2(SO_4)_3 + 3CaO + 5H_2O \longrightarrow 2Al(OH)_3 + 3CaSO_4 \cdot 2H_2O$$

$$Fe_2(SO_4)_3 + 3CaO + 5H_2O \longrightarrow 2Fe(OH)_3 + 3CaSO_4 \cdot 2H_2O$$

$$H_3PO_4 + CaO \longrightarrow CaHPO_4 + H_2O$$

149

b. 微压碳化工序:氢氧化镁溶液在碳化釜进行微压碳化得到碳酸氢镁溶液,同时伴随着碳酸钙沉淀的生成。相关反应式如下:

$$Mg(OH)_2 + 2CO_2 \longrightarrow Mg(HCO_3)_2$$

$$Ca(OH)_2 + CO_2 \longrightarrow CaCO_3 + H_2O$$

c. 热解工序:碳酸氢镁经热解得到碱式碳酸镁沉淀。热解反应式如下:

$$Mg(HCO_3)_2 + 2H_2O \longrightarrow MgCO_3 \cdot 3H_2O + CO_2 \uparrow$$

d. 焙烧工序。碱式碳酸镁经焙烧得到活性氧化镁。焙烧反应式如下:

$$MgCO_3 \cdot 3H_2O \longrightarrow MgO + CO_2 \uparrow + 3H_2O$$

4.5 湿法磷酸清洁生产实例

4.5.1 磷石膏制硫酸联产水泥工艺

山东鲁北化工股份有限公司利用生产磷铵排放的废渣磷石膏制硫酸联产水泥,硫酸返回用于生产磷铵,硫酸尾气回收提取的液体 SO_2 作为海水提溴的原料,废水封闭循环利用,磷铵干燥采用节能型沸腾式热风炉,以锅炉排出的煤渣为原料,燃烬后成为合格的水泥混合材。

1) 磷酸磷铵部分

磷酸磷铵装置采用湿法磨矿,三槽单浆再结晶萃取磷酸,真空吸滤,外环流氨中和与三效料浆浓缩一体化,内分级、内返料、内破碎喷浆造粒干燥工艺,制得粒状磷铵产品。

磷矿经破碎、球磨制成矿浆,与硫酸经计量后,加入萃取槽进行化学反应:

$$Ca_5F(PO_4)_3 + 5H_2SO_4 + nH_2O \longrightarrow 3H_3PO_4 + 5CaSO_4 \cdot nH_2O + HF \uparrow$$

磷酸料浆经过滤洗涤后,得到成品磷酸和副产品磷石膏。萃取反应产生的含氟气体进入氟吸收塔洗涤吸收。

磷酸由泵送入外环流快速中和器,与气氨进行中和反应,经三效浓缩,由内分级、内返料、内破碎喷浆造粒干燥机制得粒状磷铵:

$$H_3PO_4 + NH_3 \longrightarrow NH_4H_2PO_4$$

$$NH_4H_2PO_4 + NH_3 \longrightarrow (NH_4)_2HPO_4$$

2) 硫酸及水泥部分

磷酸生产过程中排放的磷石膏废渣制取硫酸与水泥,采用半水烘干石膏流程、单级粉磨、旋风预热器窑分解煅烧、封闭稀酸洗涤净化、两转两吸工艺,包括原料均化、烘干脱水、生料制备、熟料烧成、窑气制酸和水泥磨制6个过程。

磷石膏经烘干脱水成半水石膏,与焦炭、黏土等辅助材料按配比由微机计量、粉磨均化成生料,生料经旋风预热器预热后加入回转窑内,与窑气逆流接触,反应式为:

$$2CaSO_4 + C \xrightarrow{900 \sim 1\,200\ ℃} 2CaO + 2SO_2 \uparrow + CO_2 \uparrow$$

生成的 CaO 与物料中的 SiO_2、Al_2O_3、Fe_2O_3 等发生矿化反应,形成水泥熟料:

$$3CaO + SiO_2 + 2Al_2O_3 + Fe_2O_3 \longrightarrow CaO \cdot SiO_2 + CaO \cdot Al_2O_3 + CaO \cdot Al_2O_3 \cdot Fe_2O_3$$

制得的熟料与石膏、混合材(煤渣)按一定比例经球磨机粉磨为水泥。

含 $SO_2(11\% \sim 14\%)$ 的窑气经电除尘、酸洗净化、干燥,由 SO_2 鼓风机送入转化工序,在钒触媒的催化作用下,经两次转化,SO_2 被氧化成 SO_3:

$$2SO_2 + O_2 \xrightarrow{V_2O_5} 2SO_3$$

SO_3 被浓度为 98% 的 H_2SO_4 两次吸收后,与其中的水化合制得 H_2SO_4:

$$SO_3 + H_2O \longrightarrow H_2SO_4$$

3) 项目投资及收益估算

15 万 t 磷铵、20 万 t 硫酸、30 万 t 水泥的装置投资 95 975 万元,其中,基建投资 23 213 万元,设备投资 36 977 万元;其他 18 741 万元,使用寿命为 14 年。每年可实现销售收入 84 000 万元,利税 22 216 万元,回收期投资 4.32 年。每年能吃掉 60 万 t 废渣,13 万 t 含 8% 硫酸的废水,节约堆存占地费 300 万元。并解决了石膏污染地表、地下水的问题。节约水泥生产所用石灰石开采费 10 500 万元和硫铁矿开采费 16 000 万元。

4.5.2　制水泥缓凝剂及建筑石膏粉工艺

以铜陵化学工业集团 100 kt/a 磷石膏制水泥缓凝剂为例。

1) 磷石膏制缓凝剂特点

磷石膏制缓凝剂的主要优点有:

①磷石膏的干基 SO_3 含量高(超过 40%),缓凝效果好。

②物理形态为粒球状,强度适中,颗粒直径为 5 ~ 25 mm,方便称料,均匀配料,下料容易,不堵料。

③本产品在水泥生产过程中无须破碎,减少了人员、破碎系统的电耗及维修费用。

④磷石膏中的 SO_3 含量较天然石膏高,使用量较天然石膏少。

⑤本产品的价格较天然石膏低,用于水泥添加剂能相应减低水泥的生产成本。

2) 工艺流程

磷石膏与天然石膏有一定的区别,但从根本上讲,由于它们的主要成分相同,并且磷石膏主要成分含量更高,故磷石膏是一种比天然石膏更好的胶凝材料。磷石膏要处理成建筑石膏,一般要经过洗涤、预处理、干燥和燃烧等过程。磷石膏呈粉末状,含水 20% ~ 25%,但本身并无胶结性能,需外加部分比例的胶结成分在一定条件下成粒。为保证磷石膏本身的组分,并利用现有的廉价资源,采用把部分磷石膏在高温烟气中脱水成半水石膏,再将半水石膏掺入磷石膏,利用其吸水性产生的胶凝作用,在成粒机械中胶凝成水泥缓凝剂增强球,供水泥生产企业用。

从成粒机械中产生的成型增强球粒径为 5 ~ 25 mm,成球后一次破碎率较低(< 20%),经 3 ~ 4 d 的自然风干后其强度可达到大规模搬运而不破碎的要求。即使是刚成型时破碎的颗粒,也不再呈粉末状而呈粒径大小不一的颗粒,完全能满足水泥生产企业下料口不堵塞的技术要求。

磷石膏制水泥缓凝剂的工艺流程主要有物料流程和气体流程。

(1) 物料流程

经过预处理的磷石膏通过皮带机进入石膏料仓,经过计量后进入单转子锤式烘干机及气流干燥管,和热气流充分接触脱除游离水和大部分的结合水(锤式烘干机的出口温度 160 ~ 170 ℃,制得半水石膏,这部分熟石膏粉经过旋风除尘器、布袋收尘器和气流彻底分离,熟石膏粉和原料二水石膏混合后进入圆盘造粒机造粒,得到水泥缓凝剂成品。如用于制备建筑石膏粉,则原料磷石膏必须经过水洗等预处理,以除去其中的可溶性磷等有害杂质,然后制得半水石膏,半水石膏进入成品稳定器进行成品转型后,得到符合建筑石膏要求的熟石膏粉,供制取后续产品使用。

(2)气体流程

由燃烧炉产生的高温烟气进入锤式烘干机和原料磷石膏充分接触换热(出口温度 160～170 ℃),携带磷石膏的热气流经过布袋收尘器分离出熟石膏粉,分离掉熟石膏的热气流经过引风机牵引直接排空。

3)工艺的优点

与传统的工艺相比,工艺(锤式烘干机 + 气流干燥管工艺)具有如下特点:

(1)设备占地面积小,单台生产能力大、装置易于大型化

目前,国内较先进的建筑石膏生产线由 φ3 000 mm 的连续炒锅和由 φ4 000 mm 的沸腾炉工艺线,其单机生产能力仅 30 kt/a,而 3 000 mm×4 000 mm 的锤式烘干机单机生产能力超过 100 kt/a。上海博罗公司单台双转子锤式烘干机处理量达 35 t/h。

(2)流程简单,主设备不易损坏

如锤式烘干机仅叶轮为传动部件,其他为静止部件,并且其工作温度较低(低于 200 ℃),在铜化集团使用的实践证明其可靠性极高。

(3)操作简便,自动化程度高

磷石膏制缓凝剂的工艺流程简单,涉及的介质少,仅有热气流和石膏。并且因其连续操作的特性,只要控制一个温度,其他均可得到相应控制。

(4)换热效果好,能耗低

由于在磷石膏制缓凝剂的工艺流程中物料和热气流直接充分接触,换热效率更高,能源损失更少。采用该流程,生产能力 100 kt/a,其装机容量仅 400 kW,耗电省。

(5)产品质量稳定

由于采用低温热源,熟石膏不易过烧,同时采用成品稳定器使熟石膏粉进一步转型。其操作稳定可靠,得到的产品质量也更稳定。

(6)投资省、生产费用低

φ3 000 mm 的连续炒锅和由 φ4 000 mm 的沸腾炉工艺路线设备投资分别为 360 万元和 250 万元,装机容量分别为 550 kW 和 460 kW。而单机生产能力超过 100 kt/a 的锤式烘干机包括其他设备投资 460 万元,并且其装机容量仅 400 kW,故其投资更省,操作费用更低。

(7)产品多样化

通过锤式烘干机制得半水石膏后,可制水泥缓凝剂增强球,也可以制得熟石膏粉后制造多种石膏制品。

4)主要原辅材料消耗

采用该流程的主要消耗为:原料石膏(含水 12%)1.0 t/t 水泥缓凝剂;总装机容量约 400 kW,耗电 18(kW·h)/t 水泥缓凝剂;水 250 kg/t 水泥缓凝剂;耗煤约 50 kg/t 水泥缓凝剂。

5)投资情况

以 100 kt/a 水泥缓凝剂的生产规模为例,包括工艺设备、电气仪表、厂房建设、公用设施、设

备安装、技术转让等工程建设总费用约 850 万元,厂区占地面积约 8 000 m²,建设期约 8 个月。

4.5.3 高浓度 CO_2 矿化磷石膏制硫酸铵及碳酸钙工艺

我国化肥行业不但是温室气体 CO_2 排放大户,也是大宗固体废弃物的主要来源。化工行业特别是湿法磷酸生产过程中产生了大量磷石膏没有有效利用。每生产 1 t 化肥产品(以 P_2O_5 计),将产生 5 t 左右的磷石膏。磷石膏的主要成分是二水硫酸钙或半水硫酸钙,以及含有少量石英、未分解的磷灰石、水溶性 P_2O_5、不溶性 P_2O_5、共晶 P_2O_5、氟化物及氟、铝、镁的磷酸盐和硫酸盐等。由于磷石膏中含有可溶性 P_2O_5 以及水分和杂质,使得其利用量有限,据不完全统计,我国磷石膏资源综合利用率仅约 40%。大量磷石膏弃置堆积不仅占用大量土地,也造成严重的环境污染问题。因此,利用化肥行业产生的大量磷石膏通过矿物碳酸化反应固定 CO_2,即能够实现多点源 CO_2 排放的原位分布式固定,又可以实现磷石膏的资源化利用,在实现大规模固碳的同时,带来良好的经济与环境效益,对我国节能环保与发展循环经济具有重要意义。

磷石膏矿化 CO_2 主要是利用硫酸钙和碳酸钙在硫酸铵中的溶度积差别,在氨介质体系中使磷石膏中的硫酸钙与 CO_2 发生反应生成碳酸钙和硫酸铵。由于硫酸钙和碳酸钙在硫酸铵中的溶度积相差 3 000 多倍,因此硫酸钙容易通过碳酸化反应过程转化为固体产物碳酸钙,以及同步生产硫酸铵母液。相比于硫酸钙,碳酸钙不含有结晶水,将磷石膏中的二水或半水硫酸钙转化为碳酸钙,可有效降低水分脱除能耗,并且磷石膏中可溶性 P_2O_5 及其他杂质进入溶液中,使得固体产物易用作水泥原料。此外,磷石膏碳酸化转化过程生成的液体产物可用于生产硫基复合肥产品,由此可实现磷石膏中硫资源的回收利用。当前,磷石膏矿化 CO_2 可以实现磷石膏中钙、硫资源的大规模回收利用,已成为磷石膏资源综合利用的主要发展方向。

磷石膏矿化 CO_2 主要包括一步法和两步法工艺路线。一步法主要是指 CO_2 气体直接在氨水与磷石膏的悬浊液中与硫酸钙发生碳酸化反应生成硫酸铵和碳酸钙。两步法主要是指 CO_2 气体先与氨气反应生成碳酸铵,碳酸铵再与磷石膏中的硫酸钙发生反应生成硫酸铵和碳酸钙。贵州瓮福集团公司采用两步法生产工艺技术和装备,建设了碳酸铵处理磷石膏制备硫酸铵副产碳酸钙的工业装置,同时碳酸钙进一步煅烧生产生石灰。两步法实现磷石膏的完全转化需要较大的液固比以及碳酸铵过量,并且碳酸铵在 50 ℃ 以上时容易分解而在低于 40 ℃ 下易结晶析出,由此导致磷石膏碳酸化反应速率慢、反应条件控制难、硫酸铵母液浓度低、硫酸铵浓缩的蒸汽消耗高,以及过量的碳酸铵还需要添加硫酸中和,增加了硫酸铵的生产成本。四川大学提出了低浓度 CO_2 一步法磷石膏碳酸化转化工艺,主要采用磷石膏与氨水混合料浆吸收烟气中低浓度 CO_2,同步实现磷石膏碳酸化转化,目前已完成技术中试,但存在碳酸化反应速率慢,液体循环量及反应器体积大等技术难点。中科院过程工程研究所与中化重庆涪陵化工有限公司联合采用高浓 CO_2 气体在氨介质体系加压强化磷石膏碳酸化转化新工艺,即氨介质先与磷石膏混合形成悬浊液经预碳酸化反应,然后与高浓 CO_2 气体在加压条件下发生碳酸化反应,由此提高碳酸化转化率、缩短碳酸化反应时间,以及获得高浓硫酸铵母液,减少硫酸铵蒸发能耗。并且,磷石膏碳酸化转化后,经降压闪蒸操作过程分离出未反应的氨和 CO_2 气体,返回用于氨介质的预碳酸化反应,由此即可实现氨和 CO_2 的高效循环利用,又可实现高温体系中碳酸铵或碳酸氢铵的自分解,减少中和体系中形成的碳酸氢铵或碳酸铵需要添加的硫酸,由此降低硫酸铵生产原料成本。

基于此,在国家"十二五"科技支撑计划《二氧化碳矿化利用技术研发与工程示范》项目课题的支持下,采用在氨介质体系强化磷石膏矿化固定合成氨厂排放的高浓度 CO_2,同时得到高品质硫酸铵化肥产品,并且矿化所得碳酸钙产品既可部分替代天然石灰石做水泥原料,又可以用于电厂烟气脱硫,避免矿山过度开采带来环境污染和能源消耗,由此降低企业减排 CO_2 成本。由中科院过程工程研究所与中化重庆涪陵化工有限公司共同建立 10 万 t 级高浓度 CO_2 矿化磷石膏关键技术示范工程。以下以此项目为例进行阐述。

1)关键技术

高浓度 CO_2 矿化磷石膏制硫酸铵及碳酸铵的工艺主要在于加压强化磷石膏碳酸化转化技术、预碳化-加压碳化-闪蒸分离组合磷石膏矿化技术以及加压环流反应器非常规装置。

(1)加压强化磷石膏碳酸化转化技术

磷石膏中主要含有二水硫酸钙,在氨介质体系中,磷石膏与高浓 CO_2 反应主要是 CO_2 与氨反应生成碳酸铵和碳酸氢铵,以及碳酸铵进一步与二水硫酸钙反应生成碳酸钙和硫酸铵。通过提高 CO_2 分压,可加速生成碳酸铵和碳酸氢铵,由此加速碳酸铵与二水硫酸钙之间的反应速率。另一方面碳酸氢铵的形成对二水硫酸钙碳酸化转化不利,但碳酸氢铵不稳定,在高温条件下易分解生成碳酸铵,可进一步促进二水硫酸钙碳酸化转化。基于此,该项目提出在一定氨过量及高温条件下,通过加压 CO_2 强化磷石膏碳酸化转化,由此实现磷石膏矿化 CO_2,过程可在 $5 \sim 10$ min 获得 97% 以上的转化率。

(2)预碳化-加压碳化-闪蒸分离组合技术

在一定氨过量及高温条件下,通过加压 CO_2 可以实现强化磷石膏碳酸化转化,反应后体系中生成了一定量碳酸氢铵。碳酸氢铵不稳定,通过降压操作,可实现碳酸氢铵分解,由此可减少所得硫酸铵母液需要中和所消耗硫酸的量。基于此,该项目提出强化碳酸化反应后的物料采用闪蒸操作,将体系中生成的碳酸氢铵分解以及实现过量的 CO_2 分离,并且采用稀氨水将闪蒸分离得到的气体进行吸收,并与磷石膏混合发生预碳酸化反应,预碳酸化反应后所得磷石膏料浆与加压 CO_2 发生强化碳酸化反应,由此形成了磷石膏预碳化-加压碳化-闪蒸分离组合技术,可有效提高氨和 CO_2 的利用率,分别可达 95% 和 97%。

(3)加压环流碳酸化反应装备

高浓 CO_2 矿化磷石膏主要是在氨介质体系强化磷石膏碳酸化转化过程,是一个复杂的气液固三相反应体系,具有高压、高固含量以及强放热特点。通过优化设计两级串联气升式环流反应器,使得高固含量磷石膏浆料与高浓 CO_2 气体能够充分混合,无沉积现象发生,实现磷石膏矿化转化率稳定在 97% 以上,有效解决了磷石膏物料容易沉积的难题,同时也减少了搅拌动力能耗。

此技术已申请两项中国发明专利:一种氨介质体系强化钙基固废矿化固定二氧化碳的方法,中国发明专利申请号:2013100571234;一种用于氨介质体系强化钙基固废矿化固定二氧化碳的反应器及使用方法,中国发明专利申请号:2014100925002。

2)涉及的原料及产成品

此项目所涉及的原料主要包括磷石膏、液氨、浓硫酸、CO_2 和新鲜水。此项目所生产的主要产品包括硫酸铵和电厂烟气脱硫用碳酸钙。

①磷石膏:磷石膏为湿法磷酸生产过程产生的副产品。磷石膏主要成分为二水硫酸钙、吸附水、石英及其他杂质。磷石膏从企业现有磷石膏堆场采用汽车转运至矿化装置附近,经

铲车装料后直接进入反应装置。此项目要求磷石膏中二水硫酸钙含量不低于 88%,吸附水含量不高于 7%,其他杂质含量不高于 5%。磷石膏颗粒粒径不大于 100 μm。

②液氨:液氨为企业合成氨厂产生的液氨。液氨从液氨储罐直接经管到输送至矿化装置使用。液氨原料按照国标 GB 536—2017 执行,其中氨含量不低于 99.5%。

③浓硫酸:浓硫酸为企业硫酸厂产生的浓硫酸。浓硫酸经罐车运送至矿化装置使用。浓硫酸原料按照国标 GB/T 534—2014 执行,其中硫酸含量不低于 98%。

④CO_2:CO_2 为企业合成氨厂水煤气变换后经 K_2CO_3 吸收解析出来的高浓度 CO_2 气体。该 CO_2 气体直接经压缩机压缩到一定压力后,输送到矿化装置使用。CO_2 原料气体要求含量不低于 99%。

⑤新鲜水:新鲜水主要用于所得碳酸钙产品洗涤及洗水配料。本项目所需要的新鲜水满足工业用水标准 GB/T 19923—2005 要求即可。

⑥硫酸铵:硫酸铵产品执行国家标准,标准代号为 GB 535—1995(表 4.25)。

表 4.25　硫酸铵产品质量的技术指标

项　目	指　标		
	优等品	一等品	合格品
外观	白色结晶,无可见机械杂质	无可见机械杂质	无可见机械杂质
氮(N)含量(以干基计)>	21.0%	21.0%	20.5%
水分(H_2O)<	0.2%	0.3%	1.0%
游离酸(H_2SO_4)含量<	0.03%	0.05%	0.20%
铁(Fe)含量<	0.007%	—	—
砷(As)含量<	0.000 05%	—	—
重金属(以 Pb 计)含量<	0.005%	—	—
水不溶物含量<	0.01%	—	—

⑦碳酸钙:碳酸钙产品执行脱硫用石灰石国家标准,标准代号为 DB50/T　378—2011(表 4.26)。

表 4.26　碳酸钙产品质量的技术指标

项　目	指标/%		
	优等品	一等品	二等品
氧化钙含量	≥50.4	≥49.5	≥47.5
细度:0.063 mm 方孔筛筛余	≤5.0		
水分	≤1.0		

3)工艺原理及特点

由于在氨水体系中硫酸钙的溶度积远大于碳酸钙,因此硫酸钙容易转化为碳酸钙,其发生的主要反应包括以下几个步骤:

①高压 CO_2 溶解过程：

$$CO_2 + H_2O \longrightarrow H_2CO_3$$
$$H_2CO_3 \longrightarrow H^+ + HCO_3^-$$
$$HCO_3^- \longrightarrow H^+ + CO_3^{2-}$$

②硫酸钙解离过程：

$$CaSO_4 \longrightarrow Ca^{2+} + SO_4^{2-}$$

③碳酸钙结晶过程：

$$Ca^{2+} + CO_3^{2-} \longrightarrow CaCO_3$$

磷石膏加压强化碳酸化过程的总反应方程式为：

$$CaSO_4 \cdot 2H_2O + 2NH_3 + CO_2 \longrightarrow CaCO_3 + (NH_4)_2SO_4 + H_2O$$

此外,由于过量 CO_2 与氨发生反应生成碳酸铵,碳酸铵可进一步与硫酸钙反应生成碳酸钙,其发生的副反应方程式为：

$$2NH_3 + CO_2 + H_2O \longrightarrow (NH_4)_2CO_3$$
$$CaSO_4 \cdot 2H_2O + (NH_4)_2CO_3 \longrightarrow CaCO_3 + (NH_4)_2SO_4 + 2H_2O$$

一方面采用高压 CO_2 气体在氨介质体系与磷石膏发生矿化反应,可极大促进 CO_2 的溶解;另一方面强化碳酸化反应在高温条件下进行,使得碳酸钙沉淀结晶速率加快,进一步拉动硫酸钙解离。实验室小试及 3 000 t/年中试研究结果表明,在反应 5~10 min 内,磷石膏矿化转化率可达到 97% 以上。

4) 工艺流程说明

在氨介质体系中,采用高浓度 CO_2 加压强化磷石膏矿化反应,将磷石膏中的硫酸钙转化为碳酸钙和硫酸铵,其总体工艺流程如图 4.86 所示。具体描述为:磷石膏矿化 CO_2 后所得碳酸钙洗涤水与液氨混合后用于吸收闪蒸过程产生的 CO_2 和氨气,吸收液与磷石膏按照一定质量比在浆化槽中混合充分,然后转入强化碳酸化反应器中与高浓 CO_2 气体在加压条件下发生碳酸化反应,由此实现磷石膏高效快速转化为碳酸钙和硫酸铵。由于采用加压强化磷石膏碳酸化反应过程,因此闪蒸分离过程可将强化碳酸化反应器中的反应物料在闪蒸罐中卸压,同时实现强化碳酸化过程生成的碳酸氢铵分解,从而避免后续添加硫酸中和步骤。从闪蒸罐出来的物料经真空过滤得到近饱和的硫酸铵母液(40~45 wt%),以及碳酸钙产品。硫酸铵母液经蒸发结晶生产硫酸铵化肥产品,碳酸钙经洗涤及干燥得到碳酸钙产品。同时将碳酸钙洗水与液氨混合后吸收闪蒸过程产生的 CO_2,可以有效将反应热用于硫酸铵蒸发结晶过程,从而降低硫酸铵生产能耗,并且可实现 CO_2 高效利用。

高浓度 CO_2 矿化磷石膏整体工艺路线主要包括:磷石膏定量输送、磷石膏与 CO_2 吸收液浆化混合、高浓度 CO_2 与磷石膏加压强化碳酸化、碳酸化反应物料闪蒸分离、碳酸钙与硫酸铵母液固液分离及滤饼洗涤、硫酸铵母液中和及蒸发结晶、碳酸钙洗水与液氨混合、混合液吸收尾气中的氨和 CO_2 等单元操作过程。

(1)磷石膏定量输送

磷石膏是湿法磷酸生产过程产生的副产物。磷石膏首先由磷石膏堆场采用汽车运输至磷石膏矿化装置附近堆场,然后采用铲车将磷石膏装入料斗中,料斗中的磷石膏采用螺旋下料装置进入皮带输送机,经皮带秤定量输送至浆化混合槽中混合。此外,为防止磷石膏中夹杂的大颗粒杂质堵塞泵及管道,螺旋下料装置设置孔径为 2 cm 的筛子,将大颗粒杂质筛除。

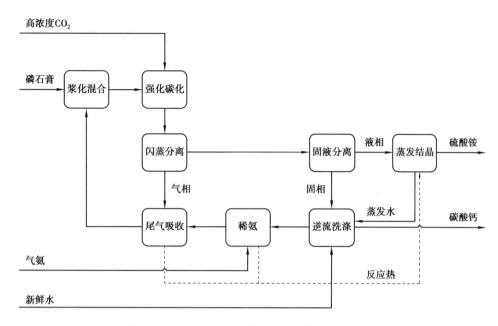

图 4.86　高浓度 CO_2 矿化磷石膏整体工艺流程图

（2）浆化混合

将磷石膏固体颗粒与 CO_2 吸收液,按照一定质量比在搅拌槽中混合均匀,所得磷石膏浆料有利于用泵输送至强化碳酸化反应器中发生反应。由于 CO_2 吸收液主要组成为氨、碳酸铵、碳酸氢铵和硫酸铵,因此浆化混合过程部分磷石膏也将发生碳酸化反应。浆化混合过程主要采用常压操作,其主要反应方程式为：

$$CaSO_4 \cdot 2H_2O + NH_4HCO_3 + NH_3 \longrightarrow CaCO_3 + (NH_4)_2SO_4 + 2H_2O$$
$$CaSO_4 \cdot 2H_2O + (NH_4)_2CO_3 \longrightarrow CaCO_3 + (NH_4)_2SO_4 + 2H_2O$$

（3）加压碳酸化

将浆化混合后的磷石膏通过泥浆泵输送至强化碳酸化反应器中,与高浓度 CO_2 发生碳酸化反应。一方面由于采用加压强化碳酸化反应过程,可缩短碳酸化反应时间,并且保证磷石膏完全转化；另一方面采用 CO_2 过量,由此实现闪蒸过程生成的碳酸钙不被硫酸铵溶解,并且也减少硫酸铵母液中的残留氨含量。加压碳酸化过程操作压力为 0.6 MPa,反应在绝热条件下进行,其主要反应方程式为：

$$CaSO_4 \cdot 2H_2O + 2NH_3 + CO_2 \longrightarrow CaCO_3 + (NH_4)_2SO_4 + H_2O$$
$$NH_3 + CO_2 + H_2O \longrightarrow NH_4HCO_3$$

（4）闪蒸分离

磷石膏强化碳酸化反应后的物料采用闪蒸操作,一方面有利于后续固液分离；另一方面将体系中生成的碳酸氢铵分解以及实现过量的 CO_2 分离。通过模拟计算分析,优化后闪蒸分离过程的操作压力为 0.1 MPa,闪蒸过程也在绝热条件下进行。

（5）固液分离及洗涤

将闪蒸分离后得到的碳酸钙和硫酸铵母液进行分离,分别得到碳酸钙固体滤饼和硫酸铵母液。同时碳酸钙滤饼采用新鲜水经多次洗涤,得到烟气脱硫用碳酸钙产品。

（6）硫酸铵母液中和及蒸发结晶

由于固液分离后得到的硫酸铵母液中含有少量的游离氨及碳酸氢铵,需要添加浓硫酸进行中和,中和后的硫酸铵母液经三效降膜蒸发结晶,得到硫酸铵结晶产品。

（7）尾气吸收

将碳酸钙洗涤水与一定量的液氨混合,在降膜吸收塔中吸收闪蒸过程产生的含气氨及CO_2尾气,利用冷却水将尾气吸收过程产生的热量移出。

中化涪陵10万t高浓度CO_2矿化磷石膏制硫酸铵和碳酸钙的现场如图4.87所示。

图4.87　中化涪陵10万t高浓度CO_2矿化磷石膏制硫酸铵及碳酸钙部分装置

参考文献

［1］骆兆军,王文潜.国内外磷矿选矿的新进展[J].中国矿业,1999(4):50-53.

［2］张苏江,易锦俊,等.中国磷矿资源现状及磷矿国家级实物地质资料筛选[J].无机盐工业,2016,48(2):1-5.

［3］李振.浮选技术的发展现状及展望[J].金属矿山,2008,38(01):1-6.

［4］赵凤婷.双反浮选工艺在胶磷矿选别中的应用[J].磷肥与复肥,2010,25(2):70-72.

［5］唐云,张覃.磷矿石浮选中磨矿细度的确定[J].贵州工业大学学报:自然科学版,1998(3):92-94.

［6］李成秀,文书明.我国磷矿选矿现状及其进展[J].矿产综合利用,2010,(2):22-25.

［7］Mohammadkhani M, Noaparast M, Shafaei S Z, et al. Double reverse flotation of a very low grade sedimentary phosphate rock, rich in carbonate and silicate[J]. *International Journal of Mineral Processing*, 2011, 100(3-4):157-165.

［8］张凌燕,洪微,邱杨率,等.细粒低品位难选胶磷矿浮选研究[J].非金属矿,2012,35(2):21-23.

［9］ Al-Fariss T F, Ozbelge H O, Abdulrazik A M . Flotation of a carbonate rich sedimentary phosphate rock［J］. *Fertilizer research*, 1991, 29(2):203-208.

［10］ Santos E P, Dutra A J B, Oliveira J F. The effect of jojoba oil on the surface properties of calcite and apatite aiming at their selective flotation［J］. *International Journal of Mineral Processing*, 2015, 143:34-38.

［11］ 余新文, 文伟, 等. 某低品位镁硅质磷矿石选矿试验研究［J］. 有色金属(选矿部分), 2015(4):54-57.

［12］ Peng F F, Gu Z. Processing Florida dolomitic phosphate pebble in a double reverse fine flotation process［J］. *Mining, Metallurgy & Exploration*, 2005, 22(1):23-30.

［13］ 张雪杰, 张志业, 王辛龙. 高镁磷矿化学脱镁过程的工艺研究［J］. 化工矿物与加工, 2010, 39(2):1-3.

［14］ 邵延海. 浮选柱气泡发生器充气性能及应用研究［D］. 长沙:中南大学, 2004.

［15］ Harbort G, Clarke D. Fluctuations in the popularity and usage of flotation columns—An overview［J］. *Minerals Engineering*, 2017, 100:17-30.

［16］ 史帅星, 张跃军, 刘承帅, 等. KYZ 浮选柱的应用［C］//全国选矿学术会议. 2009.

［17］ Li G, Cao Y, Liu J, et al. Cyclonic flotation column of siliceous phosphate ore［J］. *International Journal of Mineral Processing*, 2012, 110-111:6-11.

［18］ Singh V, Rao S M. Application of image processing and radial basis neural network techniques for ore sorting and ore classification［J］. *Minerals Engineering*, 2005, 18(15):1412-1420.

［19］ Zafar Z I, Anwar M M, Pritchard D W. Innovations in beneficiation technology for low grade phosphate rocks［J］. *Nutrient Cycling in Agroecosystems*, 1996, 46(2):135-151.

［20］ 郑忠. 表面活性剂的物理化学原理［M］. 广州:华南理工大学出版社, 1995.

［21］ 周强, 卢寿慈. 表面活性剂在浮选中的复配增效作用［J］. 金属矿山, 1993(8):28-31.

［22］ 伍膺洁. 混合捕收剂在磷矿浮选中的应用［C］//全国磷矿选矿学术会议. 1985.

［23］ 陈云峰, 黄齐茂, 潘志权. 磷矿浮选捕收剂的研究进展［J］. 武汉工程大学学报, 2011, 33(2):76-80.

［24］ Hu Y, Xu Z. Interactions of amphoteric amino phosphoric acids with calcium-containing minerals and selective flotation［J］. *International Journal of Mineral Processing*, 2003, 72(1-4):87-94.

［25］ Abouzeid A Z M. Physical and thermal treatment of phosphate ores—An overview［J］. *International Journal of Mineral Processing*, 2008, 85(4):59-84.

［26］ 陈志平, 章序文, 林兴华, 等. 搅拌与混合设备设计选用手册［M］. 北京:化学工业出版社, 2004.

［27］ 刘作华, 郑雄攀, 朱俊, 等. 一种刚柔组合的搅拌桨:中国, CN103721606A［P］. 2014-04-16.

［28］ 赵清华, 全学军, 梁玉祥. 新型穿流式搅拌桨研究(Ⅱ)—固液体系轴对称射流的实验研究［J］. 化学反应工程与工艺, 2017, 23(6):512-517.

［29］ 欧阳锋. 新型穿流式搅拌桨在湿法磷酸反应器中的应用［J］. 西南交通大学学报, 2000, 35(2):145-147.

［30］杨锋苓,张翠勋,周慎杰. 一种自激振动型柔性叶片搅拌器:中国,CN204768530U［P］. 2015-11-18.

［31］Campbell R L,Paterson E G. Fluid-structure interaction analysis of flexible turbomachinery ［J］. *Journal of Fluids and Structures*,2011,27(8):1376-1391.

［32］Sarhan K,Zied D,Hedi K. Numerical simulation of fluid-structure interaction in a stirred vessel equipped with an anchor impeller ［J］. *Journal of Mechanical Science and Technology*, 2011,25(7):1749-1760.

［33］刘作华,陈超,刘仁龙,等.刚柔组合搅拌桨强化搅拌槽中流体混沌混合［J］.化工学报, 2014,65(1):61-70.

［34］刘作华,许传林,何木川,等.穿流式刚-柔组合搅拌桨强化混合澄清槽内油-水两相混沌混合［J］.化工学报,2017,68(02):637-642.

［35］刘作华,孙瑞祥,王运东,等.刚-柔组合搅拌桨强化流体混沌混合［J］.化工学报,2014, 65(9):3340-3349.

［36］Liu Z H,Zheng X P,Liu D,et al. Enhancement of liquid-liquid mixing in a mixer-settler by a double rigid-flexible combination impeller［J］. *Chemical Engineering and Processing:process intensification*,2014,86:69-77.

［37］Gu D Y,Liu Z H,Xu C L,Li J,et al. Solid-liquid mixing performance in a stirred tank with a double punched rigid-flexible impeller coupled with a chaotic motor［J］. *Chemical Engineering & Processing:Process Intensification*.2017,118:37-46.

［38］Gu D Y,Liu Z H,Xie Z M,et al. Numerical simulation of solid-liquid suspension in a stirred tank with a dual punched rigid-flexible impeller［J］. *Advanced Powder Technology*.2017,28: 2723-2734.

第**5**章
磷氟硅碘多产业耦合发展

　　基础磷化工是指利用化学反应生产含磷基础化学品的工业，是一个相对于精细磷化工的概念。基础磷化工产品通常具有较为统一的产品标准，单一产品市场年需求量大(一般≥10万 t/a)，既可以作为产品直接使用，又可以用作生产精细磷化工产品的原料。基础磷化工主要分为湿法和热法。湿法是指用强酸分解磷矿获得湿法磷酸或多元磷肥，湿法磷酸再将单质磷进一步加工为磷复肥及其副产物综合利用的产业全过程，主要包括硫酸、湿法磷酸、磷复肥的生产、湿法磷酸净化、利用净化磷酸生产饲料级磷酸氢钙、工业级磷酸盐、副产磷石膏、氟硅资源的循环利用和深加工等。热法是指在高温状态下，以炭为还原剂将磷矿石原料中的五价磷还原为单质磷，再进一步加工为热法磷酸和工业三聚磷酸钠(五钠)及其副产物综合利用的产业全过程。主要包括黄磷、热法磷酸、五钠的生产及其副产物黄磷磷炉尾气、磷炉渣的循环利用和深加工等。

　　作为在全世界占有举足轻重地位的磷化工生产大国，目前中国的磷肥、黄磷、三聚磷酸钠、饲料级磷酸盐等产品的产能、产量、消费量在国际上位列前茅。据统计，中国涉磷产业年产值已超过万亿元。"十一五"期间，中国基础磷化工的产业集中度进一步加强，以云、贵、鄂、川4省为代表的产业基地相继形成；农业肥料方面，氮磷比例失衡局面得到扭转；生产技术方面，硫酸、湿法磷酸、高浓度磷复肥等摆脱了对国外技术的依赖，不仅全部实现国产化，技术更是取得突破，迈入世界先进技术行列；热法生产的单位产品能耗逐年降低。但中国基础磷化工大而不强。仍存在产能过剩、企业经营困难的问题。

　　磷肥行业是三废排放大户，在国家污染源必须达标排放的严格要求下，一些磷肥企业面临着重大的生存问题。虽然磷肥工业中亦不乏种种的综合利用和排污治理方法，但这些方法多为末端处理，或经济效益不佳，或排污治理费用过高，企业难以承受。解决的根本办法应是研究、开发一种清洁生产的方法，把生产和废弃物的综合利用结合在一起，做到资源利用的最大化和排污量的最小化，实现经济效益和环境效益的统一。

　　国内外大型优势企业的成功经验表明，加强磷化工企业和相关产业的耦合共生，发展循环经济，使不同企业之间形成共享资源、互换和综合利用副产物，达到产业之间资源的最优化配置，这是节能减排的新思维、新实践，有利于搞好深加工和精细化，有利于发展循环经济和绿色经济，也有利于构建磷化工发展的绿色工程。

　　例如，磷化工与氯碱工业的耦合，生产三氯化磷和三氯氧磷等中间体，它们进而和醇、酚反应可以制备出亚磷酸酯、磷酸酯、氯代磷酸酯、硫代磷酸酯等,被广泛用作水处理剂、阻燃剂、抗氧剂、表面活性剂、纺织印染助剂、皮革加工助剂、油品添加剂、催化剂和有机磷农药等各种高附加值的精细有机磷化工产品。这既解决和平衡了氯碱工业中氯气的出路,又满足了有机磷化工生产对氯的需求。同时,用烧碱替代纯碱生产磷酸盐,也可减少二氧化碳等温室气体的排放。

磷化工与煤化工的耦合,煤资源经清洁气化,生产优质合成气,进而转化成合成氨和碳一化学品,氨和磷酸反应转化成肥料级磷铵和精细磷酸盐,实现资源和能量的梯级利用。

磷化工和冶金工业的耦合,可以直接利用冶金工业的副产硫酸、硫酸铵等资源,用于磷酸和磷肥的生产,既可简化磷肥工业复杂的工艺流程,又避免了硫酸生产中废弃物的排放,也有利于减少磷肥行业对硫黄资源过高的依存性。

磷化工和石油化工的耦合,石油化工为磷化工提供原料或中间体,磷化工为合成材料工业提供各种高技术含量的工业助剂。

磷化工和建材工业的耦合,可以利用磷渣和磷石膏生产各种建筑材料,实现废弃物的综合利用和再资源化。

图 5.1 所示的磷煤电一体化,多产业多资源的共生耦合构架表明,依托当地资源、技术经济和物流的实际情况,突出优势,体现特色,以工业生态学的原理为指导,按照生态工业经济系统的优化运行为目标,紧扣"精细化、专用化、高端化和绿色化"的发展方向,搞好相关产业的交叉耦合和横向多元化的发展,达到"低投入、高产出、低排放"的目标,实现磷化工及相关产业又好又快的发展,互利共赢。

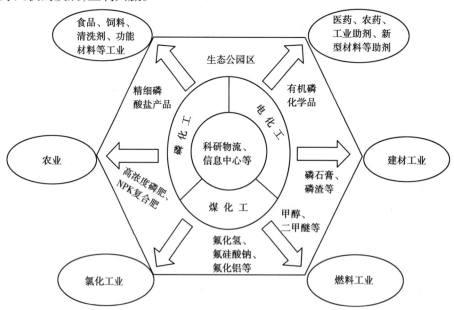

图 5.1 磷煤电一体化多产业耦合共生示例

磷化学工业和相关产业的耦合共生和优化组合,可以在节能减排和资源的可持续利用等方面走出一条新路。因为在产业的交叉耦合中,将不断催生新的工艺技术创新,同时也伴随着资源和能源的高效利用以及产业价值链的提升,构筑综合的整体竞争优势,实现产业的不断更新与进步。这是从整体上搞好节能减排,构建生态磷化工,发展绿色工程的必然选择。

5.1　湿法磷酸副产氟硅资源综合利用

5.1.1　氟资源现状

自然界中的氟资源主要存在于萤石和磷矿石中,虽然萤石含氟量高,但萤石是不可再生资源。随着工业的快速发展,萤石资源供不应求。世界各国对萤石资源的保护都相当重视,2003 年我国不再发放新的萤石资源开采的许可证,并且提高关税限制萤石的出口。磷矿中伴生的氟也成为新的氟资源。磷矿石中伴生的氟占总氟资源 90%。目前我国由于生产技术和重视程度等原因,磷矿中伴生的氟资源未能得到充分利用,仅是每年流失的氟资源就远远大于国内氟的需求量。综合利用磷矿中的氟不仅能够节约资源、保护环境,而且可有效解决我国萤石资源短缺问题。

磷矿加工过程中,氟主要有两种耗散途径:一是在磷肥生产过程中,磷矿中的氟以氟化氢和四氟化硅的形式逸出。四氟化硅气体会遇水蒸气生成氟化氢,如果排入大气,对人体及自然环境将产生极大危害。在我国 80% 以上的磷矿石用于生产磷肥,而磷肥生产企业普遍使用湿法磷酸生产磷肥,在浓缩磷酸过程中逸出四氟化硅气体和氟化氢气体,这部分氟资源约占磷矿石总氟量 38% ~45%,造成氟资源浪费和环境污染。如果将逸出的氟化氢和四氟化硅用水吸收,就能得到氟硅酸,而得到的氟硅酸又可以用来生产氟硅酸盐和氟化盐;或者将逸出的四氟化硅提纯后,作为廉价原料来生产单晶硅和多晶硅。

氟的另一种耗散途径则是在黄磷生产过程中,氟主要是以氟化钙的形式存在于炉渣中,其质量为炉渣总质量的 2.5%。2011 年,中国磷矿石产量是 0.81 亿 t,假设氟的回收率按 40% 计算,则可回收的氟资源达 78 万 ~104 万 t,折合萤石为 195 万 ~260 万 t,完全超过了目前国内氟化工行业年消耗萤石的总量。

5.1.2　磷矿伴生氟资源的利用方法

以湿法处理磷矿石加工过程中副产的氟化物制备高纯度四氟化硅。将湿法处理磷矿石过程中逸出的氟化氢和四氟化硅气体经过回收、反应、净化、分离,得到高纯度四氟化硅产品,作为电子工业、光伏产业晶体硅、非晶体硅原料的一个新来源,也可作为光纤行业基础原料二氧化硅的又一个来源。

首先收集湿法处理磷矿石中产生的含氟气体,将含氟气体引入一加有硫酸和二氧化硅的反应器中,使气体中氟化氢转化为四氟化硅,用浓硫酸或含有氟化氢的浓硫酸净化四氟化硅气体,除去水分、氟化氢气体和含氧氟化物,四氟化硅气体依次进入装有预先干燥过的活性炭、硅藻土的过滤器中过滤其中的杂质,再经过两段低温冷冻分离,得到液态/固态的高纯度四氟化硅产品,置于常温后,得到气体或液体产品,所得四氟化硅气体的纯度达到 99.9% 以上,其工艺流程如图 5.2 所示。

用湿法磷酸生产过程中副产的氟硅酸制氟化铝和白炭黑的新工艺,H_2SiF_6 与 NH_4HCO_3 反应生成 NH_4F 溶液和 SiO_2 沉淀,将固液分离后,滤饼经洗涤、干燥得白炭黑,NH_4F 溶液与 $AlCl_3 \cdot 6H_2O$ 反应得到可溶性 $\alpha\text{-}AlF_3 \cdot 6H_2O$ 和 NH_4Cl 溶液。在合适的工艺条件下,可溶性

α-AlF$_3$·6H$_2$O 转化成不溶性 β-AlF$_3$·6H$_2$O,经过分离、洗涤、干燥、煅烧后得到氟化铝成品;分离后的溶液经过蒸发、结晶、干燥后又可以得到氯化铵副产品。此工艺的优点是在制得特一级氟化铝的同时回收白炭黑和氯化铵,充分利用资源,没有物料排放。

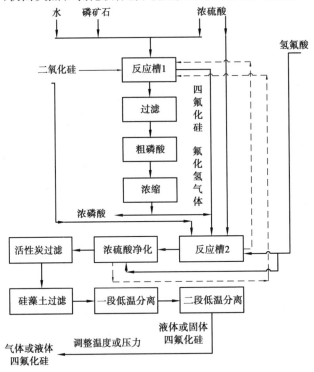

图 5.2 湿法磷酸生产过程中制备高纯度四氟化硅的流程示意图

5.1.3 硅资源现状

硅材料是太阳能发电和微电子工业的基础材料,随着光伏产业的迅速发展,纯硅的需求量急剧增加。如果能够利用磷矿伴生硅资源生产工业硅,甚至高纯硅,则将大大提升磷矿伴生硅资源的利用价值。利用磷矿中伴生硅资源的最佳方法就是将其中所含硅元素转化为经济价值较高的含硅产品,从而将现有磷矿伴生硅资源的利用提高到一个新水平,开辟一个新产业。

5.1.4 磷矿伴生硅资源的利用方法

硅资源在磷矿中大多以 SiO$_2$ 等酸不溶物的形式存在,在磷肥生产和湿法磷酸生产中,活性 SiO$_2$ 可参与反应,但是不消耗硫酸,在此过程中生成了 SiF$_4$、H$_2$SiF$_6$、Na$_2$SiF$_6$、K$_2$SiF$_6$、(NH$_4$)$_2$SiF$_6$、无定形 SiO$_2$ 等。对于磷矿中的硅资源有两种利用方法。

①以 SiF$_4$、H$_2$SiF$_6$、Na$_2$SiF$_6$ 等作为硅源,采用氢化铝钠与四氟化硅无氯工艺进行反应制备硅烷。其原理就是依据 MEMC 公司专有技术,以在湿法磷酸、磷肥生产中产生的 SiF$_4$、H$_2$SiF$_6$、Na$_2$SiF$_6$ 为原料制得 SiF$_4$,使其与 NaAlH$_4$ 反应生产 SiH$_4$。反应式为:

$$H_2SiF_6 \longrightarrow SiF_4 + 2HF$$

$$NaAlH_4 + SiF_4 \longrightarrow SiH_4 + NaAlF_4$$

该法生产过程与传统法生产硅烷相比无氯产生,可以免受氯硅烷的污染。完整的生产线包括四氟化硅生产车间、氢化铝钠生产车间及硅烷生产车间。

硅烷是生产单晶硅、多晶硅、非晶硅、金属硅化物、氮化硅、碳化硅、氧化硅等一系列含硅化合物的基本原料。硅烷还可作为生产高纯硅的原料,可大幅度提高生产能力和降低生产成本。用硅烷进一步提纯制取的超高纯硅,对于开发超大规模集成电路和红外探测器都有重要的用途。近几年,非晶硅太阳能电池发展也十分迅速。

②以无定形 SiO_2 为硅源制备纯硅。无定形 SiO_2 属磷肥副产固体废弃物,性能稳定。以无定形 SiO_2 为硅源制备纯硅,可采用热还原法,包括金属热还原法、非金属热还原法、耦合热还原法,较常用的是非金属热还原法中的氢热还原法和碳热还原法。前者的优点是硅收率高,无中间产物 SiC 生成,且在此方法中还原剂是氢气,其氧化产物无污染,无须纯化过程,成本低,环境效益和经济效益较好;后者工艺相对成熟,成本低,原料易得,产品的纯度高,多用于工业生产。其主要反应为:

$$SiO_2 + 2C \longrightarrow Si + 2CO$$

5.1.5　我国磷矿中伴生氟、硅资源利用建议

磷矿伴生氟、硅资源的综合利用,不仅节约了能源,解决了磷化工行业的环境污染问题,而且使磷化工产业得到延伸和优化升级。现阶段我国磷矿石利用的主要工业途径仍是生产湿法磷酸,因此若要充分利用磷矿中伴生的氟、硅资源,在研究其工业化提取方法时,首先应该掌握氟、硅元素在湿法磷酸生产中的富集特征。其次,在掌握其富集特征的基础上进一步纯化,使氟、硅资源得到充分利用,结合成一种流动态。最后,结合多学科,不断创新,探索新方法和新技术,高效综合利用磷矿资源,达到环境效益和经济效益的双赢。

5.1.6　国内外湿法磷酸氟、硅资源综合利用现状

氟硅酸通常是湿法磷酸以及普钙、重钙等生产的副产品。二水法湿法磷酸,每生产 1 t 湿法磷酸(100% P_2O_5)大约副产 0.06 t 氟硅酸(100% H_2SiF_6)。每生产 1 t 普钙(100% P_2O_5)大约副产 0.06 t 氟硅酸(100% H_2SiF_6)。目前,国内湿法磷酸(100% P_2O_5)装置的生产能力(不包括饲料磷酸氢钙中的磷酸)约为 575 万 t,1998 年世界湿法磷酸生产能力大约 3 900 万 t(P_2O_5 计)。如果相关的氟被重新利用,就相当于每年将产生 234 万 t(100% H_2SiF_6)氟硅酸副产品。1999 年世界磷肥消费量为 3 314.99 万 t,我国是磷肥生产和消费大国,消费量居世界第一位,产量仅次于美国,占世界第二位。2013 年,中国的磷肥产量 1 673.08 万 t,2014 年约为 1 743.01 万 t。2003 年,国内湿法磷酸的产量约 360 万 t(100% P_2O_5),普钙的产量约为 370 万 t(100% P_2O_5)。2018 年全国累计生产磷肥约 1 600 万 t(100% P_2O_5),产能利用率约 65%,以此计算,全国磷肥行业副产的氟硅酸数量惊人(100% H_2SiF_6 约 96 万 t)。目前,仅仅有一少部分的氟硅酸得到综合利用。

磷肥行业副产氟硅酸充分利用的关键是研究和开发深加工技术。湿法磷酸生产中副产的氟硅酸有 3 种来源,即:

①磷矿分解过程逸出的含氟蒸汽。

②石膏滤饼。

③磷酸浓缩过程中产生的含氟蒸汽。

目前,国内磷肥行业处理副产氟硅酸的方法一般是将其加工成氟硅酸钠。但是,由于氟

硅酸钠的市场有限,国内需求大约只有 3 万 t/a,加上出口,总需求亦不超过 4.5 万 t/a,不能消化约 96 万 t/a 的副产氟硅酸。为解决磷肥行业副产氟硅酸的深加工问题,国家在"八五"和"九五"期间引进了几套生产氟化铝和冰晶石装置。但都存在同样的问题:一是生产成本偏高;二是产品质量不能满足市场要求。所以,这些装置都已转产氟硅酸钠。因此,磷肥行业副产的宝贵资源——氟硅酸不仅得不到有效利用,还变成了磷肥行业的主要污染物,严重制约了磷肥行业的发展。因此,合理利用湿法磷酸行业副产的氟硅酸就显得尤为重要。

(1)湿法磷酸副产氟硅酸生产氟硅酸钠

氟硅酸钠是在建筑、建材工业用量最大的氟硅酸盐品种,用途十分广泛。目前其主要用作玻璃乳白剂,搪瓷助熔剂、乳白剂、去叶剂和杀虫剂的原料,木材和皮革中的防腐剂,耐酸胶泥和耐酸混凝土凝固剂,天然乳胶制品的凝固剂,电镀锌、镍和铁的三元镀层中的添加剂,也常用作塑料的填充剂。除此之外,氟硅酸钠还常用于日常饮用水的氟化处理,甚至也用于要求十分严格的医学制药的氟处理。所以氟硅酸钠的需求量较大,使湿法磷酸厂更愿意把副产的氟硅酸用来生产氟硅酸钠,而不是直接售卖低浓度的氟硅酸。

(2)湿法磷酸副产氟硅酸生产氢氟酸

美国的一些专利中提出直接用氟硅酸生产氢氟酸的方法,即在氟硅酸的溶液中加入浓硫酸溶液,使 H_2SiF_6 分解为 HF 和 SiF_4,由于产生的分解混合气体中含有大量水蒸气,所以同时要用浓硫酸吸收以及干燥产生的混合气体。经过上述步骤可得到 SiF_4 气体,把 SiF_4 在高温条件下与水蒸气反应生成超细氟化氢和白炭黑。将吸收了氢氟酸和水蒸气的硫酸再次蒸馏,并把馏分再次通过浓硫酸吸收水后,即可得到氟化氢产品。该工艺的优点是把氟硅酸加工成为企业或科研单位需要的氢氟酸,缺点是加硫酸之前,氟硅酸溶液的质量分数通常要在 40%以上,而一般企业生产的氟硅酸多为低浓度氟硅酸,需要对低浓度氟硅酸进行浓缩,增加企业的生产成本。再加上在浓缩氟硅酸过程中,氟硅酸溶液中会有大量溶质分解形成氟化氢和四氟化硅,这两者会和水蒸气一起进入气相,造成氟硅酸有用成分的损失。同时在氟硅酸溶液中加入浓硫酸之后,溶质氟硅酸并不完全分解,另外需要大量浓硫酸处理这一部分反应溶液,而之前的步骤还需要浓硫酸干燥氢氟酸、四氟化硅和水蒸气等,这就需要大量的浓硫酸。

(3)湿法磷酸副产氟硅酸生产冰晶石联产白炭黑

目前应用较广泛的冰晶石生产工艺,即为用湿法磷酸副产氟硅酸生产氟硅酸钠,再把氟硅酸钠与液氨反应生产冰晶石。氟硅酸-氨法工艺流程:利用氨水分解氟硅酸,制得一种氟化铵溶液或氟化铵与氟化钠的混合溶液,再把氟化铵溶液或氟化氨与氟化钠的混合溶液与铝酸钠溶液反应,合成冰晶石产品,并把工艺中产生的硅胶用来生产副产品白炭黑。整个过程方法简单,技术可行,但在生产过程中氨损失过大,回收利用比较困难,会对周围空气环境造成一定的污染,并且存在液氨原料成本较高、存储装置维护困难等问题。

目前白炭黑的产能过剩,市场过于充盈,同时氟硅酸制备水玻璃联产白炭黑的工艺过于单一,使氟硅酸资源不能很好地利用。所以需要把湿法磷酸工艺及其副产品资源化、多样化,以提高氟硅酸的可利用率。

5.1.7 碘资源利用

1)磷矿伴生碘资源利用现状

碘是稀缺资源,世界上的碘矿资源主要有智利硝石、海藻及地下卤水。随着易开采利用的碘矿资源日益枯竭,碘的价格不断攀升。当前,全球碘的产能约为 20 kt/a,主要产地集中于日本、智利及美国。碘在国际市场上是有价无市的稀缺物资。碘的下游产品大都为高附加值产品。碘酸钾、碘仿、碘化铯、聚维酮碘及高聚碘等其他碘制品的利润极高。我国碘的产能约为 800 t/a,碘的消耗量约为 3 000 t/a,并且以每年 5% 的速度递增。我国是缺碘国,主要依赖海水提碘和进口碘。

传统的碘生产方法对原料含碘量要求较高,经济效益较差。当前,除智利从含碘矿石中提碘以外,国外大多数国家均主要依赖海水提碘。磷矿伴生碘资源回收工业化技术的研究鲜有详细报道。我国云贵川鄂等地的磷矿石中均伴生有碘的氧化物,碘储量丰富。贵州省磷矿资源居全国之首,已探明储量(金属)为 27 亿 t,远景储量上百亿吨,磷矿石中伴生有碘的氧化物,平均含碘量在 19 ~ 76 mg/kg。其中磷块岩中伴生碘的储量为暂难利用储量。贵州开磷集团磷矿石中伴生碘的平均品位仅约 40 mg/kg,属于超低品位碘资源,回收技术难度较大。

2) 磷矿回收碘资源技术原理

二水法湿法稀磷酸及氟硅酸中,碘主要由游离的碘分子与碘离子组成,采用 H_2O_2 作氧化剂与稀磷酸及氟硅酸中的碘离子发生氧化还原反应生成碘分子,碘分子难溶于水可用空气萃取吹出。采用 SO_2 作还原剂与从稀磷酸及氟硅酸中吹出的碘分子反应,使其又还原成碘离子。

对于含氟较高碘吸收液,氟主要以 F^- 形式存在,向碘吸收液中加入钙盐利用 F^- 与 Ca^{2+} 反应生成难溶的 CaF_2 沉淀而达到除氟的目的。在钙盐脱氟的基础上,铝盐的加入会使 Al^{3+} 与 F^- 络合生成羟基氟化铝化合物以及铝盐水解中间产物,另外 Al^{3+} 还会生成 $Al(OH)_3$ 絮体对 F^- 进行配位体交换、吸附、网捕作用而去除碘液中的氟。此外,由于在高氟碘液中加入铝脱氟剂之后,溶液整体呈现碱性,这也使得碘液中 Pb、Hg 分别以氢氧化物、氧化物形式被沉淀分离,As 生成难溶的砷酸盐被沉降分离,从而进一步降低脱氟氧化后固体碘中的杂质含量。

3) 磷矿伴生碘资源回收工艺流程

磷矿伴生超低品位碘资源回收工艺流程如图 5.3 所示。将来自磷酸车间的温度为 70 ~ 85 ℃的 23%(P_2O_5)稀磷酸及 10% 氟硅酸通入催化氧化槽内,利用计量泵于混合酸输送管线混合三通上通入 30% H_2O_2 氧化剂,启动搅拌桨均匀搅拌混合酸,H_2O_2 氧化剂加入体积分数为 0.5% ~ 3.0%,物料停留反应时间为 10 ~ 30 min。将氧化后的含碘分子的混合酸通过泵由萃取塔上部通入塔内,鼓风机将常温过滤净化后的空气由萃取塔下部通入塔内,塔内自上而下喷淋的含碘分子混合酸与自下而上吹入的空气与萃取塔板间充分接触并发生传质反应,萃取塔内气液体积比为 80 ~ 150,碘分子经由空气萃取分离后随气相由萃取塔顶部吹出,萃余液混合酸由萃取塔底部通入混合酸浓缩系统。混合酸中的氟硅酸在浓缩过程以 SiF_4 气态形式高效蒸发分离并由氟吸收系统回收处理得到高品质的 12% 氟硅酸并用于生产无水氟化氢及氟硅酸钠产品,浓缩后得到高品质的 45%(P_2O_5)浓磷酸用于生产高浓度磷复肥产品。由萃取塔顶部吹出的含碘分子气体通入换热器壳程,利用冷水泵将凉水塔循环冷却水通入换热器管程进行气相冷却,换热器中循环冷却水换热后返回循环水热水池,利用热水泵将热水通入凉水塔进行冷却,冷却后的循环水靠重力作用流至冷水池再次循环使用。含碘分子气体经换热器换热降温至 10 ~ 40 ℃后由填料吸收塔下部通入塔内,来自吸收循环槽内浓度为 2% ~ 10% 的 SO_2 水溶液由填料吸收塔上部通入塔内喷淋洗涤吸收碘分子,吸收塔洗涤吸收后的气相通入尾气洗涤系统处理后达标排空,当吸收循环槽内吸收液中碘离子浓度达到 30 ~ 70 g/L

后将吸收液通入一级净化槽上部,启动搅拌桨均匀搅拌吸收液并加入 CaCO₃ 进行一级净化,一级净化槽底部浊液放入浊液槽,净化后的上清液通入二级净化槽上部启动搅拌桨均匀搅拌吸收液并加入铝盐絮凝剂进行二级净化,二级净化槽底部浊液放入浊液槽,浊液槽上清液返回吸收液循环槽,底部废渣返回磷酸车间萃取槽,净化后的上清液通入氧化析碘槽,启动搅拌桨均匀搅拌吸收液并通入 30% H₂O₂ 氧化剂,30% H₂O₂ 氧化剂用量为理论加入量的 105% ~ 120%,反应时间为 10 ~ 30 min,碘离子再次被氧化为碘分子,碘分子晶体不断成长,当析碘槽内溶液的氧化电位达 540 mV 时,95% 以上的碘已析出。析碘槽上清液部分返回催化氧化槽,部分返回吸收液循环槽。浓碘液经氧化析碘槽底部通入滤液槽过滤,滤液返回吸收液循环槽,碘结晶滤饼通过人工转运至离心机经液固分离即得到碘产品。

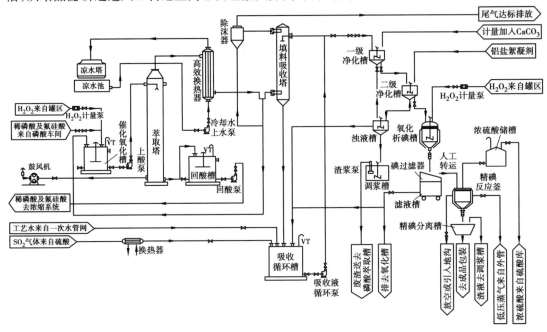

图 5.3　磷矿伴生超低品位碘资源回收工艺流程图

4)主要设备操作参数

①H₂O₂ 氧化剂通过计量泵加入混合酸输送管道上混合三通内,氧化剂进口管线前设置止回阀防止混合酸倒流氧化剂管线。根据混合酸于输送管中流速及催化氧化速度,混合三通夹角角度为 45° ~ 60°。

②常温过滤净化后的空气沿萃取塔下部切线方向通入塔内,使混合酸产生旋流,萃取塔板采用鼓泡式筛板,筛板开孔率为 15%,开孔孔径为 20 mm,强化萃取传质过程。

③控制萃取塔操作温度为 65 ~ 95 ℃,防止在萃取反应过程中混合酸温差变化过大造成混合酸中杂质沉淀析出堵塞萃取鼓泡式筛板,延长萃取塔运行周期。

④萃余液混合酸由萃取塔底部通入传统的稀磷酸浓缩装置内,混合酸中的氟硅酸在真空蒸发浓缩过程以 SiF₄ 气态形式高效蒸发分离并由氟吸收系统回收处理得到高品质的 12% 氟硅酸并用于生产无水氟化氢及氟硅酸钠产品,浓缩后得到高品质的 45%(P₂O₅)浓磷酸用于生产高浓度磷复肥产品。

⑤控制氧化析碘槽搅拌转速为 50 ~ 70 r/min,使析碘槽内吸收液不出现漩涡。于析碘槽

内低速添加 H_2O_2 氧化剂,控制 H_2O_2 氧化剂加入流量为 30 ~ 60 mL/min,观察吸收液颜色变化,当颜色由淡红色→酒红色→深红色→黑褐色过渡过程中逐渐降低搅拌桨转速至 30 ~ 50 r/min,降低氧化剂加入流量为 15 ~ 35 mL/min。

⑥萃取塔筛板、换热器及填料吸收塔清洗剂采用 12% H_2SiF_6 和 30% H_2O_2 以体积比为1:3配制混合液,清洗液温度为常温。该清洗工艺可快速清除系统积垢,显著提高装置开机率。

5)应用情况

开磷集团磷矿石开采量达 8 000 kt/a,磷矿石中伴生碘的平均品位约 40 mg/kg,碘资源开采量约 320 t/a,但该碘资源属于超低品位碘资源,回收技术难度较大。通过采用空气萃取法工艺实现磷矿伴生超低品位碘资源的回收,通过控制碘资源回收成本在 15 万元/t 时,碘总回收率约为 70%。通过在某磷酸车间建造 2×50 t/a 碘回收装置,成功实现含碘稀磷酸和含碘氟硅酸共用 1 套碘回收装置,降低装置建设投资,节约生产成本,提高生产效率。装置中的控制采用 DCS,在提高装置运行质量和保证安全生产方面都具有较高的优越性和可靠性。总体控制以集中控制为主,整个生产过程及主要动设备的运行状态在控制室集中显示,主要操作均可在控制室内完成。该装置已达标达产运行,碘回收装置新增产值约 2 500 万元/a,实现利润超过 1 000 万元/a,经济效益显著。碘回收装置的成功建成投产,使开磷集团磷矿产资源得到了高效综合回收,避免了资源浪费,且充分发挥了资源的最大效能,避免碘的无序排放,同时达到废气、废水环保综合治理的目的,除去有害物质对环境的污染,具有良好的环境效益。

5.2 湿法磷酸副产氟硅酸的利用方法与工艺

5.2.1 湿法磷酸副产氟硅酸生产氟化铝和白炭黑工艺

H_2SiF_6 与 NH_4HCO_3,反应生成 NH_4F 溶液和 SiO_2 沉淀,将固液分离后,滤饼经洗涤、干燥得白炭黑;NH_4F 溶液与 $AlCl_3 \cdot 6H_2O$ 反应得到可溶性 α-$AlF_6 \cdot 6H_2O$ 和 NH_4Cl 溶液。在合适的工艺条件下,可溶性 α-$AlF_3 \cdot 6H_2O$ 转化成不溶性 β-$AlF_3 \cdot 6H_2O$,经过分离、洗涤、干燥、煅烧后得到氟化铝成品;分离后的溶液经过蒸发、结晶、干燥后又可以得到氯化铵副产品。反应式如下:

$$H_2SiF_6 + 6NH_4HCO_3 \longrightarrow 6NH_4F + SiO_2 \downarrow + 6CO_2 \uparrow + 4H_2O$$
$$3NH_4F + AlCl_3 \cdot 6H_2O \longrightarrow \alpha\text{-}AlF_3 \cdot 6H_2O + 3NH_4Cl$$
$$\alpha\text{-}AlF_3 \cdot 6H_2O \longrightarrow \beta\text{-}AlF_3 \cdot 6H_2O$$

此工艺的优点是在制得特级或一级氟化铝的同时回收白炭黑和氯化铵,充分利用资源,没有物料排放。氟化铝主要用于炼铝生产中降低熔点,提高电解质的电导率,还可用作酒精生产中的抑制剂、陶瓷釉和搪瓷釉的助熔剂等;白炭黑广泛应用于许多领域,如橡胶制品、农业化学制品、日用化工制品、胶结剂、抗结块剂以及填料等。

5.2.2 湿法磷酸副产氟硅酸生产氢氟酸与白炭黑工艺

利用湿法磷酸副产氟硅酸氨化生产氟化铵溶液,过程分多步进行。再通过控制每一步的氨化条件调整白炭黑聚集体形貌与比表面积,使产生的白炭黑滤饼易于过滤洗涤,具有高活性结构。过滤后的滤饼用不同浓度的稀氟化铵溶液和清水多次洗涤回收夹带的氟母液,氟化铵溶液再进一步生产氢氟酸。使氟硅酸中氟硅资源全部转化为有用的产品氢氟酸和白炭黑,从而得以高效利用。其间发生的化学反应如下:

$$H_2SiF_6 + 2NH_3 \longrightarrow (NH_4)_2SiF_6$$

$$(NH_4)_2SiF_6 + 4NH_3 + 2H_2O \longrightarrow 6NH_4F + SiO_2 \downarrow$$

$$2NH_4F \longrightarrow NH_4HF_2 + NH_3 \uparrow$$

$$NH_4HF_2 + H_2SO_4 \longrightarrow NH_4HSO_4 + 2HF \uparrow$$

$$2NH_4HF_2 + H_2SO_4 \longrightarrow (NH_4)_2SO_4 + 4HF \uparrow$$

$$NH_4HSO_4 + NH_4HCO_3 \longrightarrow (NH4)_2SO_4 + H_2O + CO_2 \uparrow$$

其工艺流程如图5.4所示。

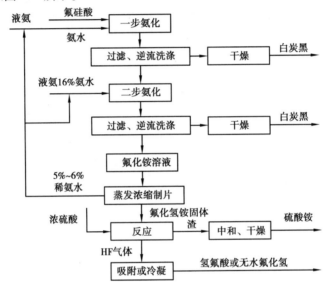

图 5.4　湿法磷酸副产氟硅酸生产氢氟酸联产白炭黑工艺流程

5.3　湿法磷酸含氟废气清洁利用

依据磷肥生产中含氟废气中氟的不同存在形态而采用氟化铵或氨进行吸收,第一步生成高浓度的氟硅酸铵溶液。吸收反应式为:

$$SiF_4 + 2NH_4F \longrightarrow (NH_4)_2SiF_6$$

$$2HF + SiF_4 + 2NH_3 \longrightarrow (NH_4)_2SiF_6$$

第二步是将得到的高浓度的氟硅酸铵吸收液与氨进行反应,即可得到氟化铵和二氧化硅。反应式为:

$$(NH)_2SiF_6 + 4NH_3 + 2H_2O \longrightarrow 6NH_4F_6 + SiO_2 \downarrow$$

反应生成的二氧化硅经洗涤、干燥后即成为具有补强性质的白炭黑;高浓度氟化铵溶液则可以根据市场的需要,方便而又经济地制取其他的氟盐系列产品,如氟化铵、氟化钾、氟化钠、冰晶石等。它们的生成反应式分别为:

$$NH_4F + KOH \longrightarrow KF + NH_3 + H_2O$$
$$NH_4F + NaCl \longrightarrow NaF + NH_4Cl$$
$$6NH_4F + Na_3AlO_3 \longrightarrow Na_3AlF_6 + 3NH_4OH + 3NH_3$$

从第一步的反应式可看到,吸收反应生成物中无废弃物产生。在第二步反应式中生成的二氧化硅仅需洗涤、干燥即可成为白炭黑产品,且洗涤二氧化硅滤饼的洗涤水—稀的氟化铵溶液可返回吸收部分作为吸收液。

在以氟化铵制取氟盐的反应中,氨的回收较为容易。在与 NaCl 的反应中,由于氟化铵的浓度较高,以至于从分离氟化钠的母液中回收固体的氯化铵产品成为可能。从而摒弃了以往加入石灰后蒸馏回收氨的方法。

图 5.5 流程综合利用了磷肥工业含氟废气中的氟、硅资源,其产品有较高经济价值的系列无机氟化工产品和白炭黑,能够取得较好的环境效益和经济效益。氟化铵溶液或氨作吸收介质,使得氟硅酸铵的制备可采用磷肥装置的含氟废气吸收设备,简化了加工工艺流程,在吸收过程中消除了原含氟废气吸收中析出二氧化硅的影响,有利于提高吸收效率。系统中氟硅酸铵、氟化铵浓度高,使得整个系统物流量较小,从而可以采用较小设备,较大幅度地减少投资。能较好地消除磷肥尾气的污染,同时洗涤二氧化硅滤饼的含氟化铵的洗涤水,可返回吸收系统作吸收液应用,从而基本上消除了加工过程中产生的二次污染。

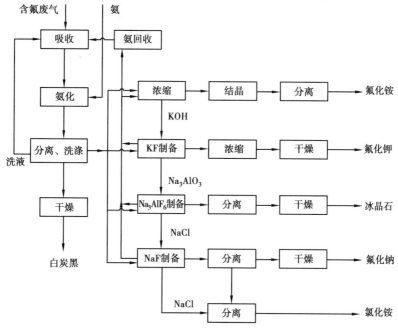

图 5.5　含氟废气利用清洁生产流程图

5.4　湿法磷酸萃取生产尾气中氟硅资源回收利用

磷矿经过硫酸分解后,得到湿法磷酸,同时副产磷石膏和氟硅酸。磷石膏可以进一步加工为石膏材料,氟硅酸则可以加工为各种氟硅化工产品、氟化氢和氟化盐。在湿法磷加工产业链中,磷石膏的资源化回收利用、氟硅资源的高价值回收利用、湿法磷酸生产的水减量及含磷废水的零排放技术的开发等问题,对湿法磷加工的可持续性发展起到至关重要的作用。另外,该产业链还存在净化磷酸副产的萃余酸的高价值利用以及下游产品的合理规划和开发的问题、湿法磷酸的关键生产技术开发问题等。总体来看,中国真正实现湿法磷酸加工全产业链开发的企业很少,目前还有很多问题需要解决。

在湿法磷酸生产过程中会产生大量含氟气体以及硅胶,在不可再生资源紧缺的今天,研究湿法磷酸生产中氟硅资源回收技术尤为重要。

我国磷矿石伴生氟主要以氟磷灰石的形式存在,磷矿石中氟的质量分数为3%~4.5%。在湿法磷酸萃取生产过程中,这些氟化物几乎全部被释放出来并转化为其他存在形式。研究发现,磷矿石中质量分数70%~80%的氟进入稀磷酸中,质量分数15%~20%的氟进入磷石膏中,质量分数3%~17%的氟以气相形式进入氟吸收系统。通常建立氟吸收系统对含氟尾气进行洗涤吸收。因此,从环保和氟硅资源综合利用的角度考虑,必须对湿法磷酸生产尾气进行处理。选用合适的洗涤吸收方法处理湿法磷酸生产尾气对磷化工生产具有重要意义。

湿法磷酸萃取生产反应方程式:
$$Ca_5F(PO_4)_3 + 5H_2SO_4 + 10H_2O \longrightarrow 3H_3PO_4 + 5CaSO_4 \cdot 2H_2O + HF\uparrow$$
反应生成的 HF 与磷矿石中的 SiO_2 反应生成 H_2SiF_6:
$$6HF + SiO_2 \longrightarrow H_2SiF_6 + 2H_2O$$
H_2SiF_6 易进一步分解生成 SiF_4 和 HF:
$$H_2SiF_6 \longrightarrow SiF_4\uparrow + 2HF\uparrow$$
少量 H_2SiF_6 与 SiO_2 反应生成 SiF_4:
$$2H_2SiF_6 + SiO_2 \longrightarrow 3SiF_4\uparrow + 2H_2O$$
气相中的氟主要以 SiF_4 形式存在,用水洗涤吸收后生成 H_2SiF_6 和硅胶沉淀:
$$3SiF_4 + (n+2)H_2O \longrightarrow 2H_2SiF_6 + SiO_2 \cdot nH_2O\downarrow$$
若用氨水洗涤吸收后生成 $(NH_4)_2SiF_6$ 和硅胶沉淀:
$$H_2SiF_6 + 2NH_3 \longrightarrow (NH_4)_2SiF_6$$
$(NH_4)_2SiF_6$ 易溶于水,与过量的 NH_3 作用时可发生分解反应:
$$(NH_4)_2SiF_6 + 4NH_3 + (n+2)H_2O \longrightarrow 6NH_4F + SiO_2 \cdot nH_2O\downarrow$$
该反应为可逆反应,选择相应的条件,便能使之向任一方向进行到底。

湿法磷酸萃取尾气中氟硅资源回收利用工艺流程如图5.6所示。

5.4.1 二水物流程含氟气体回收治理

二水物流程在生产过程中,其料浆的冷却方式分为两种,其一是鼓风冷却;其二为闪蒸真空冷却。然而萃取槽及料浆冷却过程中逸出废气中氟的含量很少,只有磷矿中总氟量的5%~10%,设置废气洗涤系统是为防止对空气的污染,吸收液大多没有利用价值,所以其洗涤气体后最终返回系统中,并作为滤饼的洗涤液后再进入系统制成稀磷酸。

1)鼓风冷却料浆的二水物流程

采用此法生产湿法磷酸,在制稀磷酸过程中产生的含氟气体主要集中在萃取部分,其含氟尾气治理工艺大多为风机抽吸引入文丘里和二级空塔洗涤吸收后高空排放(图5.7)。

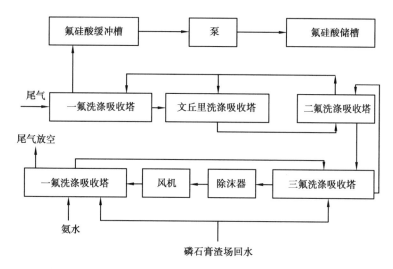

图 5.6　湿法磷酸萃取生产尾气中氟硅资源回收利用工艺流程

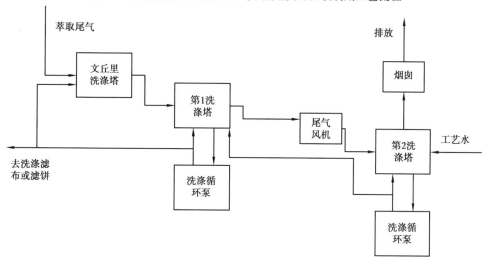

图 5.7　空气冷却料浆二水法流程含氟尾气治理图

2）闪蒸真空冷却料浆的二水法流程

采用闪蒸真空冷却料浆控制萃取温度,则必须洗涤回收蒸发出来的含氟气体。所以该生产流程包含萃取含氟尾气和闪蒸蒸发出来的含氟气体的回收治理两方面。具体洗涤方式如图 5.8 所示。

5.4.2　半水或半水-二水法再结晶浓酸流程

在半水或半水-二水法流程的反应条件下,氟的逸出情况与二水物流程相比就大不相同。H_2SiF_6—H_3PO_4—H_2O 系统中气、液相平衡的研究结果指出:气相 SiF_4 蒸气分压随着液相中 H_2SiF_6 浓度、磷酸浓度及系统温度的增加而大幅度地增大。废气逸出的氟含量通常可以达到磷矿中总氟含量的 50% ~ 60%。由于氟逸出量大,吸收后可以制成 $w(H_2SiF_6)$ 12% 以上的溶液,外销和自用加工成冰晶石、氟化铝或氟硅酸钠等产品。同时,防止因氟的逸出而污染环境。采用此两种流程,其料浆冷却方式大多采用真空冷却流程。因此,它主要涉及两方面的洗涤,即萃取尾气洗涤和闪蒸真空冷却氟回收。然而这两者既可以独立分开,也可以相互联系起来进行回收治理。半水或半水-二水法再结晶浓酸流程如图5.9所示。

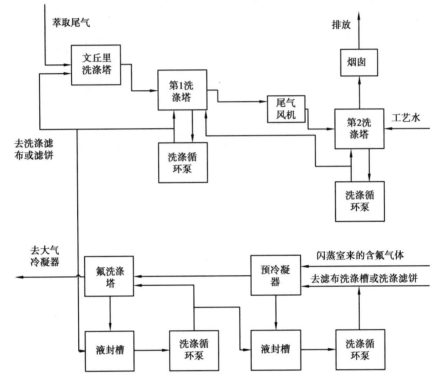

图5.8 二水法磷酸萃取与闪蒸真空冷却系统含氟尾气回收工艺图

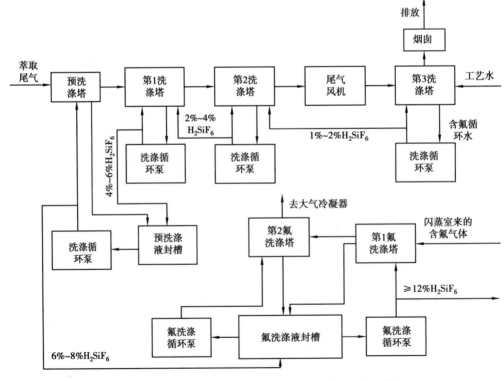

图5.9 半水-二水磷酸装置萃取尾气和闪冷氟回收工艺图

5.4.3　浓缩蒸发产生的含氟气体回收治理

目前国内大多数磷肥企业都是采用二水法工艺生产稀磷酸,而稀磷酸中含有的氟占磷矿石氟含量的 70% ~75% ,因此,在后续工序制高浓度磷肥时,不论是采用料浆法还是传统法,都要进行浓缩,所以会有大量的氟逸出。在浓缩工序中主要根据浓缩酸(料浆)的浓度及温度而有不同的氟逸出率。稀磷酸浓缩产生的含氟气体回收治理流程见图 5.10 所示。

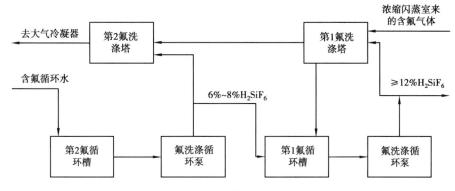

图 5.10　浓缩系统氟回收工艺图

参考文献

[1] 李富英,邓荣俊.湿法磷酸生产污水治理[J].磷肥与复肥,2003,18(1):36-37.

[2] 陈诚.氟硅酸钠生产装置污水循环利用新工艺[J].硫磷设计与粉体工程,2016(6):44-45.

[3] 马鸿文,刘昶江,苏双青,等.中国磷资源与磷化工可持续发展[J].地学前缘,2017,24(6):133-141.

[4] 张晖,何宾宾,傅英,等.云南磷化工与磷矿浮选矿化耦合技术[J].磷肥与复肥,2014,29(1):60-62.

[5] 李志祥.湿法磷酸副产氟硅酸生产氢氟酸与白炭黑的工艺技术[J].磷肥与复肥,2008,23(4):52-54.

[6] 王巧燕,唐安江,陈云亮,等.磷矿伴生氟、硅资源的综合利用[J].磷肥与复肥,2014,29(2):41-43.

[7] 夏克立.磷肥工业含氟废气利用的清洁生产新方法[J].中国环保产业,2002(4):38-39.

[8] 陈冲,李季,朱家骅,等.湿法磷酸尾气封闭循环工艺与氟回收技术开发[J].磷肥与复肥,2018(1):32-35.

[9] 杨雄俊,周鑫,谭顺仓,等.湿法磷酸脱氟技术研究[J].磷肥与复肥,2017(8):8-9.

[10] 何宾宾,傅英,张晖,等.浅议磷肥副产氟硅酸制备氢氟酸技术研究进展[J].山东化工,2017(20):51.

[11] 陈志华,徐金桥,赵军.磷化工副产氟资源的利用现状及展望[J].化肥设计,2018(3):8-11.

[12] 磷化工副产氟硅酸的利用及无水氟化氢的生产研究进展[J].无机盐工业,2010,42(5):1-4.

[13] Zawadzki Bohdan, Bulinska Anna. Szulc Zenon. et al. Method of production of anhydrous hydrogen fluoride: US,4062930[P].1977-12-13.

[14] Nagasubramanian K, Chlanda F P, Liu K. Process for manufacture of anhydrous hydrogen fluoride and finely divided silica from fluosilicic acid: US,4144158[P].1979-03-13.

[15] Mani K N, Chlanda F P. Process for the recovery of anhydrous hydrogen fluoride from aqueous solutions of fluosilicic acid and hydrogen fluoride: US,4389293[P].1983-06-21.

[16] Fauat C R. Process for making anhydrous hydrogen fluoride from fluosilicic acid: US,3914398[P].1975-10-21.

[17] 马航,冯霄.基于湿、热法磷加工体系共生耦合的磷资源产业可持续性发展研究[J].无机盐工业.2018,50(11):5-10.

[18] 朱飞武,吴有丽,项双龙.氟硅酸钠及湿法磷酸生产污水在稀磷酸生产中的应用[J].磷肥与复肥,2018(1):36-37.

[19] 吴立群,梁雪松,梅毅,等.湿法磷酸副产物氟硅酸制白炭黑连续工艺研究[J].无机盐工业,2012,44(1):55.

[20] 匡家灵.湿法磷酸副产物制取冰晶石综述[J].云南化工,2010,37(6):68-71.

[21] 钟本和,方为茂,李军,等.中国湿法磷酸净化技术(工程)进展情况[J].无机盐工业,2013,45(2):8.

[22] 杨建中,李志祥.湿法磷酸的净化技术[J].磷肥与复肥,2004,19(6):13-17.

[23] 王建萍.磷肥副产氟硅酸制备四氟化硅工艺研究[J].河南化工,2016,33(9):34-36.

[24] 龚翰章,周丹,雷攀,等.氟硅酸铵制备氟化钾联产白炭黑的实验研究[J].磷肥与复肥,2017,32(8):5-7.

[25] 杨跃华,陈红琼.湿法磷酸净化技术及其应用[J].磷肥与复肥,2012,27(6):11-13.

[26] 温倩.我国湿法磷酸净化技术及其工业化进展[J].化学工业,2012,30(8):20-23.

[27] 郑之银.二水湿法磷酸生产污水的回收利用[J].磷肥与复肥,2012,27(5):47-48.

[28] 朱飞武,吴有丽,项双龙.氟硅酸钠及湿法磷酸生产污水在稀磷酸生产中的应用[J].磷肥与复肥,2018(1):36-37.

第6章
湿法磷酸绿色产业链构建

由于各国工业化进程的加快,资源和能源大量消耗并日渐枯竭,环境保护压力越来越大,可持续发展战略成为世界各国人们的共识。加之全球经济发展速度放缓,产业处于转型时期,这对于全球磷化工的发展产生着深刻的影响,"国际化、精细化、高端化和绿色化"已成为世界磷化工发展的主旋律。我国磷化工产业应顺应世界磷化工发展的潮流,着力转变发展方式,调整产业结构,加快产业的转型升级,实现湿法磷酸绿色产业链的构建,使得磷化工创新求进、稳中有为,又好又快持续发展。

绿色产业链指某一区域范围内的企业采用绿色环保的理念,以原料、副产品等为纽带形成的具有产业衔接关系的企业联盟,实现资源、能源等在区域范围内的循环流动。绿色产业链的形成将有助于改变传统工业生产"资源—产品—废弃物"的单向流动模式,建立起"资源—产品—再生资源"的双向反馈新模式,有着显著的生态效益和经济效益。为此,工业园区绿色产业链的培养和发展问题受到了许多学者和企业人士的关注。因此建立湿法磷酸磷化工绿色产业工业园区成了湿法磷酸绿色产业链构建的必由之路,本章内容将以磷化工湿法磷酸绿色产业园区的建立为主线,分析产业园区的建立必要性,并对产业园区中各绿色产业链的构建进行了详细的介绍。

6.1 国内外磷化工新常态

6.1.1 世界磷化工发展的新趋势新特点

磷化学工业是国民经济的基础工业,关系到国计民生。尽管欧美一些国家发生金融危机的震荡,全球经济复苏速度放缓,但是世界各国都非常重视发展磷化学工业,而且全球磷化工发展态势正发生深刻的变化,国际化、大型化、绿色多级产业链化是当代磷化工发展的新趋势,绿色化、精细化和专用化是磷化工发展的新特点。

当今国际上知名的大公司无一不是走精细化、高端化、绿色化的发展道路,通过自己的专利技术,大力发展精细磷化工主导的高端磷化学品产品,以提高核心技术的竞争力。例如,Rhodia、Innophos 等在全球精细磷化工市场中占有很大的份额,在阻燃剂、水处理剂、磷系催化剂、含磷药物以及中间体、表面活性剂等领域加强研究和开发,提高竞争力。又如,美国 Monsanto 公司是全球最大的草甘膦除草剂生产企业,以色列 ICL 公司是世界上最大的磷系阻燃剂生产企业,荷兰 Thermphos 公司是全球最大的食品和药物用磷酸盐制造企业,日本化学工业公司(Nippon Chemical Industrial Co. Ltd.)和罗莎(ROSA)公司则是全球最大的高纯电子级磷酸生产企业。多联产耦合化、一体化和绿色化的特点正越来越凸现出来。所谓多联产就是不同产业或企业间进行耦合共生,拓宽产业领域,无机、有机、化肥联合生产,有利于延伸磷化工多元产业链;而一体化就是原料、产品上下游一体化,磷矿、磷肥和磷酸盐生产一体化;绿色化就是发展绿色低碳循环技术,合理利用资源和节省能源,搞好磷资源的综合利用、磷废弃物的资源再利用等绿色环保的利用方式,加强生态环境的保护。

6.1.2 我国磷化工发展方向

虽然欧美一些国家发生金融债务危机的震荡,国际经济复苏的速度放缓,但新一轮全球竞争的大幕已悄然拉开,如美国提出"绿色经济复苏"、欧盟有"绿色技术研发"计划,联合国倡导"绿色新政",这是世界经济进入新一轮增长周期的前奏。随着技术的进步和资源的优化,全球主要的精细磷化工产业将逐步集中于美国、中国和摩洛哥。中国将凭借着以磷资源为基础的多产联合平台,最有希望成为全世界磷化工的中心。因此,机遇喜人,挑战严峻! 我国是磷资源大国,也是磷化工产品生产和消费大国,已具备进一步做优做强的基本条件。

虽然我国已经建立较为完善的磷化工产业体系,但是产品却大都集中在中低端市场,相互展开"价格战",竞争日益激烈,压低了企业利润,同时也加大了研发新产品和新技术的风险。应用绿色经济理念,对湿法磷酸磷化工的发展思路进行改进,提出符合绿色可持续发展的绿色产业链的产业思路,引入政府财政激励及环境污染惩罚措施,以期更好地指导湿法磷酸磷化工绿色产业链的发展。在新的发展时期,要拓宽发展思路,以科学发展为主题,以绿色发展为方向,以转方式、调结构和促升级为主线,坚持"突出优势、创新求进、以磷为主、绿色路线"的总体思路和"绿色化、精细化、专用化和高端化"的发展方向。

6.2 磷化工湿法磷酸绿色产业链的构建

6.2.1 构建湿法磷酸绿色产业链的必要性

随着产业内分工不断地向纵深发展,传统的产业内部不同类型的价值创造活动逐步由一个企业为主导分离为多个企业的活动,这些企业相互构成上下游关系,共同创造价值。围绕服务于某种特定需求或进行特定产品生产(及提供服务)所涉及的一系列互为基础、相互依存的上下游链条关系就构成了产业链。绿色产业链是指遵循自然生态系统的物质循环和能量流动规律、重构经济系统,使其和谐地纳入自然生态系统的物质能量循环利用过程,实现资源综合利用和控制环境负荷有机统一,生产与环境协调发展的社会生产组织模式。构建绿色产业链是系统性产业变革,是从追求产品利润最大化向可持续发展能力永续建设的根本性转变,是在处于生产链上的各个企业之间进行生产组织重构,即在更高层次和更大的范围内提升和延伸了的环境保护的理念与内涵,从国民经济的高度和广度将环境保护引入经济运行机制,必然会产生巨大的社会影响和经济效益。因此,以经济效益和社会效益并重为原则,以清洁生产、资源节约、综合利用为重点,以持续发展为目标,积极探索,勇于创新,大力进行产业结构和产品结构调整,构建高产出、低能耗的绿色产业链,对建设绿色经济有重要的意义。

磷化工生产过程中有大量的废气、废水、固废等产生。其中巨大的显性成本和隐性成本支出客观上要求将"四废"作为资源加以综合利用,并形成以废物利用为纽带、常规磷肥制品与精细磷产品为主线、高端磷系材料为目标的绿色产业链。图6.1为传统湿法磷酸产业。

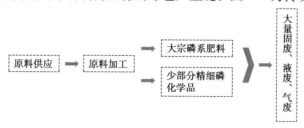

图6.1　传统湿法磷酸产业示意图

我国磷化工产业在"十二五"及今后一段时期的总体发展思路和重点领域:应坚持"绿色化、精细化、专用化和高端化"的发展方向,积极推行磷尾矿的综合利用,努力推进磷复肥的深加工和精细化,大力发展精细磷酸盐品种,积极发展专用化的有机磷化学品,着力发展高端磷化工产业,切实搞好湿法磷酸废弃物的综合处理和再资源化。加快构建湿法磷酸绿色产业链,加强技术创新和应用研究,积极发展绿色低碳循环技术,促进我国磷化工产业又好又快的发展。磷化工主要包括磷复肥和精细磷化工两大类产业,其产业链延伸至国民经济的各个部门的各个领域,因此,大力拓展磷化工绿色产业链,对于发展国民经济,构建和谐社会,促进磷化工产业又好又快的发展极其重要。目前,中国已经建立较为完善的磷化工产业体系,从资源开采到基础原料生产,从各种大宗磷化工产品生产,到精细的无机、有机磷化工产品生产,已基本满足国内各行业的需求,并有大量产品出口。但同时,近年来由于磷矿资源日渐紧张,以及生产磷化工产品所造成的环境污染严重,使得磷化工产品生产成本逐年提高,环保压力越来越大。大宗基础磷化工产品的生产正从发达国家向发展中国家转移,而国外主要发达国家磷化工则逐步转向了新产品、新技术的开发和研究。因此,今后中国磷化工的发展必须遵循循环经济的原则,发展磷化工绿色产业园区,构建绿色发展产业链。

相比较传统湿法磷酸磷化工产业的落后工艺、产品单一、产业耦合度低等缺点,新型的密集型磷化工湿法磷酸绿色产业园区则显得十分优越(图6.2)。首先,磷化工绿色产业园区的建立是采用先进的生产理念和技术,因此相比较传统湿法磷酸的落后工艺有着巨大的优势;其二,湿法磷酸绿色产业园拥有更加完善的精细磷化工产业链,饲料级、电子级、食品级、医用级等磷酸,使得磷产品的加工越来越精细,与我们的生活也越来越紧密;其三,由于湿法磷酸绿色产业园的绿色生产理念,工业园区成为集磷酸厂、磷肥厂、精细磷化工厂、磷尾矿处理厂、废弃磷资源再利用厂、磷系高端材料厂等于一体的"高、中、低"产业搭配的综合磷化工绿色产业基地。

6.2.2　湿法磷酸绿色产业园构建绿色产业链的可行性

发展湿法磷酸绿色产业链,就必须建立起磷化工绿色产业工业园区。建立磷化工湿法磷酸绿色产业工业园,首先,供给用水的工业水厂及配套管网工程必不可少,工业园区每日需要大量的工业用水,除了正常供水渠道外,工业园区还可以利用重度污染的废水经现代工艺处理后成为工业生产用水供给企业,这样不但顺应"绿色产业"的发展趋势,符合"循环技术"的要求,还可以减轻磷化工企业对当地水污染的影响。

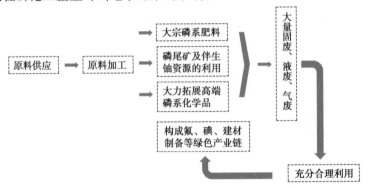

图 6.2 湿法磷酸绿色产业链示意图

资源开发,采矿和选矿是关键,也是一个行业链条的起点,首先可以在临近的磷矿基地先选出品位较高的磷矿石,用湿法磷酸工艺生产出较为优质的磷酸,然后配套引进一批高端精细磷化工企业,例如电子级、食品级、多功能磷酸等企业,并大力寻找配套发展湿法磷酸磷化工产业链条上下游产业,使得大部分中低品位的磷矿石加工生产成一系列磷肥、磷盐等,最终将打造横向耦合与纵向闭合、符合循环经济发展要求的磷精细化工综合工业园。

当然,因磷矿石本身就含有氟资源,因此湿法磷酸磷化工工艺会产生大量的富含氟资源的"废弃物",应着力提高氟资源的回收率和氟化工产品的附加值。首先,应加强磷矿开采加工过程氟资源的回收,具体表现为:磷矿加工成磷肥的生产过程中,磷矿中含量为3%左右的氟将以 HF 和 SiF_4 的形式逸出;其次,在副产氟资源转化成氟化工产品方面,国内磷肥工业氟回收的主导产品为低价值的氟硅酸钠。因此,湿法磷酸产业园区应加大氟系列产品的开发,具体包括生产氟化钠、氟化铵、氟化钾、冰晶石、氢氟酸、氟化铝和氟烃等,积极引进高端氟系化学品企业,将磷化工产业链进一步延伸。

除了氟资源的回收利用,磷矿石中往往伴生有碘的氧化物,质量分数为 19~76 mg/kg,因碘品位低且磷矿中富含氟等杂质,给碘资源的高效回收及净化精制带来一定技术难度。因此产业园需引进更加先进的"湿法磷酸中的碘处理技术",以期能够得到纯度较高的碘产品,这样的话可更加高效高品质地回收磷矿伴生碘资源,避免碘的无序排放。

加大磷矿伴生资源的开发利用,拓展绿色产业链的宽度。关于磷矿伴生资源的开发利用,除氟和碘外,具备开发潜力的还有稀土和铀等资源。稀土在石油、军事、冶金、电子和电气等工业有着广泛应用。因此,对稀土资源的开发利用应重点关注。目前,从磷化工产品回收稀土的途径主要包括从湿法生产的磷酸中回收、从磷矿中直接回收和从黄磷炉渣中回收。一般而言,P_2O_5 品位越高,稀土元素含量也越高。为此,产业园相关企业有必要对其与磷矿伴生的稀土资源进行摸底,加强对矿石的微观结构、稀土的赋存状态、磷矿中稀土元素的富集方法等进行深入研究,以便综合开发利用。其次,应加大对磷矿伴生铀的回收利用。铀不仅是重要的能源和战略物资,还是一种放射性污染物。因此,从资源综合利用和环境保护的角度,应对伴生铀进行回收,开展铀和磷分离工艺的研究,实现铀磷综合利用,消除污染。

同时,针对磷矿石尾矿的堆积、湿法磷酸工艺中产生的大量磷石膏等难解决的"世界性难题",结合绿色产业工业园区的发展,可以通过湿法磷酸废弃磷资源的再利用,将磷尾矿、磷石膏等废弃磷资源通过制备建材材料的途径,建立废弃磷资源再利用建材材料工厂,将废弃磷资源整合成优质的建材材料。磷化工产业园区的建立需要大量的建材材料,因此建材材料厂生产出来的成品建材将大量应用到工业园区的建设。另外,工业园区一般较为偏僻,基础建设程度低,交通运输较为不方便,因此通过基础设施的配套建设,强力推进磷化工在绿色产业链完善方面大有作为。另外,由于磷化工工业湿法磷酸中的废弃磷资源基数极大,因此在建材材料厂建成之后,将会生产出大量的建材,除了将这些建材应用到工业园区的建设上去,还可以与当地政府合作,充分贯彻党中央的"精准扶贫,脱贫攻坚"的战略思想,将生产出来的大量建材投入到当地的基建建设,一举两得,在构建绿色产业链的同时,充分展现出现代化的磷化工企业应该有的社会责任担当。因此磷尾矿及磷石膏建材加工产业链可行。

6.2.3 湿法磷酸绿色产业园产业链

上节叙述了湿法磷酸绿色产业园相关产业链构建的必要性和可行性,接下来将在本节提出关于湿法磷酸的以下三大绿色产业链(图6.3所示)。

①磷尾矿及磷矿伴生稀土资源综合利用相关产业。

②湿法磷酸"废弃"磷资源回收利用产业。

③中低品位磷矿制磷系高端精细化学品产业。

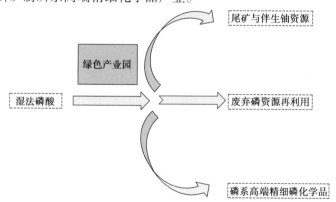

图 6.3　湿法磷酸绿色三大产业链

1)磷尾矿及磷矿伴生资源综合利用产业链构建

构建磷尾矿与磷矿伴生稀土资源绿色产业链,首先要重视磷矿资源的合理开发利用,磷矿资源的再选矿和利用要本着可持续发展的思路,进行统一、科学的规划,实现尾矿资源与磷矿伴生资源的合理再选矿和综合利用。要以尾矿资源与磷矿伴生资源的有效保护与合理开发利用、再选矿和尾矿资源再利用为主线,推进规模开发、采选配套、矿肥结合、矿化结合的发展。同时优化矿山布局,调整开发结构,促进磷矿资源永续利用。

磷尾矿作为磷矿采选后的废弃物堆存,既造成了矿物资源的浪费,又给生态环境带来极大危害。对磷尾矿资源综合利用现状的研究表明:磷尾矿在矿山充填应用中的需求量较大,但实际利用率低;磷尾矿再选的方法众多,但依然需要探索更加高效的方法;利用高镁、钙或高硅磷尾矿制备相关产品加以利用,具有一定的经济效益;将磷尾矿作为原料生产传统的建筑材料包括混凝土、水泥等的技术已基本成熟,但发展空间有限。本小节将根据磷尾矿的特点与目前的发展情况,对磷尾矿的综合开发利用进行概述。

(1)磷尾矿的危害

我国磷矿资源丰富,但是富矿储量低,普遍具有品位低、选别难的特点。磷矿资源经过分选得到磷精矿后,产生的尾矿大多作为废弃物堆存。通常每生产1 t磷精矿,将产生0.44 t尾矿。近年来,我国经济快速发展,资源消耗速度随之加快。随着磷矿资源的不断开采,由此产生的磷尾矿数量日益增多。磷矿作为一种不可再生资源,大规模的开发利用,导致其储量逐渐减少;同时大量磷尾矿的产生不仅给生态环境带来极大危害,并且会造成潜在矿物资源的浪费。磷尾矿的堆积占用大量土地,并破坏土壤结构,危害植被及农作物的生长,造成严重的环境污染。为了对磷尾矿重新加以利用,减轻资源短缺的压力,降低磷尾矿带来的危害,广大科研人员正在积极探索磷尾矿的综合利用方法。

(2)磷尾矿综合利用和研究现状

随着磷尾矿相关研究的深入,磷尾矿回收利用技术已取得一定进展,磷尾矿所具有的潜在社会、经济价值也得以体现。因此,对磷尾矿回收利用做进一步研究,意义重大。目前磷尾矿的综合利用方向主要有充填矿山采空区、生产含磷有机肥料、对磷尾矿进行再选、制备钙系与镁系等产品、制备建筑材料等。以下将对国内磷尾矿的综合利用研究现状进行总结探讨,以便为其进一步开发利用及产业链的形成提供参考。

①充填矿山采空区的方式。产业园区周围的磷矿开采地,随着矿山生产的延伸,遗留的采空区越来越多。大量的采空区可能导致岩移、地表塌陷等事故,给矿山工作人员、设备以及周围的建筑物等带来严重的安全威胁。因此充填矿山采空区,是利用磷尾矿的一种最直接、最简便的方法,可实施范围广,但实际利用率低。金恒等对Ca、Mg含量较高的磷尾矿进行研究,分析其在不同灰砂比及料浆质量分数条件下的黏度及泌水率,考察利用磷尾矿制备胶结充填材料的可行性,为磷尾矿制备胶结填料提供理论依据。陈博文等将Ca、Mg、Fe含量较高的磷尾矿与Si、Al含量较高的粉煤灰混合,制备胶结充填材料,替代部分水泥原料,以降低成本,当满足灰砂比为0.25、粉煤灰与水泥比为1:1、料浆质量分数为80%的条件时,能够得到抗压强度、坍塌度等各方面指标均较优的充填体。产业园区可以在这些研究基础上,引进较为适合的"磷尾矿充填材料制备技术",在产业园区的偏僻地段建立起尾矿充填材料制造厂房。

②生产含磷肥料产业。鉴于磷尾矿中大多含有多种植物生长所需的微量元素,因此产业园可以利用磷尾矿生产含磷有机肥料,可用于改良土壤,给农作物提供营养,我国绝大部分土壤都缺少磷元素。黄丽华利用硫酸酸解磷尾矿,向得到的滤液中加入氧化镁粉与磷酸控制pH值,最后烘干得到的白色结晶即为磷镁二元复合肥;该研究虽然证明了此方法的可行性,但工艺条件仍需进一步优化完善。范志平等利用磷尾矿、水稻秸秆及酱油渣3种废弃资源进行生产含磷生物肥料的可行性研究,发现3种废弃物中均含有磷元素,其中水稻秸秆与酱油渣中还存在为解磷微生物生长提供氮源的粗蛋白,另外研究表明黑曲霉等4种菌株均具有较强的解磷能力。郑君花等在前人研究的基础上,对制备肥料的工艺过程进行了优化,分别对尾矿粉用量、水稻秸秆及酱油渣用量、发酵时间及温度、料水比等6个因素进行了探究,最后得到复合菌解磷的最佳工艺条件,即尾矿粉、水稻秸秆与酱油渣用料比4.6:5:4,料水比1:2.56,在30 ℃温度下发酵121.2 h,为利用磷尾矿生产含磷有机肥料提供了依据。

③磷尾矿再选产业。磷尾矿中存在大量的有用矿物，但其成分复杂，再选工艺难以达到较高要求，根据磷尾矿的特点进行针对性再选工作，能够在一定程度上提高选矿效果。目前主要运用浮选法、化学选矿法、磁选法或电选法等对其进行再选，回收利用潜在的矿物资源。张文等采用了一种新型的 WF-31 捕收剂对国外某低品位硅质高铁铝磷尾矿进行正浮选，该尾矿 P_2O_5 含量较低，SiO_2 含量较高，通过 4 段正浮选流程试验，并将 3、4 段尾矿返回到 2 段原矿中进行浮选，获得的磷精矿 P_2O_5 品位达到 32.38%，且 P_2O_5 回收率为 56.62%。梁兴荣等针对反浮选磷尾矿的特点，采用"煅烧—破碎—气流分级或筛分"流程，实现了磷灰石的富集。由于磷灰石被凝胶体系包裹，导致其在 850 ℃ 高温煅烧条件下才能彻底解离，最后通过筛分得到的富磷产物的量达到 52.78%，为反浮选磷尾矿回收磷提供了依据。因此湿法磷酸绿色产业园可以采用这些较为先进的浮选技术，对磷尾矿的选矿工作进行布局相关的选矿厂。

④制备镁、钙相关产品产业。诸多学者对磷尾矿组成成分研究后发现，大部分磷尾矿主要是高镁钙磷尾矿，一般存在氟磷灰石、白云石、石英等矿物结构，其中镁、钙等元素含量较高，除此之外还有硅、铁、铝等多种元素。因此，磷尾矿的堆弃可能造成有用矿物元素的大量流失与浪费。通过对磷尾矿中有用元素的富集，或者制备一系列的相关产品，可以实现对磷尾矿的回收利用。金维等对瓮福矿区的磷尾矿进行煅烧，采用了两次水洗、两次碳化的方法，循环利用煅烧过程中生成的二氧化碳，制备出高纯度的氢氧化镁与碳酸钙，将钙、镁元素从磷尾矿中分离，同时提高了 P_2O_5 的质量分数。利用磷尾矿制备硫酸镁也具有一定的经济价值，对高镁磷尾矿进行盐酸酸解，利用硫酸除去酸解液中存在的钙离子，并且通过控制浓缩过程除去杂质，得到粗制硫酸镁。对得到的粗制硫酸镁进行纯化处理，进一步除去产物中可能存在的钙、磷杂质，纯化处理的具体操作如下：将浓缩产物水解抽滤，利用稀硫酸除钙，冷却浓缩得到的白色固体即为精制硫酸镁。磷尾矿酸解工艺制备氢氧化镁的技术目前比较成熟，利用硫酸、盐酸或者硝酸溶液对磷尾矿进行酸解，经过除杂、沉淀等步骤得到氢氧化镁沉淀，同时可通过对工艺条件的控制，制得粒径较细或晶形良好的氢氧化镁，该产品可用于中和酸性废水或用作阻燃剂等，具有一定的经济价值。

⑤制备建筑材料。利用磷尾矿制备建筑材料的研究始于 20 世纪 80 年代，经过多年发展，该技术日趋成熟。磷尾矿中所含有的成分使其能够代替一部分原材料，从而节省生产成本，并制备出性能较好的混凝土、水泥等建筑材料。管宗甫等发现利用磷渣、磷矿石以及磷尾矿可以配制出一种烧成助剂，能够使水泥熟料中含有较多的 C_3S，且一定条件下可以形成结构较好的 C_3S，从而烧出具有较高强度的水泥熟料。邓国亮等发现在生料中添加磷尾矿的量达到 2.5% 时，水泥熟料中 C_3S 质量分数可达 57%，且晶型较好，产品能够达到理想的抗压强度。Zheng 等在波特兰水泥中使用磷尾矿作为填料，对其性能进行研究，发现添加的磷尾矿主要通过稀释效应影响凝结时间、强度和干缩率，且未引起显著的体积膨胀和强度衰退，表明在波特兰水泥中使用磷酸盐尾矿作为填充材料具有一定的可行性，为处理磷尾矿提供了一种较为环保的选择。李家劲等利用反浮选磷尾矿作为填料，对制备泡沫混凝土工艺进行了研究。该研究将原磷尾矿与煅烧后的磷尾矿分别作为惰性填料和活性填料进行加工，测试结果表明，为了使制备的泡沫混凝土达到 A3.5B05 级抗压强度，磷尾矿作为惰性填料时的最大添加量远低于作为活性材料的添加量，因此磷尾矿经过煅烧后用作填料制备泡沫混凝土的利用率更高。向兴也对磷尾矿作为填料的性能进行了研究，得出了相似的结论，磷尾矿作为惰性填料，制备 A3.5B05 级泡沫混凝土最大掺加量为 6.9%，煅烧后的掺加量换算成磷尾矿可增至

15.05%。对于磷尾矿制备建材材料的绿色产业,工业园区可以将其与磷石膏制备建材产业相结合,以期构建成一个尾矿、磷石膏相互耦合的磷系建材制备产业。

2)磷尾矿综合利用总结

我国在磷尾矿回收利用方面的研究起步较晚,近年来通过广大学者开展的大量研究,使得我国的磷尾矿回收利用技术明显提高,能够为磷化工企业提供参考。磷尾矿在充填矿山采空区的应用中需求量较大,但实际利用率低,经济价值未得到充分体现。面对农业上对含磷有机肥料的强大需求,我国目前可利用的磷矿资源已日渐枯竭,磷尾矿的回收利用可从一定程度上解决磷肥的需求问题。磷尾矿再选的方法众多,但依然需要探索更加高效的方法,开发新型的捕收药剂,从而缓解我国对矿物资源的需求压力。利用高镁、钙或高硅磷尾矿制备相关体系产品加以利用,或提取其中的稀土元素,也具有一定的经济效益。对稀土元素富集利用的工艺方法,以及对有害成分的去除方法还有待研究。将磷尾矿作为原料生产传统的建筑材料包括混凝土、水泥等的技术已基本成熟,发展空间有限。目前出现的几种新型材料例如微晶玻璃、保温板等,其优异的性能符合社会发展的需求,利用磷尾矿来制备此类型的新型材料,具有广阔的发展前景,但制作成本较高,另外对产品性能的提高也需要进一步的研究。根据磷尾矿的特点与目前的发展情况,除了使已有的技术更加成熟外,更要开拓新的利用方向。

3)磷矿伴生稀土资源产业链

稀土被誉为 21 世纪高新技术及新材料的宝库,它是科技发展的战略性元素。我国是稀土资源大国,稀土储量占世界稀土资源量的 46.78%。虽然我国的稀土资源非常丰富,但近年来高新技术领域对稀土的需求较大,加之稀土行业对稀土矿产的不合理利用,导致我国的稀土储量直线下降。为此,我国在"十一五"和"十二五"中提出了保护稀土资源、提高资源综合利用率的指导意见。

自然状态下的稀土元素主要赋存在各种稀土矿中。此外,还有很大一部分与磷矿共生。我国拥有丰富的磷矿资源,大部分磷矿都伴生有稀土。伴生稀土磷矿有可能成为未来重要的稀土来源。因此,进行磷矿中伴生稀土资源的开发研究有着重要的意义:其一,可以有效保护我国的稀土矿产;其二,可提高磷矿的使用价值,实现资源和环境的可持续发展。在传统的磷化工过程中,磷矿主要用以生产磷肥和磷酸盐,其中伴生的稀土作为废弃物白白浪费掉。如能把生产磷肥和回收稀土结合起来,从资源可持续发展的角度来看,是非常有意义的。这样的结合可以降低生产磷肥的成本,并能获得更多的效益。从目前提取磷矿中稀土的研究现状看,虽然溶剂萃取法提取稀土取得了很多的研究成果,但是仍存在以下不足:其一,提取稀土的工艺路线非常复杂,且需要大量药剂,物料处理量很大,在实际生产中毫无意义;其二,研究过程只针对稀土的回收,没有把磷化工过程结合起来。因此,需开辟一条流程简单、操作方便、稀土收率高、稀土纯度高的提取稀土的工艺路线,而且能把提取稀土与磷化工过程有机地结合起来,实现磷矿资源综合利用最大化。为此,磷化工产业应加强对新工艺的研发投入,以期为中低品位磷矿的开发利用开辟一条新的途径,从而提高磷矿的使用价值,实现磷矿资源的综合利用,拓宽湿法磷酸产业链,促进我国磷化工产业的发展。

6.2.4 磷酸废弃物的再资源化产业构建

磷化工湿法磷酸生产过程中有大量的废气、废水、固废等产生。其中,废气有二氧化硫、氟化氢、磷化氢和硫化氢等,若不对这些废气加以回收利用,将造成严重的大气污染。废水排放量大且含有大量的磷、氟、硫、铀等有害物质。废水排放不仅浪费了大量的水资源,企业还需支付高额排污费。固体废物有矿山尾矿、废石,湿法磷酸生产产生的磷石膏等。固体废物存放需占用大量土地,比如每生产 1 t 磷酸会产生副产物磷石膏 4.8 ~ 5 t,仅贵州每年磷石膏的排放量就有 1 300 万 t,但只有 30% 多的磷石膏被综合利用,这将使得企业面临土地征拨、挡渣坝建设和环境污染等问题。巨大的显性成本和隐性成本支出客观上要求将"三废"作为资源加以综合利用,从而形成了以废物利用为纽带的绿色产业链。

1) 湿法磷酸副产品氟硅酸中提氟

目前,天然含氟矿石资源主要包含了三种类型,即以 $NaAlF_6$ 为主要成分的冰晶石(含氟 45%)、以 CaF_2 为主要成分的萤石(含氟 49%)、以 $Ca_5(PO_4)_3F$ 为主要成分的氟磷灰石(含氟 3% ~ 4%)。较之其他两种类型,氟磷灰石虽然在含氟量上最低,但其含有 90% 伴生在磷矿中的氟资源,并且具有分布广、储量大(远大于其他两种类型)的特点,所以就含氟的总量而言,还是相对比较乐观的。基于此,在以磷矿为主要原料的化工生产中(如磷酸、磷肥等),化学加工磷矿石所产生的氟即为可开发与利用的氟资源。

我国磷矿资源储备长期居世界第二,是我国相对较丰富的矿产资源。就目前的实际情况来看,我国开采的磷矿石量达到了 5 000 余万 t/a,并每年都在以 5% 的速度增长。然而,由于磷矿石当中含有 3% 左右的氟,因此如果我们从磷化工中来对氟资源进行回收,以此来开发有机(无机)氟化工高端材料的话,无疑是提升氟资源综合利用率的有利途径之一。与此同时,这样的方法也能够进一步延长磷化工产业链,从而让高端氟材料产业以及磷化工清洁生产的绿色持续健康发展得到充分保障。

在利用氟硅酸的时候,生产氢氟酸(HF)无疑是最有价值的方法之一,其制取氟化合物原理如图 6.4 所示。与此同时,作为氟化工工业的基础,现代工业对于氢氟酸的需求越来越大。就目前实际情况来看,我国氟化氢需求量正在以 20%/a 的速度增长,这项指标在全球整个氢氟酸的总量中占据了 30% 的比例。除此之外,这里还需要注意的是氟化氢的制作方法。一般来说,氟化氢的制作通常都是以浓硫酸与萤石的反应(温度在 200 ~ 270 ℃)而形成的,而直接法与间接法即为氟硅酸生产氟化氢的主要工艺路线。

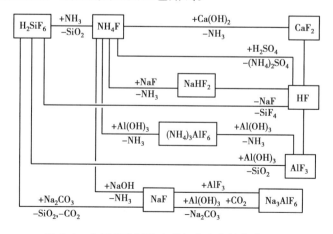

图 6.4　由氟硅酸制取多种氟化合物的化学原理

2）湿法磷酸副产品氟硅酸中提碘

我国已发现的磷矿中有三分之一以上的伴生和共生铀、氟、碘和稀土等元素。其中，除了氟资源等，碘资源的可开发程度也比较高。此外，因缺乏原料，我国碘生产主要依赖海水，产量较低，每年需大量进口碘。而贵州磷矿石中伴生的碘储量大，但品位低，平均含碘量为19～76 mg/kg。为此，瓮福集团专门开发了以磷矿石伴生极低品位碘资源为原料的碘回收工业化装置，形成了年产100 t碘的生产能力，每吨碘生产成本仅8～9万元，远低于海带中提碘16万元/吨的成本。显然，巨大的经济潜力将催生以伴生资源开发利用为主线的生态产业链的形成。

近年来国内外对含碘废水中碘回收方面的研究日益重视。国内有不少学者在这方面做了大量工作，取得了一定的成效。目前，工业上从含碘溶液中提碘的方法主要有离子交换法（图6.5）、空气吹出法、活性炭法、沉淀法（银法和铜法）、淀粉法及有机溶剂萃取法等。这些方法富集和回收碘的原理因含碘废液的来源、废液中碘的含量以及废液中碘的存在形式不同而各不相同。以下将对磷化工湿法磷酸工艺过程中碘的回收方法进行概述。

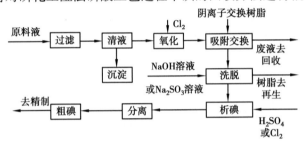

图6.5　离子交换法示意图

（1）从磷酸中回收碘

在湿法磷酸生产中，磷矿带入的碘80%～90%进入产品湿法磷酸中，回收这部分碘相当重要（图6.6）。姜泽利用改良的活性炭回收磷酸中的碘。先加入适量氧化剂将磷酸中的 I⁻

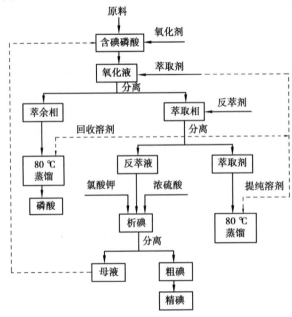

图6.6　从磷酸中提取碘示意图

氧化成 I_2,再用改良过的活性炭对 I_2 进行吸附,吸附饱和后过滤去除上层酸液;用置换剂 $CaCl_2$ 辅助,使活性炭上吸附的 I_2 置换到溶液中,加碱使 I_2 歧化溶解在溶液中;滤除活性炭,滤液中主要含 IO_3^- 和 I^-,对其进行还原剂循环吸收,将 IO_3^- 还原成 I^-;浓缩后加入氯酸钾和浓硫酸酸化氧化,便析出碘单质沉淀。此方法的特点是利用置换剂和碱液,碘分子得以在常温下更好地解吸脱附,活性炭因而得到再生。但是此法的缺点是分离和氧化还原步骤较多,需要控制化学试剂的投入量,过程不易掌控。

（2）从氟硅酸中回收碘

在湿法磷酸和过磷酸钙生产过程中,磷矿石中的氟和碘,多以气体的形式逸出,被水吸收后多为 I^- 与氟硅酸混合溶液。因此,氟硅酸也是磷化工业中碘资源回收的一种重要原料。潘至中等在用离子交换树脂法从氟硅酸中提碘的研究中,先将混合溶液的 I^- 氧化成多碘离子;然后使混合液通过离子交换树脂柱,树脂吸附多碘离子,混合液中的碘得以富集和分离;再用还原剂亚硫酸钠解吸多碘离子;最后向解吸液中加入氧化剂,即可析出单质碘。此法的优点是工艺简化,不需要浓缩处理,氧化后可析出固体碘。但没有使用洗脱剂,一部分 I^- 仍然吸附在树脂上未被洗脱,氟硅酸中的碘没有被完全回收。孙纯国曾用改良过的 CCl_4 溶液对氟硅酸中的碘进行回收。向氟硅酸溶液中加入适量氧化剂处理后,加入 CCl_4 充分混合,大部分 I_2 从氟硅酸溶液转移到 CCl_4 中;静置分层,去除萃余相,向萃取相中加入适量氢氧化钠溶液,萃取相中 I_2 发生歧化反应进入水相;去除有机相,向水溶液中加入适量的硫酸酸化氧化,即析出单质碘。此研究采用萃取-反萃的方法回收碘并且再生 CCl_4,达到了节能、降低成本的目的。

（3）其他碘回收方法在磷化工中的应用

孙克萍等对磷矿石生产磷产品产生的废水中的碘用空气吹出法进行回收。先对含碘废水中的 I^- 进行闭路循环氧化处理,将 I^- 氧化成 I_2 并得以富集;然后吹入空气,吹出溶液里的 I_2;吹出气通过含还原剂的吸收液,气体中的 I_2 被还原成 I^- 溶于吸收液;再加入适量氧化剂,静置沉淀,过滤得到粗碘。此工艺是目前国内外用于磷化工含碘物料中提取碘的新技术。

3）湿法磷酸磷石膏资源化产业构建

近几年,我国建筑节能和墙体材料改革不断推进与深化,石膏工业迅速发展,随着优质天然石膏资源的日渐枯竭,以及环境保护、发展绿色产业链等国情要求,石膏原料发生了巨大的变化,由天然石膏向工业副产石膏转变。因此,湿法磷酸工业副产石膏的综合利用成为石膏行业关注的重点。近年来,行业内外企业、科研院校等对磷石膏的基本性能、反应机理、应用探索等方面的研究逐步深化。磷石膏制硫酸联产水泥创新技术通过了部级鉴定,磷石膏制石膏模盒、过硫磷石膏矿渣水泥与混凝土,磷石膏用于公路水稳层垫层等技术得到实践应用,磷石膏水洗净化预处理以及磷石膏制高强石膏生产工艺的研发取得一定进展。

工业园区对于磷石膏建材产业的构建应与上文所述的尾矿制备建材材料产业相结合起来,做到统筹协调、交互相融的建材制造产业链。以下是对磷石膏建材产业构建的具体建议:

①加大政策引导和资金扶持:磷石膏作为我国目前利用率较低的大宗工业固废,基本上是解决了磷石膏的利用问题就解决了大部分工业固废利用问题。因此,"十三五"大宗工业固废主要是解决磷石膏的综合利用问题。政府应完善相关政策,加强对磷石膏资源综合利用企业的政策引导和资金支持,建立专项补贴资金,加大补贴力度,减免相关税收。鼓励企业积极

创新,研发磷石膏资源综合利用新技术,开发磷石膏资源综合利用新产品,鼓励企业加大对磷石膏的利用量及开拓省外市场。

②加强技术研发:政府组织相关科研机构和大学,加大研发投入,开展技术创新,积极推广国内外磷石膏利用的先进技术,在新型建材和磷石膏充填矿井、磷石膏用于路基材料等方面的技术加大研发力度,同时努力开发其他领域利用磷石膏的新产品,从供给侧解决磷石膏的综合利用问题。

③加大产品宣传,努力开拓市场:没有需求,就不能拉动生产,现在消费者对磷石膏制品的使用还心存疑虑,市场还未完全推广。因此,在需求侧,应加大宣传推广力度,让广大消费者和建筑行业的设计者了解,认同磷石膏制品是经济节能、安全可靠、绿色环保的新型建材产品,以开拓磷石膏产品市场。

6.2.5 中低品位磷矿制磷系高端精细化学品产业链构建

精细磷化工产品即磷酸盐,指除磷酸一铵、磷酸二铵、钙镁磷肥和氮磷钾复合肥等大宗磷肥外,以磷为原料的磷化工产品。目前,我国磷矿石加工利用以生产磷肥和黄磷等初级产品为主,国内所需高质量磷产品主要依赖进口。从消费构成上看,大约80%的磷矿用于制取磷肥,13%~15%的用于制取黄磷,4%~6%用于生产其他磷制品。我国80%的磷矿石用于生产磷肥,但其经济效益仅占磷化工行业的20%,且磷化工产品多属于技术含量不高、能耗大、精细化程度低、附加值低的产品。因此,应充分利用磷资源,加大对高纯、专用、超细、特种功能、特种用途的无机和有机精细磷化合物的研究开发,发展磷系阻燃剂、饲料添加剂、生物化工和电子化学品、新型高效催化剂等精细磷化工产品,并尽量减少磷矿石等初级产品出口。大力推广湿法磷酸精制技术,湿法磷酸经济技术的突破,对节约电能和降低工业磷酸的生产成本有积极意义。利用净化精制肥料级磷酸生产工业级磷酸的工艺,与热法磷酸工艺相比,具有低能耗和操作费用较少、环境更加友好等优势。在过去的十年中,国外所有新建工业磷酸生产装置全部采用湿法磷酸精致工艺。

大型磷化工精细化学品生产基地及绿色产业链的构建,是加快发展我国精细磷化工的必由之路。应从上游磷矿开采就考虑综合利用的问题,高品位的块矿可以用来生产黄磷,其余的高品位粉矿可直接用于生产湿法磷酸;湿法磷酸的生产规模应达到经济规模,实现大型化;部分磷酸可直接用于生产磷肥产品,部分磷酸经精制后达到工业级或食品级,精制过程中副产的残酸液进入磷肥生产单元作为原料。整个过程实现了资源利用率最大化,这种产业链思路将催生一批整体竞争力强的企业。以下将从磷化工精细化学品产业的重点发展领域进行概述。

1)精细磷酸盐产业

纵观世界各国磷化工的发展概况,目前仍然是磷酸盐化工唱主角,估计今后还将持续相当长的一段时间。因为磷酸盐工业品种多,主要有磷酸钠盐、钙盐、钾盐、铵盐、锌盐、锰盐、铝盐等,生产技术相对比较简单,应用又比较广泛。尤其是三聚磷酸钠(STPP)和六偏磷酸钠(SHMP)属于多功能性的大宗磷酸盐产品,也是我国磷化工出口创汇的重要品种,应做强做优。从目前世界磷酸盐工业市场消费情况看,磷酸盐洗涤助剂和清洁助剂仍然是工业磷酸盐的最重要品种,占据工业市场消费的60%以上(表6.1),而三聚磷酸钠是性能最优和应用最广的磷酸盐洗涤助剂。我国三聚磷酸钠的产量居世界第一,近50%销往世界各地,今后应进一步在多规格系列化、精细化和专用化方面做工作,创出特色品牌。

表6.1　世界磷酸盐工业市场消费情况

项　目	消费百分比/%
洗涤助剂和清洁助剂	62
食品和饮料	10
农用化学品	7
水处理剂	5
金属表面处理	5
牙膏摩擦剂	2
其他	9

三偏磷酸钠 $Na_3(PO_3)_3$ 用于改性淀粉的生产和维生素 C 稳定剂,具有良好的市场前景。食品磷酸盐在食品加工中作为品质改良剂和营养强化剂,对于加快食品工业的发展具有重要的意义。今后应重点发展食品级磷酸、磷酸钠盐、磷酸钙盐和焦磷酸铁盐等,形成系列化、复合化产品体系,提高质量。目前世界饲料磷酸盐的生产能力约 1 100 万 t/a,2004 年产量达到 6.64 Mt。世界饲料磷酸盐的市场年需求量约为:北美洲 1.595 Mt,中国 1.540 Mt,西欧 1.339 Mt,拉丁美洲 1.036 Mt,苏联(FSU)国家和中欧 0.551 Mt,非洲 0.298 Mt。在品种上,饲料磷酸盐包括磷酸钙盐、钠盐、钾盐、铵盐、镁盐以及锌盐、铁盐、铜盐等,品种达 20 多个,但主要品种为磷酸氢钙(DCP)、磷酸二氢钙(MCP)和脱氟磷酸钙(DFP)。次、亚磷酸及其盐功能多,应用广。尤其是次磷酸钠应适当做大,以优为主,重在质量,加强应用研究,拓宽国内和国际 2 个市场。

2)精细有机磷化工

以黄磷为原料,发展精细有机磷化工,这是一大类高附加值精细磷化工产品,也是磷化学工业发展的重要方向之一。有机磷工业助剂是一大类新型工业助剂,随着我国合成材料工业和制造业的快速发展,应重点发展磷系阻燃剂和磷系抗氧化剂。磷系阻燃剂及其复合系列具有优良的阻燃性能又无环境污染的影响,已成为阻燃剂发展的主流,在磷系阻燃剂中应重点发展 P-N 系列和高分子磷酸酯等。磷系抗氧化剂重点发展季戊四醇双亚磷酸酯系列,以减少进口。

有机磷农药是农药的骨干品种,品种数达 300 多种,我国黄磷消费结构中有约 10% 用于有机磷农药的生产。今后应根据国内外农药市场发展的需要,做强做优草甘膦、乙酰甲胺磷等有机磷农药产品,扩大生产规模,提高经济效益;同时积极开发高效低毒新品种,如甘氨硫磷、吡唑硫磷、乙嘧硫磷等,搞好有机磷农药的升级换代,大力发展绿色化学农药。

在精细有机磷化工中,含磷药物的开发是人们研究的热门课题。许多含磷化合物在抗菌抗病毒、消炎镇痛、抗肿瘤以及预防心血管类疾病等方面具有重要的应用。表 6.2 列举了一些含磷药物的重要品种。例如,福辛普利钠,化学名称为反式-4-环己基-1-[[[2-甲基-1-(1-氧代丙氧基)丙氧基](4-苯基丁基)氧膦基]乙酰]-L-脯氨酸的钠盐,为抗高血压药物,系血管紧张素转换酶抑制剂,在人体内转变为具有药理活性的福辛普利钠,能降低血管紧张素 Ⅱ 和醛固酮的浓度,扩张血管,已用于高血压和心力衰竭的治疗。研究表明,磷酸酯核苷具有广谱抗 DNA 病毒活性,其中一些还具有抗肿瘤作用,作为抗病毒药物,有的已被用于抗艾滋病的临床治疗。例如,替诺福韦(Tenofovir,化学名 PMPA)显示出优良的抗 HIV 和 HBV 性,作为 HIV 逆转录酶抑制剂,已于 2001 年经美国 FDA 批准用于临床治疗艾滋病的药物。

表 6.2　含磷药物的重要品种和应用

分　类	品　种	应　用
心血管药	福辛普利钠	抗高血压药
	果糖二磷酸钙	治疗心血管药
	环磷腺苷	抗心绞痛
	三磷酸腺苷	治疗心衰
	肉醇磷酯	强心剂
	磷酸丙吡胺	治疗心室早搏、房颤
	磷地尔	扩张血管
	肌苷磷酸钠	强心剂,治疗心绞痛
抗肿瘤药	环磷酰胺/环磷氮芥	广谱抗肿瘤
	异环磷酰胺	广谱抗肿瘤
	氯磷酰胺	抗肿瘤
	曲洛磷胺	广谱抗肿瘤
	噻替哌	广谱抗肿瘤
	磷酸雌莫司汀	抗前列腺癌
	氟达拉宾	抗胰腺瘤,淋巴瘤
	双二甲磷酰胺乙酯	抗肺癌
	磷乙天冬氨酸	治疗骨瘤
抗菌、病毒药	磷霉素	广谱抗菌素
	磷酸氯洁霉素	抗革兰氏阳性菌感染
	磷甲酸钠	抗病毒
	西多福韦	新型抗病毒药
	替诺福韦	抗艾滋病药
营养康复药	复合磷酸酯酰酶	肝营养康复药
	磷脂颗粒	改善机体新陈代谢

3)磷系高技术产业

催化技术是现代化学工业的重要支柱,化学工业的进步和发展与各种新催化剂的研究开发和应用密不可分。在催化剂的研究开发中,手性膦配体配合物作为不对称催化合成的催化剂是极富于挑战性的研究领域。1968 年,Knowles W. S 第一个将手性膦铑配合物(CAMP-Rh)应用于功能化烯烃的不对称氢化反应。1973 年,Knowles 又成功地将这种手性膦配体配合物催化剂应用治疗帕金森病的特效药物 L-Dopa 的工业制备中。1988 年,Noyori R 等发现"超手性膦配体"(R) 和 (S)-2,2′-双(二苯膦基)-1,1′-联萘(BINAP),合成了一系列新型手性膦钌配合物,并成功地应用于包括脱氢氨基酸在内的多种前手性 C═C、C═O、C═N 双键的不对称氢化,其优异的对映选择性使手性钌配合物成为合成光学活性或生物活性产物的有效催化剂,从而使这些手性膦配体配合物不对称催化成为制取手性醇、手性胺、手性酸、手性氨基酸等手性药物或药物中间体的绿色合成关键技术。表 6.3 列出了目前世界上一些公司应用不对称催化合成技术工业化生产具有光学活性的药物、香料、农用化学品等精细化工产品。

表 6.3 不对称催化在工业中的应用

反应类型	金 属	产 物	生产公司
氢化	Rh	L-多巴	Monsanto
	Rh	L-苯丙氨酸	Anic,Enichem
	Ru	沙纳霉素	高砂
	Ru	(S)-萘普生	Monsanto
	Ru	(S)-布洛芬	Monsanto
氢甲酰化	Rh	(S)-萘普生	Union Carbide
氢氰化	Ni	(S)-萘普生	Dupont
环氧化	Ti	(+)-disparlure	上海有机化学研究所
	Ti	缩水甘油	ARCO
	Ti	普萘洛尔	ARCO
	Mn	Cromakatin 类药	E. Merck
环丙烷化	Cu	Cilastatin	住友,E. Merck
异构化	Rh	(-)-薄荷醇	高砂
	Rh	铃兰香料	高砂
羰基还原	B	酶阻滞剂 MK-0471	E. Merck
	Ni	C_{14}-β-羟基酸	Hoffman LaRoche

4)再资源化环保型产业

对于磷化工产业来说,黄磷炉渣、磷石膏和硫酸矿渣等均是不可避免的废弃物。这些废弃物的综合利用与再资源化,既是保护生态环境的需要,也是发展循环经济,实现人和自然环境的和谐与协调所必需的。例如,次磷酸钠生产中的磷化氢废气的综合利用,不仅可以消除磷化氢对环境的污染,而且可以衍生出一系列高附加值的精细磷化学品。利用黄磷尾气生产甲醇、甲酸、草酸等;利用黄磷炉渣生产建筑材料、微晶玻璃、保温材料等;利用磷石膏生产建筑材料、造纸填充料、硫酸钾类肥料和硫酸等。目前国内的一些企业和科研院校都做了大量的工作,应尽快抓紧产业化。

综上所述,我国精细磷化工湿法磷酸产业要做强、做大,应落实科学发展观,依据循环经济的发展理念和环境友好的发展原则,以技术创新为动力,实施高技术、大集团的发展战略,加强资源整合,优化产业结构,积极发展精细磷酸盐化工,大力发展高新精细磷化工,搞好产业的集约化和产品的系列化,走新型绿色产业链的发展道路。

加大对绿色产业链的培育和发展对提高磷资源的经济价值和生态环境的保护具有重要作用。本章首先对磷化工工业园区等概念进行界定,然后对我国湿法磷酸磷化工绿色产业工业园培育和发展生态产业链的必要性和可行性进行分析论证,最后提出了政府应提高磷化工企业的集合度、严格控制磷矿石的出口和按照生态产业链条招商,园区管委会应建立磷资源的合理分配利用、磷系废弃资源再利用和发展高端磷系精细化学品的机制,企业应大力发展精细磷化工产品、构建跨区域绿色产业链、厘清产品间的共生耦合关系、加大磷矿伴生资源的开发利用等具体措施。

参考文献

[1] 韦昌桃,胡彬,李勇.湿法磷酸分段浓缩工艺评价[J].磷肥与复肥,2018(2):28-31.

[2] 朱飞武,吴有丽,项双龙.氟硅酸钠及湿法磷酸生产污水在稀磷酸生产中的应用[J].磷肥与复肥,2018(1):36-37.

[3] 项双龙,朱飞武,吴有丽.湿法磷酸萃取尾气洗涤液中碘回收工艺研究[J].硫磷设计与粉体工程,2018(2):14-16,19.

[4] 贡长生.我国磷化工产业的发展方向和重点领域[J].精细与专用化学品,2014,22(6):1-6.

[5] 贡长生.我国磷化工的发展方向和前景展望[J].现代化工,2011,31(9):4-9.

[6] 周倩倩,周克清.磷尾矿资源综合利用现状研究[J].化工矿物与加工,2018(9):67-70.

[7] 熊维鲜,周贵云,孙健.硫酸分解磷矿尾矿工艺技术的研究[J].磷肥与复肥,2015,30(5):13-15.

[8] 贡长生.加速中国磷化工可持续发展几个问题的探讨[J].无机盐工业,2009,41(4):11-14.

[9] 陈冲,李季,朱家骅.湿法磷酸尾气封闭循环工艺与氟回收技术开发[J].磷肥与复肥,2018(1):32-35.

[10] Alfariss T F,Ozbelge H O,Elnashaie S S E H. Preliminary investigation for the production of wet-process phosphoric acid from Saudi phosphate ores[J]. *Fertilizer Research*,1991,28(2):201-212.

[11] Shuang-Long X,You-Li W U,Ji-Xing L. Industrialized ammonia washing technology for fluoride-containing tail gas from wet-process phosphoric acid production[J]. *Modern Chemical Industry*,2015,35(7):121-123,125.

[12] Yarnell J. Wet-process phosphoric acid production[J]. *Manual of Fertilizer Processing Fertilizer Science & Technology*,1987,54(10):556-563.

[13] Atanasova,Lubka G. Exergy analysis of the process of wet-process phosphoric acid production with full utilisation of sulphur contained in the waste phosphogypsum[J]. *International Journal of Exergy*,2010,7(6):678.

［14］朱飞武,吴有丽,项双龙.氟硅酸钠及湿法磷酸生产污水在稀磷酸生产中的应用［J］.磷肥与复肥,2018(1):36-37.

［15］李志祥,明大增,钟英.磷矿伴生氟资源综合利用探讨［J］.有机硅氟资讯,2009(2):27-31.

［16］张伟.资源型产业链知识创造影响因素研究——基于贵州中部磷化工产业链的分析［J］.管理学报,2016,13(6):871-879.

［17］王斌,张宗凡,罗康碧.盐酸法湿法磷酸工艺研究现状［J］.化学工程师,2014(8):46-49.

［18］毛常明,刘晶晶,尹进华.湿法磷酸的工艺研究进展［J］.河北化工,2005(4):14-16.

［19］项双龙,朱飞武,吴有丽.湿法磷酸萃取尾气洗涤液中碘回收工艺研究［J］.硫磷设计与粉体工程,2018(2):14-19.

［20］Song P Y,Deng R Q,Zhu D. Deposition model of sodium (potassium) fluorosilicate fouling in wet-process phosphoric acid production ［J］. *Advanced Materials Research*,2015,1094:194-198.

［21］Lembrikov V M,Konyakhina L V,Volkova V V. Identification of impurities accumulated in the extractant in the course of purification of wet-process phosphoric acid with tri-*n*-butyl phosphate［J］. *Russian Journal of Applied Chemistry*,2004,77(9):1413-1417.

［22］Lardinoye M H,Weterings K,Van D B W B. Unexpected 226Ra build-up in wet-process phosphoric-acid plants［J］. *Health Physics*,1982,42(4):503-514.

［23］Ortiz I,Alonso A I,Urtiaga A M. An integrated process for the removal of Cd and U from wet phosphoric acid［J］. *Industrial & Engineering Chemistry Research*,1999,38(6):2450-2459.

［24］朱晓琳,沈鹿.绿色产业链评价模型构建探索［J］.经济研究导刊,2014(29):64-65.

［25］李汉文,张伟.资源型产业链的治理模式及其升级路径［J］.科技进步与对策,2012,29(13):49-55.

［26］张伟,朱启贵,吴文元.知识视角下的资源型产业链升级研究——以贵州瓮福磷化工产业链为例［J］.科学学研究,2009,27(6):889-895.

第 **7** 章
湿法磷酸产业转型——高端含磷材料制备

7.1 磷系能源材料

7.1.1 锂离子电池正极材料

1)磷酸亚铁锂

(1)性质及用途

磷酸亚铁锂(Lithium iron phosphate,又称磷酸铁锂、锂铁磷,简称 LFP),分子式是 LiFePO$_4$,分子量为 157.76。其理论容量为 167 mA·h/g,相对金属锂的电极电位约为 3.4 V 左右,理论能量密度为 570 W·h/kg。在自然界以一种磷酸铁锂矿(Triphylite)存在,化学合成的 LFP 是一种锂离子电池的正极材料,优点是不含钴等贵重元素,原料价格低。磷、锂、铁在地球含量丰富,不会有供料问题。

LiFePO$_4$ 的晶体结构如图 7.1 所示。磷酸亚铁锂中心铁离子与周围的 6 个氧形成共角的八面体 FeO$_6$,而磷酸根中的磷与四个氧原子形成以磷为中心的四面体 PO$_4$。借铁的 FeO$_6$ 八

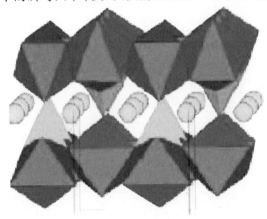

图 7.1 橄榄石型 LiFePO$_4$ 的晶体结构

面体和磷的 PO_4 四面体所构成的空间骨架,共同交替形成"Z"形的链状结构,而锂离子则占据共边的空间骨架中所构成的八面体位置。属于斜方晶系,其晶格常数为 $a = 600.8$ pm, $b = 1$ 033.4 pm, $c = 469.3$ pm。由于结构中的磷酸基对整个材料的框架具有稳定的作用,使得材料本身具有良好的热稳定性和循环性能。

$LiFePO_4$ 中的锂离子不同于传统的正极材料 $LiMn_2O_4$ 和 $LiCoO_2$,具有聚阴离子三维支撑骨架,在充放电过程中可以可逆地脱出和迁入并伴随着中心金属铁的氧化与还原。其锂离子迁入、脱出的反应如下所示:

$$LiFe(Ⅱ)PO_4 \Longleftrightarrow Fe(Ⅲ)PO_4 + Li^+ + e^-$$

锂离子脱出后,生成相似结构的 $FePO_4$,但空间群也为 Pmnb。晶格常数为 $a = 579.2$ pm, $b = 982.1$ pm, $c = 478.8$ pm,锂离子脱出后,晶格的体积减小,这一点与锂的氧化物相似。而 $LiFePO_4$ 中的 FeO_6 八面体共顶点,因为被 PO_4 四面体的氧原子分隔,无法形成连续的 FeO_6 网络结构,从而降低了电子传导性。另一方面,晶体中的氧原子接近于六方最密堆积的方式排列,因此对锂离子仅提供有限的通道,使得室温下锂离子在结构中的迁移速率很小。在充电的过程中,锂离子和相应的电子由结构中脱出,而在结构中形成新的 $FePO_4$ 相,并形成相界面。在放电过程中,锂离子和相应的电子嵌入结构中,并在 $FePO_4$ 相外面形成新的 $LiFePO_4$ 相。因此对于球形的正极材料的颗粒,不论是嵌入还是脱出,锂离子都要经历一个由外到内或者由内到外的结构相的联换过程,材料在充放电过程中存在一个决定步骤,也就是产生 $Li_xFePO_4/Li_{1-x}FePO_4$ 两相接口。随着锂的不断嵌入、脱出,接口面积减小,当到达临界面积后,生成的 $FePO_4$ 电子和离子导电率均低,成为两相结构。因此,在大电流条件下,位于粒子中心的 $LiFePO_4$ 得不到充分利用。

LFP 电池和一般锂电池同为绿色环保电池,但两者最大不同点是 LFP 电池完全没有过热或爆炸等安全性顾虑,再加上电池循环寿命约是其他锂电池的 4 ~ 5 倍,高于其他锂电池 8 ~ 10 倍的高放电功率(可瞬间产生大电流),加上同样能量密度下整体重量,较其他锂电池减小约 30% ~ 50%。因此受到军事、汽车、电池等与电能相关领域的重视,锂电池厂纷纷投入这种新型动力锂电池的生产,目标市场就是电动自行车与电动公交车。

(2)生产原理

①固相合成法的原理:固相合成法主要是把原料充分碾磨后,在还原或惰性气体保护下,高温(300 ~ 350 ℃和 500 ~ 700 ℃两步)煅烧而成。所用原料中,锂源有氢氧化锂、碳酸锂、磷酸锂;磷源有磷酸、磷酸氢铵、磷酸亚铁、磷酸锂等;铁源主要有草酸亚铁、醋酸亚铁、磷酸亚铁和硫酸亚铁。根据所用原料不同,其反应过程不一。碳热还原法在原料中添加了碳,使系统中的二价铁离子免受氧化,主要反应如下:

$$LiOH \cdot H_2O + NH_4H_2PO_4 + FeC_2O_4 \cdot 2H_2O + C \longrightarrow LiFePO_4 + 5H_2O\uparrow + 3CO\uparrow + NH_3\uparrow$$

$$FeC_2O_4 \cdot 2H_2O + LiH_2PO_4 + C \longrightarrow LiFePO_4 + 3H_2O\uparrow + 3CO\uparrow$$

$$Li_2CO_3 + 2FeC_2O_4 \cdot 2H_2O + 2(NH_4)_2HPO_4 + 3C \longrightarrow 2LiFePO_4 + 7H_2O\uparrow + 8CO\uparrow + 4NH_3\uparrow$$

②液相法的生产原理:液相法是将锂、铁、磷原料溶解,分别配成溶液,再于常压或一定压力下共沉淀反应得到 LFP 沉淀,因此原料往往为可溶性物质。锂源为氢氧化理、硝酸锂等;磷源有磷酸、磷酸氢铵等;铁源有草酸亚铁、硫酸亚铁等。其中,水热反应是一种典型液相制 LFP 的反应,反应式如下:

$$3LiOH + FeSO_4 \cdot 7H_2O + H_3PO_4 \longrightarrow LiFePO_4 + Li_2SO_4 + 10H_2O$$

（3）主要生产工艺

①固相合成法：

a. 高温固相法：高温固相法是一种比较成熟的制备 LiFePO₄ 的生产技术，可分为一步、二步和三步加热法。制得的产品放电性能可以达到 160 mA·h/g。

高温固相法设备和工艺简单，便于工业化生产，但该法的制备周期较长，产物颗粒较大，粒度分布较宽，此外，在烧结过程中需要耗费大量的惰性气体来防止亚铁离子的氧化，这也是高温固相法明显的缺点之一。

b. 机械化学法：机械化学法通过机械力的作用使颗粒破碎，从而增大反应物的接触面积和新生表面活性，便于离子的迁移并促进电化学反应的进行。制得的 LiFePO₄/C 复合材料的放电容量可以达到 156 mA·h/g。

机械化学法虽然工艺简单，但制备的产物物相不均匀、粒度分布范围较宽，因此还有待于进一步改进。

c. 微波法：微波合成是指将微波转变成热能，从材料的内部对其整体进行加热以实现快速升温的过程。该方法制备的碳包覆产物在 0.1C 倍率下的初始放电容量可以达到 161 mA·h/g。

微波合成法具有反应时间短（2～20 min）、能耗低、合成效率高等优点。但该法合成的产物粒度通常只能控制在微米级左右，粉末形貌稍差。

d. 碳热还原法：碳热还原法是一种能降低生产成本和颗粒大小，提高产物纯度和电导率的新型制备方法。

所以，固相合成虽然是较成熟的制备方法，但对于合成 LiFePO₄ 仍存在许多问题。首先，反复高温烧结和研磨虽然能改善产物的均匀度，但产物颗粒较大，不利于其电化学性能的提高；此外，合成过程中需要使用大量惰性气体和还原气体，能源消耗较大，给大规模生产操作带来不便，因此，从商业化角度考虑也需要进一步改进固相法或寻找能替代固相法的合成方法。固相合成法的一般工艺路线如图 7.2 所示。

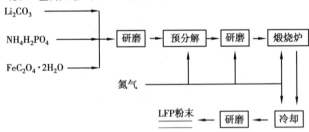

图 7.2 高温固相法合成 LFP 流程图

②液相合成法：

a. 溶胶凝胶法：该工艺是在反应过程中使体系成为凝胶状，反应结束后煅烧得到产品，其电容量最大可以达到理论容量的 95% 左右。

凝胶法具有化学均匀性好、凝胶热处理温度低、粉体粒度小且分布窄等优点，但此法干燥收缩大、合成工艺较复杂，若要工业化生产尚有一定难度。

b. 共沉淀法：首先，磷酸和氢氧化锂在脱除空气的去离子水中反应生产磷酸三锂沉淀，加少许硝酸溶解初始沉淀物。把硫酸亚铁研磨后添加到上述溶液中，用氢氧化钠把溶液 pH 值调整到 9.0，沉淀物离心过滤并洗涤，室温下，真空干燥 12 h。干燥得到的物料在惰性气体保护下研磨,并在600 ℃下煅烧5 h后得到LFP产品。共沉淀法不仅可以缩短高温煅烧反应时间、减少能耗,而且其制备的材料活性大、粒度小且分布均匀。但此方法因不同原料要求具有相似的水解或沉淀条件而限制原料的选择,影响其实际应用。

c. 水热法:水热法是通过高温高压在水溶液或水蒸气等流体中进行化学反应制备出粉体的一种方法,再在氮气保护下于高温下煅烧得到产品。该产品的放电容量可以达到163 mA·h/g。

2)磷酸钒锂系

（1）性质及用途

磷酸钒盐电极材料工作电位高（平均电位约为4.0 V）、容量大（理论比容量达197 mA·h/g,实际可逆容量达170 mA·h/g)、导电性好,且具有特殊的三维离子通道,锂离子能很好地进行脱嵌,存在多个充放电平台。磷酸钒锂盐热稳定性很强,它是一种聚阴离子盐,P—O键非常强,材料热力学稳定,不会释放出氧气,同时磷酸钒盐独特的晶体结构决定了其在充放电过程中晶格形变小,材料结构稳定,安全且循环寿命极长。该类材料往往耐高温、遇热不分解,在电池过充或短路的情况下其物化特性极其稳定,即使在电池滥用时,磷酸钒盐也不会因热释放或热失控而引起电池燃烧,因此磷酸钒盐正极材料被认为是目前安全性能最好的材料之一。磷酸钒锂系正极材料主要有:$Li_3V_2(PO_4)_3$、$LiVPO_4F$、$VOPO_4$、$LiVOPO_4$、Li_2VPO_6和$LiVP_2O_7$等。

（2）生产原理

在钒系磷酸锂盐二次锂离子电池负极材料中,单斜晶系的$Li_3V_2(PO_4)_3$是最重要、性能最好的电极材料,以下主要对该材料的生产原理和制备方法做简要概括。

①固相合成法的原理:$Li_3V_2(PO_4)_3$的合成工艺路线很多,所用的原料各异,锂源主要有氢氧化锂、碳酸锂、磷酸锂、醋酸锂;磷源有磷酸、磷酸铵、磷酸锂等;钒源主要有偏钒酸铵、五氧化二钒等。

由于固相法所用的钒属于+5价,在高温合成过程中,必须把V^{5+}转化为V^{3+}才能制备出$Li_3V_2(PO_4)_3$。所以,根据所用还原剂不同,该工艺又分为碳还原法和氢气还原法。

a. 还原法:与LFP制备方法一样,为了使原料中的反应气体不影响产品的性能,该工艺主要分两步进行:预焙烧（300~350 ℃）和煅烧（800~900 ℃）合成。合成$Li_3V_2(PO_4)_3$的有关化学反应如下:

$$6LiCO_3 + 2V_2O_5 + 6NH_4H_2PO_4 + 13C \longrightarrow 2Li_3V_2(PO_4)_3 + 19CO\uparrow + 6NH_3\uparrow + 9H_2O\uparrow$$
$$3LiOH·H_2O + 3NH_4H_2PO_4 + 2NH_4VO_3 + 2C \longrightarrow Li_3V_2(PO_4)_3 + 2CO\uparrow + 10H_2O\uparrow + 5NH_3\uparrow$$
$$3LiOH·H_2O + 3NH_4H_2PO_4 + V_2O_5 + 2C \longrightarrow Li_3V_2(PO_4)_3 + 2CO\uparrow + 9H_2O\uparrow + 3NH_3\uparrow$$
$$3LiOH·H_2O + 3(NH_4)_2HPO_4 + V_2O_5 + 2C \longrightarrow Li_3V_2(PO_4)_3 + 2CO\uparrow + 9H_2O\uparrow + 6NH_3\uparrow$$

从节约成本考虑,由以上反应式可以看出碳还原工艺合适的原料为氢氧化锂、磷酸铵和五氧化二钒。

b. 氢还原法:与碳还原法一样,该工艺是采用氢气代替碳作为还原剂。该工艺主要分两步进行:预焙烧（300~350 ℃）和煅烧（800~900 ℃）合成。合成$Li_3V_2(PO_4)_3$的有关化学反应如下:

$$6LiCO_3 + 2V_2O_5 + 6NH_4H_2PO_4 + 13H_2 \longrightarrow 2Li_3V_2(PO_4)_3 + 6CO\uparrow + 6NH_3\uparrow + 22H_2O\uparrow$$
$$3LiOH·H_2O + 3NH_4H_2PO_4 + 2NH_4VO_3 + 2H_2 \longrightarrow Li_3V_2(PO_4)_3 + 12H_2O\uparrow + 5NH_3\uparrow$$

$$3LiOH \cdot H_2O + 3NH_4H_2PO_4 + V_2O_5 + 2H_2 \longrightarrow Li_3V_2(PO_4)_3 + 11H_2O \uparrow + 3NH_3 \uparrow$$

$$3LiOH \cdot H_2O + 3(NH_4)_2HPO_4 + V_2O_5 + 2H_2 \longrightarrow Li_3V_2(PO_4)_3 + 11H_2O \uparrow + 6NH_3 \uparrow$$

从节约成本考虑,由以上反应式可以看出氢气还原工艺合适的原料为氢氧化锂、磷酸铵和五氧化二钒。

②溶胶凝胶法的生产原理:固相法在混料时容易产生不均相,制备的产品中有杂相出现。随着研究人员对固相法不断深入研究,在此基础上又派生一些其他方法,这些方法主要是在混料上的改进。即把原料与有机物混合,这些有机物主要有醋酸、草酸、蔗糖和柠檬酸等。添加有机溶剂使反应原料在焙烧前形成混合均匀的溶胶,然后再进一步按照固相法的工艺路线制取 $Li_3V_2(PO_4)_3$ 产品。

举例:利用柠檬酸($C_6H_8O_7$)作为分散剂的有关化学反应如下:

$$9LiOH + 9H_3PO_4 + 6NH_4VO_3 + 2C_6H_8O_7 \longrightarrow 3Li_3V_2(PO_4)_3 + 29H_2O \uparrow + 6NH_3 \uparrow + 12CO \uparrow$$

$$9Li_2CO_3 + 18H_3PO_4 + 12NH_4VO_3 + 4C_6H_8O_7 \longrightarrow 6Li_3V_2(PO_4)_3 + 49H_2O \uparrow + 12NH_3 \uparrow + 24CO \uparrow + 9CO_2 \uparrow$$

$$9LiOH + 9H_3PO_4 + 3V_2O_5 + 2C_6H_8O_7 \longrightarrow 3Li_3V_2(PO_4)_3 + 26H_2O \uparrow + 12CO \uparrow$$

(3)主要生产工艺

与磷酸亚铁锂的生产方法一样,磷酸钒锂的合成主要包括:固相法和液相法两大类。

①高温固相法:高温固相法是制备锂离子材料常用方法,高温固相法制备工艺易于工业化。制备磷酸钒锂的高温固相法又可以分为氢气还原法和高温碳热还原法。

a. 氢气还原法:其所用的原料主要是 V_2O_5、Li_2CO_3、$NH_4H_2PO_4$ 或 $(NH_4)_2HPO_4$。操作分两步进行,首先将各种原料按化学计量比混合均匀,研磨均匀后,置于惰性气氛条件下,控制一定的升温速度,在 300~350 ℃预焙烧 6~8 h,以消除挥发性气体对高温反应的影响;然后,预焙烧物冷却后,压制成片状,再将片状物在氢气或氢气惰性气体混合气氛下高温(800~850 ℃)反应 15~20 h,自然冷却,将产物研磨后即得产品。Saidi 等利用纯氢气作为还原剂,制备出的单斜结构的磷酸钒锂,该材料在电压 3.0~4.3 V,0.05 C 倍率下的容量达到了 125 mA·h/g;而在 3.0~4.8 V,0.05 C 倍率下,可逆容量达到了 170 mA·h/g。

b. 高温碳热还原法:所用原料与氢气还原法差不多,步骤也一致。只不过是将碳(乙炔黑、活性炭、炭黑等)代替氢气作为还原剂。碳作为还原剂的主要好处就是可以为 $Li_3V_2(PO_4)_3$ 晶相的形成提供成核点,从而抑制了 $Li_3V_2(PO_4)_3$ 晶核的长大,有利于获得颗粒较小的样品,并且残留的碳有助于提高材料的导电率。Saidi 等人以 V_2O_5、Li_2CO_3、$NH_4H_2PO_4$ 为原料按照化学计量比与过量 25% 的乙炔黑混合均匀,通过预焙烧除去水和氨气后,再混合后压制成片状,然后在氩气气氛下 600 ℃ 焙烧 8 h,再在 850 ℃ 焙烧 8 h,冷却后即可得 $Li_3V_2(PO_4)_3/C$ 复合材料,该材料在 3.0~4.3 V 范围内,0.05 C 倍率下容量为 130 mA·h/g。

②溶胶凝胶法:溶胶凝胶法是在高温固体法的基础上改进而来,工艺主要分 3 步进行。第一步,凝胶的制备。不同的工艺制备凝胶的方法不同,溶胶在 60~90 ℃ 下充分混合反应,最后将溶胶于 100 ℃ 下干燥,得到凝胶待用。第二步,在惰性气体保护下,凝胶在 300~350 ℃ 下预分解,使其中的气体生成物尽量逸出,预分解结束后,冷却,充分研磨压片成型。第三步,把成型后的预分解物置于高温炉内,在 700~800 ℃ 下煅烧 4~8 h,煅烧结束后,冷却、研磨得到产物 $Li_3V_2(PO_4)_3$。

3)氟化磷酸盐正极材料

氟化磷酸盐系聚阴离子材料是近几年一类新型的锂离子电池正极材料。这类材料具备

PO_4^{3-} 聚阴离子基团所形成的稳定框架结构,因而具有良好的结构稳定性,且因结合了 PO_4^{3-} 的诱导效应和 F^- 的强电负性,显示出更高的电压,因而成为非常有潜力的高电压正极材料。在氟化磷酸盐正极材料中,研究最早、相对最成熟的要数钒基化合物,如 $LiVPO_4F$、$Na_3V_2(PO_4)_2F_3$、$Li_5V(PO_4)_2F_2$ 等,其他过渡金属氟化磷酸盐主要集中在 Fe、Mn、Co、Ni 基系列。

基于锂离子电池靠 Li^+ 的可逆脱嵌的工作机理,传统的锂离子电池正极材料仅限于锂基材料的范围。研究发现,某些钠离子化合物作为锂离子电池的正极材料也具有优良的电化学性能,较为熟知的钠基氟化磷酸盐正极材料有 $NaVPO_4F$、$Na_3V_2(PO_4)_2F_3$ 和 Na_2FePO_4F 等。这突破了锂离子电池正极材料必须是含锂化合物的传统观念,使得正极材料的选择更加丰富多样,这对于合理优化资源配置、减少锂离子电池对锂资源的过分依赖无疑具有很好的促进作用。与 $LiVPO_4F$ 对应的 $NaVPO_4F$ 最早被提出,它和 $LiVPO_4F$ 具有相似的结构特点,在此不做详述。

（1）$Na_3V_2(PO_4)_2F_3$ 的特性

$Na_3V_2(PO_4)_2F_3$ 是继 $NaVPO_4F$ 后较早被开发的用作锂离子电池正极材料。$Na_3V_2(PO_4)_2F_3$ 属于四方晶系,空间群为 P42/mnm,晶胞参数为 $a = b = 9.038$ Å, $c = 10.748$ Å。$Na_3V_2(PO_4)_2F_3$ 整体呈网状结构,由 $[V_2O_8F_2]$ 双八面体与 $[PO_4]$ 四面体通过氧原子交替连接而成,而 $[V_2O_8F_2]$ 双八面体则是两个 $[VO_4F_2]$ 八面体通过共用一个氟原子形成,三个 Na^+ 占据两个晶体学位置,晶体结构如图 7.3 所示。$Na_3V_2(PO_4)_2F_3$ 和同属 NASICON 型聚阴离子化合物的 $Li_3V_2(PO_4)_3$ 一样拥有较高的离子导电率。

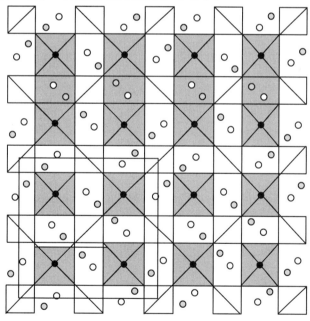

图 7.3　$Na_3V_2(PO_4)_2F_3$ 沿 c 轴方向的晶体结构示意图

（2）A_2MPO_4F 的特性

除了钒基氟化磷酸盐化合物外,其他过渡金属系列的氟化磷酸盐 A_2MPO_4F（A = Li,Na;M = Co,Ni,Fe,Mn）也被陆续报道用作正极材料。由于离子大小造成的介导相互作用和磁性相互作用,A_2MPO_4F 有 3 种不同的晶体结构。包括层状的 Na_2FePO_4F、Na_2CoPO_4F,"堆积型"的 Li_2CoPO_4F、Li_2NiPO_4F,以及三维结构的 Na_2MnPO_4F。

7.1.2　锂离子电池电解质

磷系锂离子电池电解质性能最优良的是六氟磷酸锂。本节主要介绍六氟磷酸锂的主要性质、生产原理和制备工艺。

1) 六氟磷酸锂的性质及用途

六氟磷酸锂的化学分子式为 $LiPF_6$,分子量是 151.91,是制造锂电池的主要原料,其外观为白色晶体或粉末,遇水即分解。易溶于低烷基醇、醚、腈、吡啶、有机碳酸脂(EC、PC、DEC、DMC、EMC)、四氢呋喃等非水溶剂和无水氟化氢;难溶于烷烃和苯等有机溶剂。六氟磷酸锂的热稳定性较差,即使在高纯状态也能发生分解。在 55 ℃时就有微量分解,175～185 ℃即大量分解。分解过程可以表示为:

$$LiPF_6(s) \longrightarrow LiF(s) + PF_5(g)$$

$LiPF_6$ 对水分非常敏感,遇水分解(如环境水分大于或等于 10×10^{-6})时即发生反应放出腐蚀性气体 HF。分解过程可以表示为:

$$LiPF_6 + xH_2O \longrightarrow LiPO_xF_{(6-2x)} + 2xHF \uparrow$$

$LiPF_6$ 主要用作锂离子电池的电解质,将其溶解在碳酸乙烯酯(EC)和碳酸二甲酯(DMC)的混合溶液中作为锂离子电池的电解液。$LiPF_6$ 在非水溶剂体系中的电导率与 $LiAsF_6$ 相近,含有 $LiPF_6$ 的有机电解液具有良好的导电性和电化学稳定性,因此被选定为锂离子电池的电解质。锂离子电池是当今国际公认的理想化学能源,体积小、电容量大,被广泛用于移动电话、手提电脑和手提摄像机等电子产品和电动汽车工业。还被用于电子工业制作晶片的掺杂剂和有机合成的催化剂。作为锂离子电池电解质锂盐主要有以下优点:

①在电极上,尤其是碳负极上,形成适当的 SEI 膜。

②对正极集流体实现有效的钝化,以阻止其溶解。

③有较宽广的电化学稳定窗口。

④在各种非水溶剂中有适当的溶解度和较高的电导率。

⑤有相对较好的环境友好性。

这些优点使得六氟磷酸锂成为使用最为广泛的锂离子电池电解质。

2) 六氟磷酸锂的生产原理

六氟磷酸锂的生产方法很多,但其根本原理是五氟化磷和氟化锂反应制备六氟磷酸锂。其反应为:

$$LiF(s) + PF_5(g) \longrightarrow LiPF_6(s)$$

3) 六氟磷酸锂的生产方法

六氟磷酸锂的经典制备法是五氟化磷和氟化锂在低温无水氟化氢溶液中反应制得,经过科研人员的拓展研究,又衍生出了很多优点各异的工艺方法。这些方法归纳起来主要有三种:气固法,溶剂法,转化法。

7.2　磷系光学材料

7.2.1　非线性光学材料

1961 年 Franken 将红宝石晶体产生的激光束射到石英晶体中,发现了激光倍频现象。这一发现,不仅标志着非线性光学材料的诞生,同时也促进了非线性光学晶体材料的迅速发展,开辟了非线性光学材料发展的新纪元。随着对非线性光学的深入研究和新型材料的不断发展,使得非线性光学晶体材料在信息通信、激光二极管、图像处理、光信号处理及光计算等众多领域都具有极为重要的作用和巨大的潜在应用,这些应用对非线性光学晶体又提出了更多、更高的物理化学性能要求,同时许多应用也还在层出不穷地发展之中,正是由于非线性光学晶体有着如此广阔的应用前景以及这些应用可能带来的光电子技术领域的重大突破,才使该领域成为人们关注的焦点。

一般而言,对于具有实用价值的非线性光学晶体材料有如下要求。

①有非中心对称结构,即无对称心。

②具有适当大小的非线性光学系数。对于应用在不同波段的非线性光学晶体,对其倍频系数的大小有不同的要求,见表7.1。

表 7.1 适用于不同光波段晶体的非线性光学系数

波段/nm	deff	波段/nm	deff
>800(红外)	约 100 d36(KDP)	200~400(近紫外)	约 3.5 d36(KDP)
400~800(可见)	约 10 d36(KDP)	<200(远紫外)	约 1.0 d36(KDP)

③具有适当大小的双折射率 Δn。对于紫外非线性光学晶体材料,Δn 要足够大,使晶体能够在比较宽的波段范围内实现相位匹配。

④具有高的激光损伤阈值,保证晶体在高强度激光条件下能够长时间地正常工作。

⑤具有高的透明度和宽的透过波段,对入射光波和倍频光波都具有良好的透过性。

⑥晶体光学均匀性好,硬度适中,物理化学性能稳定,不易分解、潮解或相变。

⑦易于生长出足够大尺寸的晶体,并且易于机械加工。

1)无机非线性光学材料

用作非线性光学器件的材料,应该同时满足多方面的技术要求,诸如晶体易于生长,非线性光学系数要大,能实现相位匹配,透光波段要宽,化学稳定性优良,耐高温,易加工等。磷酸盐晶体是一种从可见光到红外波段的性能良好的频率转换晶体,应用广泛。无机非线性磷酸盐光学材料主要有:磷酸二氢钾(KDP)晶体、磷酸二氘钾(DKDP)晶体、磷酸二氢铵晶体(ADP)和磷酸钛氧钾(KTiOPO$_4$)晶体等。

(1)KDP 晶体

①KDP 晶体的性质及用途:磷酸二氢钾(KH$_2$PO$_4$)晶体简称 KDP 晶体。室温下,KDP 晶体属于正方晶系,点群为 D$_{2d}$-42 m,空间群为 D$_{2d}^{12}$-I42d。

a.KDP 晶体的性质:

KDP 晶体的主要性能参数如下:

光性:负光性单轴晶($n_o > n_e$)。

透光波段:0.176 5 ~ 1.7 μm。

折射率色散公式:

$$n_i^2 = A_i + \frac{B}{\lambda^2 - B_{i2}} + \frac{C_{i1}\lambda^2}{\lambda^2 - C_{i2}}$$

式中 λ——入射光波长;

i——代表 o 光或 e 光；

$A_i,B_{i1},B_{i2},C_{i1},C_{i2}$——都是通过实验曲线来确定的待定常数。

b. KDP 晶体的用途：

KDP 晶体具有较大的非线性光学系数和较高的激光损伤阈值，而且晶体从近红外到紫外波段都有很高的透过率以及拥有双折射系数高的特性，通常被用于做 Nd∶YAG 激光器的二、三、四倍频器件（室温条件下）。同时 KDP 晶体又是一种电光系数高的晶体材料，故在电光调制器，Q 开关和高速摄影用的快门等元器件方面有着广泛的应用。

②KDP 晶体的制备工艺及结晶原理：KDP 是在水溶液中结晶出来的，适当控制结晶条件（pH 值、温度、杂质含量、过饱和度及湍流状态等因素）能很容易地生长出高光学质量、特大尺寸的 KDP 晶体。

a. KDP 的结晶原理：KDP 晶体的理想外形（图 7.4）为 1 个四方柱体与上下 4 对板面相聚合而成的菱形，具有简单的结晶特点。由于 KDP 结晶在水溶液中结晶，生长为大尺寸晶体的关键，除了溶液的纯度外，还必须严格控制晶体生长过程中的降温速率，使溶液始终处于亚稳态区内，并维持适当的过饱和度，以保持从溶液析出的溶质始终均匀地供给晶体生长。降温速率一般取决于晶体的最大透明生长速率，溶液溶解度及其温度系数和溶液体积与晶体生长表面积之比等主要因素。

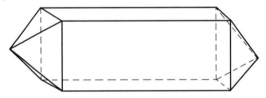

图 7.4　KDP 晶体理想外形

从水溶液中生长 KDP 型晶体过程，就实质而言有两个最主要的阶段，第一个阶段是溶液中的溶质向晶体生长界面的扩散过程；第二个阶段是晶体界面生长过程或者说晶体的生长基元进入晶格座位的过程。当 KDP 型晶体生长时，假如整体溶液的浓度为 c，在相同的条件下，该溶液的饱和浓度为 c_o，而晶体生长界面的溶质浓度为 c_1，显然，当溶液浓度大小的顺序为 $c_o < c_1 < c$ 时，则晶体生长；相反，当溶液浓度的大小顺序为 $c < c_1 < c_o$ 时，则晶体溶解。根据 Noyes-Nernst 的扩散层理论，当晶体生长时，靠近生长界面的溶液存在着溶质扩散层 δc，在此层内的溶液浓度发生急剧的变化，溶液浓度由 c 下降到 c_1，仅存在着扩散作用。

b. KDP 的制备工艺：工业 KDP 晶体的制备方法主要有恒温蒸发法、降温法和循环流动三种方法。

● 恒温蒸发法：是在一定温度和压力条件下，控制水的蒸发速率，使溶液达到过饱和状态，从而析出晶体，此方法需要严格控制水的蒸发速率，使溶液始终处于亚稳过饱和状态，这样才使得析出的溶质均匀地在籽晶上生长。由于温度保持恒定，因此晶体所受应力较小。

● 降温法：是利用 KDP 在水中溶解度的正温度效应，将在高温下配制的饱和溶液，于封闭的状态下逐渐降低温度，使溶液成为过饱和溶液，籽晶不断长大的过程。晶体的制备一般都采用 Holden 育晶器，其示意图如图 7.5 所示。在水浴育晶装置中，生长溶液盛放在育晶器里，顶部加盖密封。籽晶固定在用不锈钢制成的籽晶架上。

该装置可以采用传统的慢速生长和籽晶快速生长两种方式。采用籽晶全方位生长，可以避免传统生长方法带来的困难。高纯晶体原料的高过饱和度生长,可以克服杂质的阻塞效应,使锥面(101)和柱面(100)都能够均匀生长。这样,晶体生长的最终尺寸就不再局限于初始籽晶的尺寸(约1 cm³),从而简化了晶体生长过程,同时降低了晶体中缺陷的含量,提高了晶体的利用率。籽晶生长速率主要取决于溶液的过饱和度和生长温度 T。

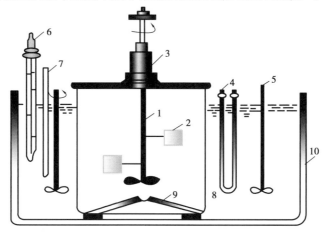

图7.5　降温法生长 KDP 晶体装置示意图

1—掣晶杆;2—晶体;3—转动密封装置;4—浸没式加热器;5—搅拌器;
6—控制器;7—温度计;8—育晶器;9—有孔隔板;10—水槽

● 循环流动法:是利用恒温流动的过饱和溶液作为晶体生长的驱动力,可向系统中补充原料,生长大尺寸晶体,有效地提高生长效率。循环系统主要包括3部分:结晶槽、溶解槽和热平衡槽。原料在溶解槽中不断溶解,成为该温度下的饱和溶液,然后进入热平衡槽进行过热处理。溶解槽的温度高于结晶槽,过热的溶液由泵泵入结晶槽。由于结晶槽的温度比溶解槽的低,所以从热平衡槽泵入结晶槽的溶液,从饱和状态变成了过饱和状态。随着溶质的不断析出,并且在籽晶上生长,溶液的浓度不断降低,稀释的溶液再次进入溶解槽重新溶解溶质,然后再依次重复上述生长过程。图7.6为循环流动法制备 KDP 装置图。

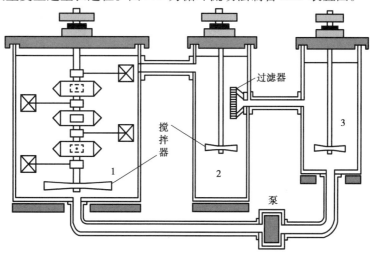

图7.6　循环流动法制备 KDP 装置图

1—生长槽;2—溶解槽;3—热平衡槽

203

（2）DKDP 晶体

①DKDP 晶体的性质及用途：磷酸二氘钾（简称 DKDP）是磷酸二氢钾中的氢被其同位素氘取代后形成的晶体，有两种晶型。一种为四方相，晶体的点群为 42 m；另一种为单斜相，晶体的点群为 2。

a. DKDP 性质：晶体的主要光学性能参数如下：

光性：负光性单轴晶（$n_o > n_e$）。

氘含量：>95%。

透光波段：0.2~2.0 μm。

折射率色散公式（λ/μm）（$T = 300$ K）：

$$n_o^2 = 1.661\ 145 + \frac{0.586\ 015\lambda^2}{\lambda^2 - 0.060\ 17} + \frac{0.069\ 119\ 4\lambda^2}{\lambda^2 - 30.0}$$

$$n_e^2 = 1.687\ 499 + \frac{0.447\ 51\lambda^2}{\lambda^2 - 0.017\ 309} + \frac{0.596\ 212\lambda^2}{\lambda^2 - 30.0}$$

b. 用途：四方相 DKDP 晶体具有良好的光学性质，特别是其电光性质优于 KDP 晶体。DKDP 具有很高的抗光伤阈值和较高的非线性系数以及可制作较大尺寸器件等优点。DKDP 二倍、三倍、四倍频器件通常用于室温 Nd：YAG 激光器和染料激光器中，也是理想的高功率变频材料。由于 DKDP 具有很高的光电系数，广泛应用于电光调制器，Q 开关（也被称为：普克尔斯盒）和高速摄影用的快门等元器件。

②DKDP 晶体的工艺及原理：与 KDP 的合成工艺不同，KDP 的原料——磷酸二氢钾容易购买，而 DKDP 的原料——磷酸二氘钾则不然。所以，DKDP 的合成必须分两步进行。第一步利用重水和五氧化二磷合成磷酸二氘钾；第二步在重水中结晶长大。

a. DKDP 的生产原理：五氧化二磷与重水（D_2O）反应生成氘化磷酸，氘化磷酸与碳酸钾反应生成磷酸二氘钾，其反应如下：

$$3D_2O + P_2O_5 \longrightarrow 2D_3PO_4$$
$$2D_3PO_4 + K_2CO_3 \longrightarrow 2KD_2PO_4 + D_2O + CO_2\uparrow$$

磷酸二氘钾（KD_2PO_4）在重水中结晶长大。DKDP 的结晶工艺与 KDP 的结晶工艺基本一致，但应注意 DKDP 晶型的变化及控制。

由于 DKDP 有两种晶型，在结晶过程中所遇到的最大困难是四方相晶体在生长过程中有时发生相变或出现单斜相，一旦发生四方相到单斜相的相变或出现单斜相晶体，四方相晶体就很难继续生长。因此，在四方相 DKDP 晶体生长过程中，如何抑制或避免四方相相变或单斜相的出现。已成为生长优质大尺寸 DKDP 晶体技术成败与否的关键。

DKDP 两种晶型的溶解度曲线在较高温度区和较低温度区是分开的。在较高温度区，四方相的溶解度大于单斜相；在较低温度区则相反。随着温度的升高或降低，两条溶解度曲线分开也越大，即两者的溶解度差别也越大。为了能在较高的起始温度下，用缓慢降温法生长亚稳相晶体，而又不引起单斜相的干扰，必须将不同氘含量溶液的单斜相第二溶解度曲线与四方相的晶变温度测定出来，这样便可确定亚稳四方相晶体的生长条件。

b. DKDP 的工艺：在制备 DKDP 之前，首先要合成原料磷酸二氘钾（KD_2PO_4）。五氧化二磷（P_2O_5）与重水（D_2O）反应形成氘化磷酸（D_3PO_4），然后在 D_3PO_4 中滴入溶于重水中的 K_2CO_3 溶液进行中和反应，从而形成 KD_2PO_4，在整个反应过程中，要严格地防止氢与氘间的同位素交换反应,因此,整个反应过程应在密闭干燥的环境下进行。

由于反应放热剧烈,合成后的 D_3PO_4 往往含有一定量的偏磷酸、焦磷酸以及磷酸化合物,为了使这些不纯物转化为氘化磷酸,必须在密闭环境中进行精馏,精馏时间为 12 ~ 14 h,这样所得到的 D_3PO_4 便可用于制备 DKDP 晶体。

将精馏合格的 D_3PO_4 转移到反应器中,然后将严格干燥过的无水 K_2CO_3 配成浓 D_2O 溶液,搅拌下,缓慢地滴加到盛有 D_3PO_4 的反应器中。为了减少焦磷酸及其他微量磷酸的产生,应严格控制反应的温度。反应结束后,加入重水,配成一定浓度的 DKDP 溶液,以供制备 DKDP 晶体使用。

控制好 DKDP 结晶的因素是晶体完好长大的必要条件。其影响因素主要有重水纯度、溶液 pD 值、结晶温度、过饱和度、籽晶质量和湍流度等。

氘在液相和晶相中的分配系数约等于 1.0,因此要获得氘含量高的四方相 DKDP 晶体,必须在较纯的重水中结晶。

纯 DKDP 溶液的 pD 值为 2.9 ~ 3.2,重水中氘含量在 99.84% ~ 99.90%,其导电率约为 $1 \times 10^5 \Omega^{-1} \cdot cm^{-1}$。当 DKDP 溶液的 pD 值等于 3.1 左右时,易于发生四方相转变为单斜相的问题。DKDP 的四方相晶体在较高的 pD 值下较为稳定,在结晶过程中一般用 K_2CO_3 调节溶液的 pD 值,使其控制在 3.8 ~ 4.3,这样便能减少或完全抑制出现四方相晶变的现象,单晶体柱面(100)生长速率加快,z 向生长速率相对减慢,这样有利于晶体的利用率。

(3)ADP 晶体

①ADP 晶体的性质与用途:磷酸二氢铵($NH_4H_2PO_4$ 简称 ADP)晶体是一种具有多种功能的晶体材料。1938 年 Bush G 等就对 ADP 晶体生长习性进行了研究,指出它的外形是由四方锥与四方柱两个单形相聚合而成的聚形。20 世纪 40 年代,人们发现了 ADP 晶体具有压电性,当时由于战争的需要,将 ADP 晶体的压电效应应用到声呐方面取得成功,并利用电场产生的超声波进行探伤和海底探矿等,因此,该晶体曾一度得到大量生产。

a. ADP 性质:晶体的主要光学性能参数如下:

光性:负光性单轴晶($n_o > n_e$)。

透光波段:0.184 ~ 1.5 μm。

折射率色散公式(λ / μm)($T = 248$ ℃):

$$n_o^2 = 2.302\,842 + \frac{0.011\,125\,615\lambda^2}{\lambda^2 - 0.013\,253\,659} + \frac{15.102\,464\lambda^2}{\lambda^2 - 400.0}$$

$$n_e^2 = 2.163\,510 + \frac{0.009\,616\,676\lambda^2}{\lambda^2 - 0.012\,989\,12} + \frac{5.919\,896\lambda^2}{\lambda^2 - 400.0}$$

b. ADP 用途

20 世纪 60 年代初激光技术出现后,人们发现了 ADP 晶体是一种性能较优良的非线性光学晶体,可对 1.06 μm 激光实现二倍频、三倍频和四倍频,对染料激光可实现二倍频,并常作为其他非线性光学晶体性能的参比晶体。此外,ADP 晶体还具有多功能性质,不仅是倍频晶体、电光晶体,也是一种性能良好的 X 射线分光晶体,同时,可用来制作压电换能器、谐振器等。

②ADP 晶体的工艺及原理:

a. ADP 的生产原理:实际上 ADP 的生产理论主要是溶液的扩散理论和其中离子态的分

布理论,完全与 KDP 一致。在同样的生长条件下,ADP 晶体比 KDP 晶体的生长速率慢,生长条件的变化对晶体生长的影响更为敏感,易于产生层状白云、包裹体、添晶和楔化等缺陷,致使生长优质特大尺寸的 ADP 晶体更为困难。

b. ADP 的生产工艺:ADP 的生产工艺和 KDP 的生产工艺基本一致,方法也差不多。生产优质大尺寸 ADP 晶体的关键因素,主要有足够纯的原料、优质籽晶、适宜的过饱和度、pH 值和结晶过程中溶液的湍流度等因素。

2)有机非线性光学材料

金属有机配合物是近 20 年才发现的一类新型的半有机非线性光学材料,它兼有无机材料和有机材料的优点,如具有较大的非线性光学系数、短的紫外截止波长、稳定的物理化学性质、高的非线性光学系数、结构多样性和可裁剪性等特点。有机磷类非线性光学材料主要是 *L*-精氨酸磷酸盐。

L-精氨酸磷酸盐(简称 LAP)晶体是一种由天然碱性氨基酸(*L*-精氨酸)分子和无机酸(磷酸分子)组成的有机盐晶体,晶体中两种分子间的摩尔比为 1:1,属于紫外波段的频率转换晶体。其非线性光学系数比 KDP 大 2 ~ 3.5 倍,透光波段为 0.19 ~ 2.6 μm,有良好的抗潮解性能,激光损伤阈值与 DKDP 相当(14 ~ 15 GW/cm^2),能实现相位匹配,易于从水溶液中生长出高质量的大尺寸晶体,特别是它的紫外三倍频(0.355 pm)和四倍频(0.266 μm)的转换效率高,并可制成一种多频率转换器。所以,LAP 是一种很有前途的非线性光学晶体。但是由于有机分子晶体中分子与分子之间为范德华键和氢键,其相互结合力较小,因此其熔点较低、硬度较小、物理化学稳定性不如无机晶体。

(1)LAP 晶体的性质及用途

①LAP 的性质:LAP 晶体是一种无色透明、物理化学性质稳定的单斜晶体。分子式为$(NH_2)_2CNH(CH_2)_3CH(NH_3)COOH_2PO_4 \cdot H_2O$,分子量 290.21,密度为 1.53 g/cm^3,易溶于水,其熔化温度和脱水温度分别为 114 ℃和 121 ℃。对称点群为 C_2-2,空间点群为 C_{21}-P_{21},属于极性晶体类。除具有非线性光学性质外,还具有压电、电光和热释电等效应。

晶体的主要光学性能参数如下:

光性:负光性双轴晶($2Vx = 141°$)。

透光波段:0.25 ~ 1.3 μm。

折射率色散公式(λ/μm):

$$n_x^2 = 2.243\ 9 + \frac{0.011\ 7}{\lambda^2 - 0.017\ 9} - 0.011\ 1\lambda^2$$

$$n_y^2 = 2.440\ 0 + \frac{0.015\ 8}{\lambda^2 - 0.019\ 1} - 0.021\ 2\lambda^2$$

$$n_z^2 = 2.459\ 0 + \frac{0.011\ 7}{\lambda^2 - 0.022\ 6} - 0.016\ 2\lambda^2$$

②LAP 的用途:LAP 晶体具有较大的非线性光学效应,在紫外光区域有较好的透过率 240 ~ 1 500 nm,透过率大于 50%,是一种比较好的有机非线性光学晶体材料。对于 1.064 μm 的激光,可实现二倍频、三倍频和四倍频,并可制成多频率转换器。它是用于激光核聚变的最佳材料之一。

（2）LAP 的生产工艺及原理

①LAP 的生产原理：由于 LAP 在水中有一定的溶解度。所以，制备分两步进行，首先是制备一定浓度的 LAP 溶液，所用原料为 L-精氨酸和磷酸，反应得到饱和的 LAP 水溶液，注意控制溶液温度不要超过 40 ℃；其次，与其他水溶性晶体的制备一样，控制一定过饱和条件和其他结晶条件，获得大颗粒的 LAP 晶体。

②LAP 的生产工艺：工业级磷酸经过净化，得到电子级的磷酸。把电子级磷酸配成 4～6 mol/L 待用；再把生物纯的 L-精氨酸配成 0.5～1.0 mol/L；根据 LAP 需要的原料量，把等物质的量磷酸溶液缓慢加入配制好的 L-精氨酸溶液中，在搅拌下充分反应。根据所用原料的纯度，也可以通过重结晶来提高 LAP 溶液的纯度。

7.2.2　磷酸盐荧光材料

在磷酸盐荧光材料中，磷酸盐属于基质材料，并无发光特性，磷酸盐基质荧光材料的光，系掺杂的激活剂电子跃迁辐射所产生。由于磷酸盐荧光材料具有良好的化学稳定性和热稳定性，已被广泛应用到各种照明和显示仪器中。

1）卤磷酸盐

卤磷酸盐主要用于低压汞灯。目前世界上大部分的内涂式荧光灯都是以卤磷酸盐荧光粉作为发光材料。卤磷酸盐种类较多，本节主要介绍用量较大的卤磷酸钙灯粉。由于灯的颜色较多，制备发光粉的原料有较大差异。

（1）卤磷酸钙盐荧光粉配方

本节主要参照一个配方进行说明，见表 7.2。

表 7.2　卤磷酸钙盐荧光粉配方

原料名称	规格/%	质量/g	每摩尔灯粉中的含量/mol
$CaHPO_4$	98.8	413.23	3.00
$CaCO_3$	99.0	105.14	1.04
CaF_2	99.5	39.23	0.50
NH_4Cl	99.0	53.49	1.00
Sb_2O_3	99.9	23.34	0.08
$MnCO_3$	99.8	11.52	0.10
$CdCO_3$	98.8	8.73	0.05

（2）工艺流程

卤磷酸钙盐荧光粉的制备分为焙烧、研磨筛分、洗涤，其工艺流程如图 7.7 所示。

2）稀土磷酸盐

新型磷酸盐荧光材料主要是稀土磷酸盐体系，该体系具有良好的热稳定性、低合成温度、高量子效率、高发光强度等优点。因此，作为基质材料的磷酸盐三基色荧光粉已经得到广泛应用。如低压汞灯用 $Sr_5(PO_4)_3Cl:Eu^{3+}$ 作为蓝色荧光粉，$LaPO_4:(Ce^{3+}, Tb^{3+})$ 作为绿色荧光粉被广泛应用于商用荧光粉中。$Sr_2P_2O_7:Eu^{3+}$ 制成的低压汞灯荧光粉，其最大发射处位于

420 nm(发蓝色光),其量子效率约为90%,可用于高胆红素血症的光照疗法。稀土磷酸盐的制备工艺主要有高温固相法、共沉淀法和水热合成法。

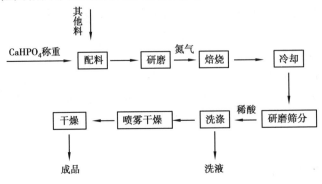

图 7.7　卤磷酸钙盐荧光粉的制备工艺流程

7.3　磷系电子材料

7.3.1　磷化铟

1)磷化铟的性质和用途

1910年蒂埃尔(Thiel)等报道了磷化铟(InP)的合成,首次研究了由Ⅲ族元素铟(In)和Ⅴ族元素磷(P)化合而成的Ⅲ-Ⅴ族化合物半导体材料。磷化铟的分子量为145.795,密度为4.787 g/cm³。其显微硬度为(435 ± 20) m^{-1},磷化铟单晶质地软脆,呈银灰色,有金属光泽。常压下磷化铟为闪锌矿结构,在压力≥13.3 GPa时,其结构变为NaCl型面心立方结构,空间群为O_h^5-Fm3m。磷化铟的硬度比硅、磷化镓、砷化镓等小、易碎。因而在应用上磷化铟晶片要比硅厚很多。磷化铟的晶格常数0.586 9 nm。常温下禁带宽度1.344 eV,为直接跃迁型能带结构,发射波长0.92 μm,室温下本征载流子浓度2×10^7cm^{-3}。电子和空穴迁移率分别为4 500 cm²/(V·s)和150 cm²/(V·s)。300 ℃热退火及400 ℃热退火的XRD图中,皆有产生氧化铝的相位。

常温下,磷化铟较稳定,表面氧化速度很慢并形成氧化膜。在360 ℃以上开始有离解现象,但800 ℃下开放式退火10 h,表面离解不明显,1 000 ℃以上离解加快,1 062 ℃(熔点)下的离解压为2.75 MPa。

磷化铟与卤素发生反应,溶于Cl_2、Br_2的有机溶剂(如甲醇或乙醇)。可作为InP的抛光腐蚀剂。磷化铟可溶于王水、溴甲醇。磷化铟在室温下可以与盐酸发生反应。对于(100)InP材料,盐酸是一种很有效的腐蚀剂,各向异性的腐蚀特性非常明显。InP与HCl-HNO₃的混合液、氢卤酸-双氧水系也起反应,可作为腐蚀剂,用于厚度控制不严格的表面抛光。含有Br₂的氢卤酸与InP反应很快,其腐蚀速率在室温附近与温度关系不大,而是随Br₂含量的增加而提高。以前的InP化学机械抛光大量使用Br系的溶液,近期发展出一些无Br系的腐蚀液。磷化铟与碱性溶液发生反应,但反应速率缓慢,一般不做腐蚀液。

2)磷化铟多晶材料制备原理与方法

高纯、近化学配比和无夹杂的InP多晶材料是生产高质量InP单晶的前提条件。InP多晶的很多特性如配比度和纯度对单晶的生长、晶体的电学表现、完整性和均匀性等都有很大的影响。在 InP 熔点温度附近,磷的离解压很高,所以 InP 多晶的合成相对比较困难,一般要在高压炉内合成。目前合成 InP 多晶材料的方法有多种,包括溶质扩散合成技术(SSD)、水平布里奇曼法(HB)、水平梯度凝固法(HGF)和原位直接合成法(In-situ synthesis 包括磷注入法和磷液封法等)。

3)磷化铟单晶材料生产工艺

InP 单晶的研究,起步很早,1962 年 Metz 等首先发表 LEC 法,1968 年 Mullin 最早使用 B_2O_3 作为覆盖剂,采用 LEC 法生长了 InP 单晶。随着液封直拉(LEC)技术的发展,大块 InP 单晶生长成为可能。在 LEC 技术的基础上,改进的 LEC 技术、蒸气压力控制 LEC(VCZ 或称 PC-LEC,也称为热壁直拉 HW-CZ)技术、垂直梯度凝固(VGF)和垂直布里奇曼(VB 或称垂直舟生长)技术、水平布里奇曼(HB)和水平梯度凝固(HGF)技术等相继出现,使生长 InP 单晶向着更好的方向发展。

7.3.2　磷化镓

1)磷化镓性质及用途

磷化镓化学式为 GaP,是一种由ⅢA 族元素镓(Ga)与ⅤA 族元素磷(P)合成的Ⅲ-Ⅴ族化合物半导体材料。纯磷化镓是橙红色透明晶体。密度 4.13 g/cm³,熔点 1 477 ℃,离解压力为 3.5 MPa ± 1.0 MPa,难溶于盐酸和硝酸,可溶于王水。磷化镓的晶体结构为闪锌矿型,晶格常数(5.447 ± 0.060)Å,化学键是以共价键为主的混合键,其离子键成分约为 20%,300 K 时能隙为 2.26 eV,属间接跃迁型半导体。磷化镓与其他大带隙Ⅲ-Ⅴ族化合物半导体相同,可通过引入深中心使费米能级接近带隙中部,如掺入铬、铁、氧等杂质元素可成为半绝缘材料。

磷化镓(GaP)晶体表面硬度高,热导率大,是宽波段透过的红外光学材料,由于优良的综合光学、机械和热学性能,其在军事领域及民用高科技领域有着潜在应用的可能性。特别是该晶体材料有可能代替现有的最重要的长波红外材料 ZnS,或者与其形成复合材料,是高马赫数导弹窗口材料的选择之一。目前磷化镓最重要的应用领域是光纤通信,它是可见光发光二极管(LED)和激光二极管(LD)的主要品种之一,可将电信号转变为光信号,实现在光纤中的远、近距离传输。

2)磷化镓的生产原理及方法

现代半导体工业都是在高压合成炉中采用两恒区定向凝固工艺合成磷化镓多晶,再把多晶经适当处理装入高压单晶炉内进行单晶拉制。用元素磷(一般用红磷)和单质镓为原料,在真空管式炉中高温下反应,可制得多晶磷化镓。

$$P + Ga \longrightarrow GaP$$

在特定条件下,也可以一步制备出单晶磷化镓。磷化镓的制备方法有合成溶质扩散法(SSD)、液封直拉法(LEC)、气相生长法、液体密封直拉法、液相外延法。

7.4　磷系功能材料

在磷系功能材料中,四价金属磷酸盐具有石墨的层状结构,层间距为纳米级,是一种用途广泛的多功能磷酸盐材料。该类材料通过精确设计和嫁接,现已被广泛地应用于超低热膨胀、隔热、异相催化、离子交换、阻燃、离子导体、固相电化学、水处理和非线性光学材料等领域。在层状四价金属磷酸盐中研究比较透彻和应用较为广泛的当属磷酸锆盐系列,本节主要介绍该物质的物理化学性质及其制备工艺。

7.4.1 层状磷酸锆类的结构和性质

层状磷酸盐类的化学通式可以用 $M(1)_x M(2)_y L_z (PO_4)_n$ 表示,其中,$M(1)$ 是 H^+、NH_4^+、Ag^+ 和 Cu^{2+} 等离子;可以是碱金属:Li^+、Na^+、K^+、Rb^+ 和 Cs^+;也可以是碱土金属:Mg^{2+}、Ca^{2+}、Sr^{2+} 和 Ba^{2+} 等离子。$M(2)$ 位一般空置,有时被 Na^+ 或 K^+ 占据。L 为四价配位离子,主要是 Zr、Ti、Sn、Nb 和 Cr。根据磷酸锆的层状结构特性,作为研发其他功能材料的母体,磷可以被 Si 或 B 部分或全部取代。经过精确设计,可使磷酸锆类盐具有不同的功能特征。母体磷酸锆的结构有两种:α 型(α-ZrP)和 γ 型(γ-ZrP)。α-磷酸锆是一种阳离子型层状化合物,分子式是 $Zr(HPO_4)_2 \cdot H_2O$;而 γ-ZrP 亦属于层状结构,其分子式为 $Zr(PO_4)(H_2PO_4) \cdot 2H_2O$。母体经过改造后其结构不会发生变化,但性能却相差较大,从而使其用途广泛。

7.4.2 层状磷酸锆盐的制备和应用

1)层状磷酸锆盐的制备

层状磷酸锆盐的合成工艺有三种:液相沉淀法、水热合成法和溶胶-凝胶法。

(1)液相沉淀法

用氢氟酸先与氧氯化锆反应形成锆的配合物(ZrF_6^{2-}),在一定条件下会发生分解,而后锆离子与磷酸发生反应生成磷酸锆沉淀,通过控制该配合物的分解速度可以控制沉淀。锆的配合物可以通过加热使之分解,也可以通过硅酸钠与氢氟酸的反应,不断消耗氢氟酸,促进配合物的分解,然后锆离子与磷酸发生反应生成磷酸锆。

(2)水热合成法

水热合成法把 $ZrOCl_2 \cdot 8H_2O$ 配成一定浓度的盐酸化锆盐溶液,加热到 70 ℃,不断搅拌下,把一定浓度的磷酸和盐酸的混合溶液缓慢滴加到盐酸化的锆盐溶液中,控制 $P_2O_5 : ZrO_2$ 的摩尔比为 1:1,按照两种溶液混合后的总体积计算,各反应物料浓度为:$ZrOCl_2 \cdot 8H_2O$ 浓度为 0.044～0.36 mol/L,磷酸浓度为 2.0～10 mol/L,盐酸浓度为 0.50～4.0 mol/L,反应时间 1 h。而后把悬浊液置于水热反应高压釜中,水热反应温度为 180～220 ℃,压力 1～2.0 MPa,反应时间为 5 h,冷却,用去离子水洗涤滤饼至滤液 pH 值为 6～7,将滤饼在 50～70 ℃下干燥得 $\alpha\text{-}Zr(HPO_4)_2 \cdot H_2O$ 产品。

(3)溶胶-凝胶法

把 1 mol/L $ZrOCl_2 \cdot H_2O$ 的溶液加热到 70 ℃,搅拌下滴加 2 mol/L 的 $NH_4H_2PO_4$ 溶液,用盐酸调整 pH 值为 1～2,反应时间 1 h,反应完毕过滤,研磨。用 1 mol/L 的盐酸处理 30 min (10 mL 酸/g 样),过滤,用去离子水充分洗涤,室温下干燥即得产品。

2)层状磷酸锆盐的应用

磷酸锆盐类功能材料具有超低热膨胀系数和热导率低可以用来制作超低热膨胀材料;其结构特殊,属于固体酸化合物,可用于离子交换;运用离子传输电子可用作固体电解质;磷酸锆酸性催化活性较高,可运用新型固体酸催化剂;在光学领域中可用作非线性光学材料;

M I M II A(PO₄)₂结构中,M 质点可以被很多种离子取代,可以被锕系镧系的元素取代,可用来储存放射性核废料;磷酸锆化合物的层状结构可以选择性地吸附一些刚性平面结构的分子,利用此功能可以识别一些异构体化合物,用作分子识别。

7.5 磷系新型催化剂

7.5.1 磷系催化剂的种类和特性

磷系催化剂种类繁多,应用面广。在有机合成等方面磷系催化剂取得了较好的应用效果。例如在氮丙啶工业化初期,采用的催化剂主要是非磷系催化剂,产品产率和选择性较低,经济效益不好;后改为磷系催化剂,其催化性能和选择性得到大幅度提高。在原来不使用催化剂的 EG 工艺中,乙二醇的选择性仅为89%;三菱公司把磷系催化剂用于乙二醇(EG)MCC 的催化工艺,把产物乙二醇的选择性提高到了99.3%以上。本节主要介绍磷钒氧系、磷酸铝系和杂多酸系。

7.5.2 磷钒氧系

1)磷钒氧系性质和用途

由钒、磷、氧元素组成的复杂化合物,一般称为磷酸氧钒(简称 NPO),分子式为 $VOPO_4$,溶解于酸碱,不溶于水及常用有机溶剂,它目前广泛应用于石油化工行业中,用作丁烷氧化制丁烯二酸酐时的催化剂。VPO 催化剂的晶相非常复杂,目前已检测到的物相有十几种。

2)磷钒氧系制备工艺

VPO 催化剂是一类复杂的催化体系,它的物性和结构与制备方法有很大关系,因此制备过程对催化剂的性能有很大的影响。VPO 催化剂的制备方法主要有固相法、液相法和气相法,通常采用最多的是液相法。液相法又分为水相法和有机相法。与水相法相比,有机相法制备的催化剂比表面积高,在低温下具有活性,并且反应活性和选择性也高。目前国内外对VPO 催化剂的研究制备均采用有机相法。

7.5.3 磷酸铝系列

1756 年瑞典科学家 Cronstedt 发现一类天然硅铝酸盐矿物在灼烧时能产生泡沸现象,因此命名为"沸石"。后来人们又发现,此类物质具有选择性吸附的性质,它能在分子水平上筛分物质,因此称其为沸石分子筛。1982 年,UCC 公司 Wilson S T 等成功合成与开发出磷酸铝分子筛,这是一类完全不含硅的,而只含磷、铝、氧的微孔化合物。它有独特的性质和用途,因此在这里,我们主要介绍磷酸铝系列的分子筛。

1)磷酸铝性质和特点

磷酸铝分子筛外观为白色固体,不溶于水及常用无机酸,无嗅无味。

分子筛是由 TO_4 四面体之间通过共享顶点而形成的三维四连接骨架,骨架 T 原子通常是指 Si、Al 或 P 原子,在少数情况下是指其他原子,如 B、Ga、Be 等,Al 大多数以四面体 AlO_4 存在,少数以 AlO_5 和 AlO_6 存在。这些[SiO_4]、[AlO_4]和[PO_4]等四面体是构成分子筛骨架的最基本结构单元,即初级结构单元。在这些四面体中 Si、Al 或 P 等都以高价氧化态的形式出现,采取 sp3 杂化轨道与氧原子成键,Si—O 平均键长为 1.61 Å,Al—O 平均键长为 1.75 Å,P—O 平均键长为 1.54 Å。

磷酸铝分子筛(AlPO$_4$-n)遵守 Lowenstein 规则,骨架由 Al—O—P 连接组成,P—O—P 连接不稳定,不存在 Al—O—Al 键和 P—O—P 键,磷酸铝分子筛只能产生偶数的 T 原子环。AlPO$_4$-n 可以看成是由无限的组分单元如链或层组成。Martens 和 Jacobs 采用 2D 网层的方法合理地将 AlPO$_4$-n 结构描述成管状的孔道。这样的连接方式可以产生 AlPO$_4$-n 骨架所独有的偶极性质。

2)磷酸铝分子筛合成方法

磷酸铝分子筛常用的合成方法是水热合成法,水热合成方法将磷源、铝源、杂原子前驱体、有机模板剂和水按照一定的比例混合成胶后置于密封的带有聚四氟乙烯衬里的晶化釜内,在一定的温度和自生蒸汽压力下晶化 2 h ~ 30 d,晶化后得到的固体产物用常规方法加以分离。将不同杂原子化合物加入 AlPO$_4$ 凝胶中再晶化则得到杂原子磷铝分子筛。经过研究,在水热法的基础上发展了转晶法和气相转化法。

水热合成法与高温固相合成法相比,有以下几个优点:

①有利于低价态、中间价态与特殊价态化合物的生成,并能均匀地进行掺杂。

②有利于生长极少缺陷、取向好、完美的晶体,而且产物结晶度高以及易于控制产物晶体的粒度。

③能够使低熔点化合物、高蒸气压且不能在熔体重生长的物质、高温分解相在水热低温下晶化生成。

7.5.4 含磷杂多酸

1)性质和用途

杂多酸是由杂原子(如 P、Si、Fe、Co 等)和配位原子(如 Mo、W、V、Nb、Ta 等)按一定的结构通过氧原子配位桥联组成的一类含氧多酸,或多氧族金属配合物,常用 HPA 表示。同时具有酸碱性和氧化还原性。杂多酸具有二级结构。一级结构为杂多阴离子结构,二级结构为杂多阴离子、阳离子和水或有机分子等的三维排列。目前已经确定的结构有 Keggin、Dawson、Anderson、Silverton、Strandberg 和 Lindgvist。

钼钒磷杂多酸及磷钨钒杂多酸(盐)作为精细有机合成和石油化工的催化剂已经受到人们的广泛关注。钼系杂多酸(盐)催化剂是一类兼具氧化还原性和酸性的多功能催化剂,并可以根据实际需要调节它的催化性能。迄今为止,已实现工业化大生产的主要有下述 8 个有机合成过程:

丙烯水合;正丁烯水合;异丁烯水合;糖苷的合成;四氢呋喃的高分子聚合;甲基丙烯醛氧化为甲基丙烯酸;双酚 A 的合成;双酚 S 的合成。它们均充分显示出其催化剂的广阔的应用前景。杂多酸(盐)催化剂的开发和工业化应用必将使我国有机合成化工、精细化工水平迈入新阶段,也是钼、钨行业开发精细与用化学品的重要方向。

2)制备方法

以磷钨酸为例简单讲述一下其制备方法。

在容积 3 L 的三颈烧瓶中加入 2 L 水及由钨酸钠和硝酸制得的活性 H$_2$WO$_4$ 和 5 g H$_3$PO$_4$

（化学纯,以100%计,如85%应折算）,三颈瓶中间安装水封搅拌器。一侧口安装回流冷凝器,另一侧口封盖备用,在不断搅拌下将混合物煮沸回流6 h,然后移入瓷皿中蒸发至原体积的1/4。如果溶液是蓝色,需加入几滴10% H_2O_2 让其褪色。然后在布氏漏斗上铺滤纸及5 mm厚的活性 H_2WO_4,将热溶液抽滤,滤液蒸发至出现结晶。放冷后即抽滤得粗品,将粗品重结晶可纯化为纯品。

参考文献

［1］Zhong M E,Zhou Z T. Preparation of high tap-density $LiFePO_4/C$ composite cathode materials by carbothermal reduction method using two kinds of Fe^{3+} precursors［J］. *Materials Chemistry and Physics*,2010,119(3):428-431.

［2］Gong C,Xue Z,Wen S,et al. Advanced carbon materials/olivine $LiFePO_4$ composites cathode for lithium ion batteries［J］. *Journal of Power Sources*,2016,318:93-112.

［3］Sharkov M D,Agafonov D V,Bobyl A V,et al. EXAFS analysis of $LiFePO_4$ and $Li_4Ti_5O_{12}$ samples produced via chemical technique［J］. *Applied Surface Science*,2013,267:212-215.

［4］Kravchenko V V,Michailov V I,Sigaryov S E. Some features of vibrational spectra of $Li_3M_2(PO_4)_3$(M = Sc,Fe)compounds near a superionic phase transition［J］. *Solid State Ionics*,1992,50(1):19-30.

［5］Prosini P P,Carewska M,Pasquali M. Synthesis of microcrystalline $LiFePO_4$ in air［J］. *Solid State Ionics*,2016,286:66-71.

［6］Shangguan E,Fu S,Wu S,et al. Evolution of spent $LiFePO_4$ powders into $LiFePO_4/C/FeS$ composites:A facile and smart approach to make sustainable anodes for alkaline Ni-Fe secondary batteries［J］. *Journal of Power Sources*,2018,403:38-48.

［7］刘春英,柳云骐,张珂,等.磷酸亚铁锂的水热合成及其石墨烯掺杂改性［J］.化工新型材料,2013,41(07):173-175.

［8］郭斌斌.磷酸亚铁锂的合成及其性能研究［D］.福州:福州大学,2013.

［9］Guo S,Bai Y,Geng Z,et al. Facile synthesis of $Li_3V_2(PO_4)_3/C$ cathode material for lithium-ion battery via freeze-drying［J］. *Journal of Energy Chemistry*,2019,32(05):159-165.

［10］辜琴.磷酸钒锂电极材料的合成方法与电化学性能研究［D］.成都:电子科技大学,2018.

［11］刘勇.磷酸盐系列正极材料发展和产业化现状［J］.电源技术,2017,41(12):1785-1787.

［12］于贺华.高纯六氟磷酸锂制备研究［J］.河南化工,2017,34(2):24-26.

［13］公振宇.六氟磷酸锂合成工艺概述［J］.江西化工,2017(6):1-2.

［14］Pritula I M,Kosinova A V,Bezkrovnaya O N,et al. Linear and nonlinear optical properties of KDP crystals with incorporated $Al_2O_3 \cdot nH_2O$ nanoparticles［J］. *Optical Materials*,2013,35(12):2429-2434.

［15］Belouet C. Growth and characterization of single crystals of KDP family［J］. *Progress in Crystal Growth and Characterization*,1980,3(2):121-156.

［16］ Rajesh P，Ramasamy P. Growth and characterization of large size ADP single crystals and the effect of glycine on their growth and properties［J］. *Optical Materials*，2015，42：87-93.

［17］ 王建强. 非线性光学及其材料的研究进展［J］. 当代化工研究，2018（10）：175-176.

［18］ 徐雅琳. 稀土钒磷酸盐荧光粉的合成及晶体的生长研究［D］. 青岛：青岛大学，2018.

［19］ 杨在发. 稀土掺杂磷酸盐荧光粉的制备及发光性质［D］. 北京：北京工商大学，2017.

［20］ 赖华生，陈宝玖，许武，等. 稀土钒磷酸盐荧光粉的共沉淀法合成及光致发光［J］. 中国稀土学报，2005（01）：31-35.

［21］ Baida A，Ghezali M. Structural，electronic and optical properties of InP under pressure：An ab-initio study［J］. *Computational Condensed Matter*，2018，17：e333.

［22］ 梁仁和. InP 单晶装备及工艺热场技术研究［D］. 天津：天津大学，2017.

［23］ 高海凤，杨瑞霞，杨帆，等. 磷化铟晶体合成生长研究现状［J］. 电子工艺技术，2010，31（03）：135-140.

［24］ 巨国贤. LEC 法生长 GaP 单晶［D］. 长春：长春理工大学，2002.

［25］ Alberti G，Costantino U，Giulietti R. Preparation of large crystals of α-Zr（HPO$_4$）$_2$ · H$_2$O［J］. *Journal of Inorganic and Nuclear Chemistry*，1980，42（7）：1062-1063.

［26］ 吴文伟，赖水彬，廖森，等. 层状磷酸锆纳米晶的低热固相合成及表征［J］. 稀有金属，2007（06）：798-801.

［27］ Sedláková L，Pekárek V. A contribution to the structure of crystalline Zr（HPO$_4$）$_2$ · H$_2$O［J］. *Journal of the Less Common Metals*，1966，10（2）：130-132.

［28］ 张薇，胡源，朱玉瑞，等. 层状磷酸锆的溶剂热合成与表征［J］. 中国科学技术大学学报，2000，30（4）：487-491.

［29］ 钟本和，张志业，陈彦逍，等. 关于几种高端磷酸盐品种的介绍［J］. 化肥设计，2018，56（3）：4-7.

［30］ 贺冬华，唐安平，申洁，等. 锂离子电池电极材料磷酸氧钒锂的研究进展［J］. 应用化学，2014，31（10）：1115-1122.

［31］ 郭俊辉，闫文付，师唯，等. 磷酸铝分子筛 AlPO$_4$-5 的常压快速合成及晶化过程的原位热重-质谱研究［J］. 高等学校化学学报，2018，39（5）：841-848.

［32］ 郝志鑫. AEL 型杂原子磷酸铝分子筛的无溶剂法合成及催化应用［D］. 兰州：兰州理工大学，2018.